航空发动机基础与教学丛书

轴流压气机叶尖流动非定常性机理及调控

吴艳辉　张　翔　李紫良　楚武利　著

科学出版社
北京

内 容 简 介

叶尖流动非定常性与高负荷轴流压气机的振动、失稳和噪声问题密切相关,是叶轮机械领域的研究前沿和热点问题之一。本书聚焦轴流压气机叶尖流动非定常性问题,介绍了相关流动现象,通过丰富的实例与图表重点分析叶尖泄漏涡破碎、叶尖泄漏流与相邻叶片流动相互作用这两类因素诱发叶尖流动非定常性的物理机制,阐述了轴对称端壁造型、周向单槽技术在抑制流动非定常性方面的调控机制,给出了降维优化方法与设计经验。

本书可供航空航天、流体机械行业的广大研究人员参考,以期进一步提高航空叶轮机械的整体性能及气动稳定性。

图书在版编目(CIP)数据

轴流压气机叶尖流动非定常性机理及调控／吴艳辉等著. —北京:科学出版社,2024.6
(航空发动机基础与教学丛书)
ISBN 978-7-03-078520-6

Ⅰ.①轴… Ⅱ.①吴… Ⅲ.①航空发动机-轴流式压缩机-研究 Ⅳ.①V233.6

中国国家版本馆 CIP 数据核字(2024)第 097815 号

责任编辑:胡文治／责任校对:谭宏宇
责任印制:黄晓鸣／封面设计:殷 靓

科学出版社 出版
北京东黄城根北街 16 号
邮政编码:100717
http://www.sciencep.com

南京展望文化发展有限公司排版
上海锦佳印刷有限公司印刷
科学出版社发行 各地新华书店经销

*

2024 年 6 月第 一 版 开本:B5(720×1000)
2024 年 6 月第一次印刷 印张:20 1/4
字数:397 000
定价:150.00 元
(如有印装质量问题,我社负责调换)

丛 书 序

航空发动机是"飞机的心脏",被誉为现代工业"皇冠上的明珠"。航空发动机技术涉及现代科技和工程的许多专业领域,集流体力学、固体力学、热力学、燃烧学、材料学、控制理论、电子技术、计算机技术等学科最新成果的应用为一体,对促进一国装备制造业发展和提升综合国力起着引领作用。

喷气式航空发动机诞生以来的80多年时间里,航空发动机技术经历了多次更新换代,航空发动机的技术指标实现了很大幅度的提高。随着航空发动机各种参数趋于当前所掌握技术的能力极限,为满足推力或功率更大、体积更小、质量更轻、寿命更长、排放更低、经济性更好等诸多严酷的要求,对现代航空发动机发展所需的基础理论及新兴技术又提出了更高的要求。

目前,航空发动机技术正在从传统的依赖经验较多、试后修改较多、学科分离较明显向仿真试验互补、多学科综合优化、智能化引领"三化融合"的方向转变,我们应当敢于面对由此带来的挑战,充分利用这一创新超越的机遇。航空发动机领域的学生、工程师及研究人员都必须具备更坚实的理论基础,并将其与航空发动机的工程实践紧密结合。

西北工业大学动力与能源学院设有"航空宇航科学与技术"(一级学科)和"航空宇航推进理论与工程"(二级学科)国家级重点学科,长期致力于我国航空发动机专业人才培养工作,以及航空发动机基础理论和工程技术的研究工作。这些年来,通过国家自然科学基金重点项目、国家重大研究计划项目和国家航空发动机领域重大专项等相关基础研究计划支持,并与国内外研究机构开展深入广泛合作研究,在航空发动机的基础理论和工程技术等方面取得了一系列重要研究成果。

正是在这种背景下,学院整合师资力量、凝练航空发动机教学经验和科学研究成果,组织编写了这套"航空发动机基础与教学丛书"。丛书的组织和撰写是一项具有挑战性的系统工程,需要创新和传承的辩证统一,研究与教学的有机结合,发展趋势同科研进展的协调论述。按此原则,该丛书围绕现代高性能航空发动机所涉及的空气动力学、固体力学、热力学、传热学、燃烧学、控制理论等诸多学科,系统介绍航空发动机基础理论、专业知识和前沿技术,以期更好地服务于航空发动机领域的关键技术攻关和创新超越。

　　丛书包括专著和教材两部分,前者主要面向航空发动机领域的科技工作者,后者则面向研究生和本科生,将两者结合在一个系列中,既是对航空发动机科研成果的及时总结,也是面向新工科建设的迫切需要。

　　丛书主事者嘱我作序,西北工业大学是我的母校,敢不从命。希望这套丛书的出版,能为推动我国航空发动机基础研究提供助力,为实现我国航空发动机领域的创新超越贡献力量。

2020 年 7 月

前　言

当轴流压气机处于稳定工作状态时,随着工况向失速边界靠近,叶尖流动会表现出规律性波动现象,称之为叶尖流动非定常性。这种非定常性不仅是轴流压气机叶片新一类振动问题——非同步振动(non-synchronous vibrations, NSVs)和间隙区窄频带宽噪声的气动激发源,而且还是一种新的小尺度先兆波形式或与突尖型小尺度先兆波浮现有着内在关联。因此,对轴流压气机叶尖流动非定常性机理的研究、探索和发展调控该流动非定常性的方法,是近30年来叶轮机械领域的前沿和热点问题之一。

本书总结了作者所在研究团队近10年在轴流压气机叶尖流动非定常性机理方面的研究成果。同时基于机理的认识提出了一些具有针对性的调控方案,阐明了这些调控方案的流动控制机理,总结了相应设计准则。

本书的第1章为绪论。遵循研究对象从简单到复杂的原则,第2章至第4章分别展示了平面叶栅、环形叶栅和跨声速压气机转子中叶尖泄漏涡破碎诱发流动非定常性的研究成果。第5章和第6章分别以低亚声速和高亚声速压气机转子为研究对象展示了叶尖泄漏流与相邻叶片流动相互作用诱发旋转不稳定性(rotating instability, RI)的机理。第7章和第8章从控制叶尖流动非定常性的角度出发,分别提出轴对称端壁造型及周向单槽处理机匣两种被动流动调控手段,揭示其流动控制机理并总结关键参数的选取原则。

本书得到了国家科技重点专项(Nos. J2019-Ⅰ-0011-0011、J2017-Ⅱ-0010-0024)、国家自然科学基金项目(Nos. 51790510、11572257、51276148、51076133、50506026)等项目的资助。本书内容涉及曾在研究团队学习过的四位博士的研究成果,他们分别是安光耀、陈智洋、王博以及陈向艺,其中陈向艺博士的研究成果是依托德累斯顿工业大学的实验数据和计算资源取得的。在本书的编写过程中,研究团队的贾园青、王东、李浩华、黄金河、曲宗磊、张敏、马驰宇协助整理书稿、插图及校对。在此,对所有在书稿编写和出版过程中付出辛勤劳动的人表示感谢。

鉴于问题的复杂性以及受限于现有的研究手段,针对轴流压气机叶尖流动非定常性机理和调控的研究还处于探索和发展阶段。本书的内容仅是国内外在现阶段研究成果的总结和对未来发展趋势的展望。由于知识水平有限,书中不足之处在所难免,敬希读者批评指正。

作者
2023 年 12 月

目 录

第 5 章　低亚声速压气机转子叶尖泄漏流与相邻叶片流动相互作用诱发旋转不稳定性机理

第6章　高亚声速压气机转子叶尖泄漏流与相邻叶片流动相互作用诱发旋转不稳定性机理

第7章　轴对称端壁造型调控压气机叶栅叶尖流动非定常性

第8章　周向单槽调控压气机转子叶尖流动非定常性

第1章
绪　论

1.1　引　言

　　鉴于化石能源价格的上升和减少温室气体排放的需求,提高航空发动机整机循环热效率的各种技术得以不断挖掘和实施,推动着传统航空发动机技术向着高性能、高安全可靠性、易维修、低成本、低噪声和低污染排放的方向继续加速发展。过去几十年间,提高发动机整机循环热效率的技术是沿袭下面两条思路进行的:一是在保持级数不变的情况下充分选择其他循环参数来增加压比;二是在保持压比不变的情况下减小级数。两种情况下,压缩系统的叶片气动负荷都会上升。在这种思路牵引下,航空发动机压缩系统的设计向着高负荷、高效率方向发展。

　　不同于涡轮中气流的释能过程,气流通过压气机是一个蓄能过程,该过程存在一个固有的特点,即气动稳定性问题。当通过压气机的流量减小到一定程度时,气流将会失去稳定性而处于一种具有强非定常性的自激振荡流态,具体表现为旋转失速或喘振现象。旋转失速是一种限制在叶片排附近、沿周向传播的非轴对称气流脉动[1],会导致压气机发生大振幅的低频振动,即喘振。旋转失速或喘振的出现,不仅会使部件和整机的性能急剧下降,而且会造成叶片和整机的强烈振动乃至破坏。因此,为了确保航空发动机工作时的安全性,在设计阶段,压气机的工作点/线和稳定边界点/线之间留有一定距离,即喘振/失速裕度,如图1-1所示。

　　压气机内部流动本质上具有复杂的非定常性。随着运行工况向稳定边界靠近,压气机内部流动的非定常性不断集聚,最终导致了对发动机具有破坏性影响的旋转失速/喘振非稳定流态的出现。因此,压气机内部的复杂非定常流动与气动稳定性的关系最为密切[1]。其次,压气机内部的非定常流动也是叶片振动的激振力之一以及噪声的诱发源[2]。

　　传统的观点认为轴流压气机旋转失速的起始途径有两种:呈相对缓慢线性发展的大尺度模态型失速和非线性的小尺度突尖型失速,分别对应模态波(modes)和突尖波(spikes)两类不同性质的失速先兆(图1-2)。图1-2所示的实验结果由

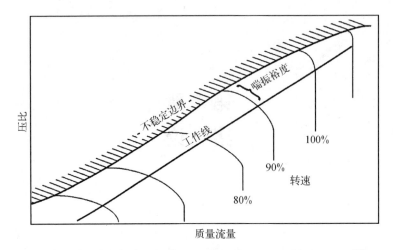

图 1-1　压气机的等转速特性线、喘振边界以及喘振裕度的定义[1]

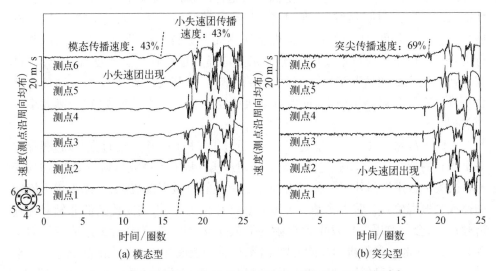

(a) 模态型　　　　　　　　　　(b) 突尖型

图 1-2　轴流压气机中的模态型以及突尖型失速起始过程[3]

转子上游某一轴向位置处的 6 个热线探针测得。可以看出,先兆波是一种速度低于转速,沿周向传播的扰动波;相对坐标系下先兆波逆转子转动方向发展。

随着压气机的设计级负荷提高,失速的起始途径,即先兆波类型,趋于多样化[4],喘振裕度和性能之间的矛盾加剧。同时,叶片承受的非定常气动负荷加大,振动加剧,气动-弹性领域的结构可靠性问题频发[5]。风扇/压气机是涡扇发动机的主要噪声源之一,级负荷的提高也使得涡扇发动机的噪声水平增加[6]。高负荷压气机设计中面临的这些问题,亟须在相关非定常流动机理研究方面有所突破。

叶轮机三维气动设计方法的成熟、叶型弯掠等设计手段的采用,使得大多数现代风扇/压气机的附面层流动分离在工作流量范围内被降低至最小程度。因此,转子叶尖区域成为流动损失和非定常流动的重要发源地之一。该区域除了机匣和叶片表面附面层诱发的流动损失外,还存在叶尖泄漏流引发的损失。图 1-3 展示了间隙泄漏流以及叶尖泄漏涡形成的示意图。由于转子的转动,叶尖和机匣间留有一定径向间隙。在压差的驱使下,气流将跨过叶顶间隙从叶尖压力面流向吸力面,形成射流状的间隙泄漏流。间隙泄漏

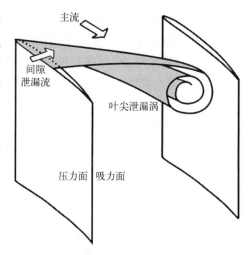

图 1-3 间隙泄漏流及叶尖泄漏涡示意图[9]

流与通道主流以及其他二次流相互作用形成螺旋状向下游发展的细长涡结构,称为叶尖泄漏涡(tip leakage vortex, TLV)。在 TLV 的上游,泄漏流与主流相互作用,由此产生了靠近机匣壁面的流动阻塞区。Storer 和 Cumpsty[7] 以及 Lakshminarayana 等[8]针对压气机间隙流动的研究结果表明,TLV 的形成及发展受压气机几何参数(叶顶间隙大小、叶片厚度)、气动参数(马赫数、雷诺数、负荷)、运行环境(单转子、单级、多级)以及机匣/叶片表面附面层等因素的影响。

近 30 年来,随着计算流体力学(computational fluid dynamics, CFD)和测试技术以及计算机技术的长足发展,轴流压气机在负荷较高的稳定工作区运行时叶尖端区表现出的非定常流动现象日益受到研究人员的关注。特别地,当轴流压气机叶片的叶顶间隙尺寸相对较大时,叶尖端区的非定常流动现象表现得更加明显,其被称为旋转不稳定性(rotating instability, RI)。识别旋转不稳定性出现的标志是在动态压力频谱图和速度频谱图上有一个低于叶片通过频率(blade passing frequency, BPF)的特征驼峰,如图 1-4 所示。

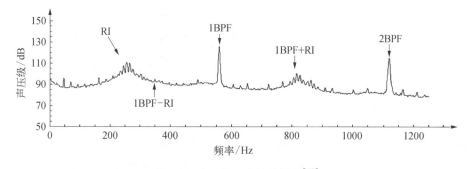

图 1-4 识别 RI 出现的标志[10]

本书界定的叶尖流动非定常性即为轴流压气机在高负荷稳定工作范围运行时叶尖端区表现出的非定常流动现象,其中也包括 RI。鉴于轴流压气机叶尖流动非定常性与叶片振动、噪声以及气动稳定性存在潜在关联,对其产生的物理机制进行研究,进而探索和发展调控该流动非定常性的有效方法,已成为当前叶轮机械研究领域的前沿和热点问题之一。

本章首先向读者介绍轴流压气机中的叶尖非定常流动现象,然后基于当前的研究成果对其起源、机理及调控方法进行总结和介绍,最后介绍本书的主要内容。

1.2 叶尖流动非定常性研究进展

自 20 世纪 90 年代,人们开始对叶尖流动的非定常性展开研究。根据关注点的不同,可将这些研究划分为两类:一是针对自激非定常性的研究,重点关注其频率和幅值,在机理阐述方面借助单通道非定常数值模拟手段;二是针对旋转不稳定性的研究,在关注频率和幅值之外,还重点关注了其周向传播特性,在机理阐述方面常借助多通道和全通道的非定常数值模拟手段。需要指出的是,将叶尖流动非定常性分为自激非定常性和旋转不稳定性是研究者从不同视角对叶尖非定常流动现象的认识或界定,在某些压气机中它们可能是同一种非定常流动;在另外一些压气机中,自激非定常性可能先于旋转不稳定性发生。因此,针对自激非定常性和旋转不稳定性的研究实际上是相辅相成,互相促进的关系。

下面首先介绍叶尖流动自激非定常性的研究进展,接着回顾旋转不稳定性的研究进展,最后对涉及叶尖流动非定常性(包括旋转不稳定性)起源和机理的所有学术观点进行回顾和总结。

1.2.1 自激非定常性

Inoue 和 Kuroumaro[11,12]借助机匣动态压力传感器和热线对一低速轴流压气机转子设计工况点的叶尖和栅后流场及其演变规律进行了研究,并从湍流应力的角度对旋涡的发展及衰退进行了分析。基于设计工况的测量结果,他们建立了以叶尖泄漏涡(TLV)为主导的压气机叶尖旋涡模型,如图 1-5 所示[13]。此后,Inoue 等[14,15]又采用相同的测量方法对该压气机转子近失速点的叶尖流场进行了测量。他

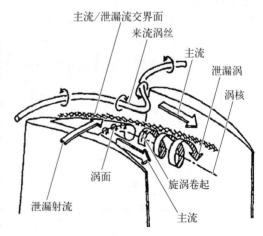

图 1-5 以泄漏涡为主导的叶尖端区旋涡结构[13]

们起初认为,随着工况向近失速点推进,叶尖压力面和吸力面的压差增大,在叶片出口截面上应能看到与泄漏涡的涡核相对应的更强二次流旋绕区域。然而,实验结果却事与愿违:叶排出口的二次流矢量图上仅出现大范围向机匣方向的径向流动,并没有观察到明显旋涡结构;二次流的动能亏损区却急剧增大,同时表征泄漏涡轨迹的"机匣壁面低压凹槽"也缩短,如图 1-6 所示。这一反常流动现象表明叶尖泄漏涡在近叶尖通道中发生了某种变化,但采用接触式测量手段是无法获得更为详细的实验数据来解释这一反常现象。

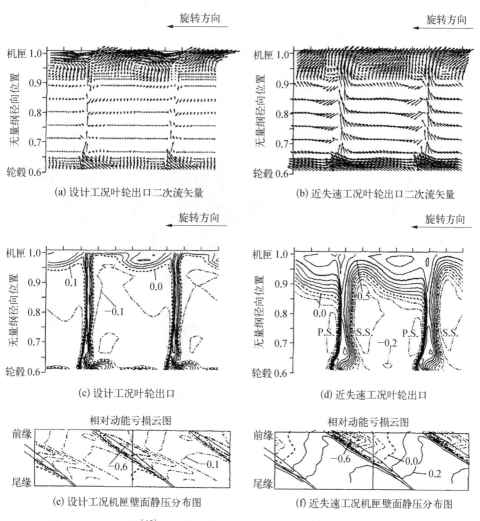

(a) 设计工况叶轮出口二次流矢量　　(b) 近失速工况叶轮出口二次流矢量

(c) 设计工况叶轮出口　　(d) 近失速工况叶轮出口

(e) 设计工况机匣壁面静压分布图　　(f) 近失速工况机匣壁面静压分布图

图 1-6　Inoue 等[15]针对低速轴流压气机转子叶尖泄漏流的时均测量结果

Adamczyk 等[16]对跨声速压气机中激波与泄漏涡的干涉作用进行了研究,他发现激波/泄漏涡的相互作用与叶片负荷之间存在着动态响应关系。具体来说,波/

涡相互作用会在激波下游产生阻塞区;当流量减小时,激波前移,相应的阻塞区也会前移。受其阻塞作用的影响,压气机来流攻角增加,叶片负荷提高;而负荷提高又会使得泄漏流进一步加强,泄漏涡向叶片前缘移动,这就导致激波与泄漏涡的作用位置进一步前移。由此便形成了一个动态正响应循环,在该循环的作用下压气机失稳最终发生。之后,Copenhaver 等[17]通过实验与数值模拟结合的手段,对一跨声速压气机中激波的振荡做了定量的测量。他们发现,激波位置在通道内的振荡幅值为 1%~2%叶片弦长,频率约为 2 kHz,与流场中的静压波动频率相符。此外,他还指出,相较通道内激波的振荡而言,脱体激波引发的流场非定常性更加强烈。

Schlechtriem 和 Lötzerich[18]借助数值模拟的方式研究跨声速压气机近失速工况非定常流动时特别关注了泄漏涡与激波的相互作用。他们首次提出了叶尖泄漏涡破碎(tip leakage vortex breakdown, TLVB)的概念,并认为激波与泄漏涡相互作用会诱发泄漏涡破碎,如图 1-7 所示。他们认为叶尖泄漏涡破碎会导致强烈的非定常压力波动以及大范围的堵塞区,使压气机进入不稳定的工作状态。

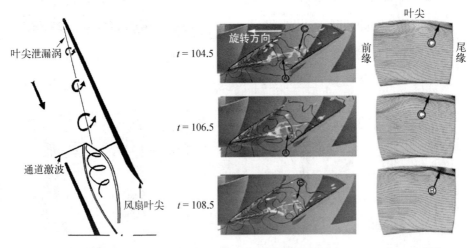

图 1-7 跨声速压气机转子叶尖流场示意图[18]

图 1-8 泄漏涡破碎引发的流动非定常性[20]
泄漏涡涡核瞬态结构、压力面瞬态压力分布

基于 Inoue 等的实验测量结果[12,14],Furukawa 等[19,20]通过数值模拟与实验相结合的手段深入分析了该低速轴流压气机转子的叶尖流场。他们发现正是叶尖泄漏涡的螺旋式破碎导致了 Inoue 等[14,15]在实验测量中观察到的反常流动现象。如图 1-8 所示:在破碎起始点的下游,扭转的涡核与相邻叶片压力面产生相互作用,该作用过程呈现出周期性的特点,且与整个流场的非定常波动特性相符。随着节流的进行,叶尖泄漏涡的破碎区逐渐增大;近失速工况时,破碎区影响到了叶片的吸力面,引起吸力面附面层产生大范围的三维分离。

Wernet 等[21]采用三维粒子图像测速(particle image velocimetry, PIV)技术对某低速多级轴流压气机的第一级动叶的叶顶间隙区域流场进行测量,发现近失速点泄漏涡的轨迹变得非常凌乱,泄漏涡呈现出明显的非定常波动。随后,刘宝杰等[22-24]也采用三维 PIV 对一低速大尺寸轴流压气机转子间隙区域的瞬态流场进行了测量,如图 1-9 所示。他们发现:叶尖泄漏涡在设计和近失速工况下均经历形成、发展壮大和失稳分裂的过程,这使得叶尖流场呈现出非定常性。在设计工况下,泄漏涡结构的变化相对缓和,旋涡失稳后形成的小尺度旋涡较少;而在近失速工况下,泄漏涡失稳的位置更靠近叶片前缘,旋涡结构发生突变,低速区尺寸急剧扩张,并且形成了大量的小尺度旋涡结构。基于这些实验结果并结合流体力学领域解释孤立涡破碎的波动理论,刘宝杰等人认为:叶尖泄漏涡在设计工况下始终处在亚临界流动状态,没有发生破碎;近失速工况下,叶尖泄漏涡在向下游发展的过程中跨过了临界流动状态边界,发生破碎。

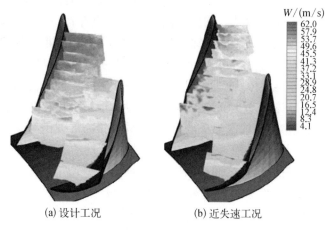

$W/(\text{m/s})$

62.0
57.9
53.7
49.6
45.5
41.3
37.2
33.1
28.9
24.8
20.7
16.5
12.4
8.3
4.1

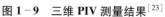

(a) 设计工况 (b) 近失速工况

图 1-9 三维 PIV 测量结果[23]

Bergner 等[25]采用机匣壁面动态压力传感器对一跨声速压气机的实验测量发现,在近失速工况,泄漏流具有很强的振荡特性,且泄漏涡的强度和轨迹随时间周期性波动。其振荡并非受外部因素驱使,而是源于自身的激励特性。但他们并没有对泄漏流及泄漏涡的非定常振荡频率及幅值进行进一步的研究。在 Bergner 等的基础上,Biela 等[26]结合信号分析手段对该转子叶顶的动态压力信号进行了系统性分析。他们发现泄漏涡的自激非定常频率约为 0.5 BPF,且泄漏涡的波动会引起局部静压标准差的升高。

Yamada 等[27-29]在其针对跨声速压气机转子的一系列数值模拟工作中同时观测到了泄漏涡的气泡式破碎(图 1-10)及螺旋式破碎现象。他们发现:在峰值效率工况,泄漏涡强度较弱,此时泄漏涡与激波相互作用会诱发周期性气泡式破碎;

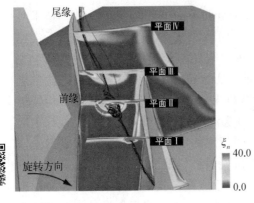

图 1-10 跨声速压气机转子叶尖泄漏涡气泡式破碎[28]

而在近失速工况,泄漏涡强度较强,此时波/涡相互作用会诱发螺旋式破碎。其中,气泡式破碎的发生呈周期性,其间歇性的产生和消失会导致相邻叶片负荷发生周期性变化,从而在叶尖通道内形成特征频率为 0.6 BPF 的自维持非定常流动体系;而螺旋式破碎的产生则呈现出连续性特点。

在国内,邓向阳[30]分别针对低速及跨声速压气机的数值模拟显示,在两种研究对象中,泄漏涡均展现出非常明显的非定常特性,并且泄漏涡的波动还会诱发叶尖通道中后段二次泄漏流的周期性振荡。在二者的共同作用下,叶顶通道内出现固定频率的压力波动。该压力波动并非一直存在,只有在压气机节流至一定程度时才会出现;随着流量的降低,非定常波动的频率减小,振幅增加。

耿少娟[31]在对跨声速压气机 Rotor 37 的数值模拟中发现,大流量工况时,流场中监测不到非定常性现象;而当流量小于 93.8%堵塞流量时,在泄漏流诱导下,流场中产生了特征频率为 0.5 BPF 的非定常波动。通过分析存在非定常波动的流场,她发现通道内虽然存在泄漏涡破碎,但涡破碎并没有展现出与流场特征频率一致的周期性波动。由此她认为,该对象中流场非定常性的起源机制并非为泄漏涡破碎,而是泄漏流与叶片负荷之间的周期性相互作用。

杜娟等[32,33]通过总结多种研究对象中泄漏涡发生非定常波动时的流场特征,提出了通过泄漏流垂直于叶片弦长方向的动量(M_{Tp})与主流沿叶片弦长方向的动量(M_{Is})比值大小来判定流场非定常性诱发时机的思路,如图 1-11 所示。研究认为:随着压气机节流的进行,泄漏流与主流的交界面逐渐前移,该动量比不断增大;当其达到临界值时,泄漏流开始产生周期性波动,此时泄漏流与主流的交界面尚在通道内。而随着节流的进一步进行,流场的非定常波动强度逐渐增强,某时刻泄漏流与主流的交界面溢出通道,诱发前缘溢流,导致流场进入失稳状态。

吴艳辉等[34,35]在对高负荷亚声速轴流压气机的数值模拟中,发现了近失速工况下泄漏涡破碎现象及与之相关的流动非定常性,并在之后的实验研究[36]中证实了该非定常性的存在。他们发现,泄漏涡在近失速工况发生

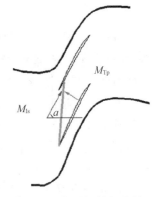

图 1-11 杜娟等提出的泄漏流与主流动量比模型[32]

了破碎;在破碎区内,主流、泄漏流的相互作用在相邻叶片压力面前缘位置形成了一个垂直于流向的旋涡,如图1-12所示。他们将其命名为叶尖二次涡(tip secondary vortex,TSV),并认为叶尖二次涡是诱发压气机流动发生周期性波动的主要原因。

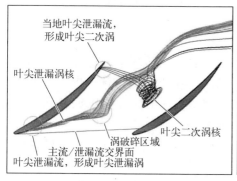 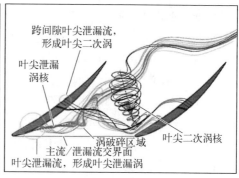

(a) 近失速稳定工况　　　　　　　　　(b) 近失速不稳定工况

图1-12　吴艳辉等提出的泄漏涡破碎诱发叶尖二次涡示意图[35]

1.2.2　旋转不稳定性

随着对叶尖流动非定常性问题研究的深入,一种特殊的叶尖流动非定常性现象——旋转不稳定性(RI)引起了研究人员的关注。

由于RI对应的非定常特征为低于叶片通过频率的频率簇(图1-13),研究人员普遍认为其对应的流动现象为叶尖通道中沿周向以低于转子转速的速度传播的一系列模态数不固定的旋转波/行波。这也导致了一些学者并不认为RI是一种独立的非定常流动现象,而是属于位于部分叶高的多团失速[37,38]。对此,Liu等[39]结

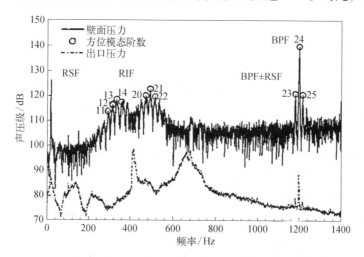

图1-13　旋转不稳定与旋转失速频谱特性对比[40]

合声学模态分析手段第一次对 RI 现象开展了系统性研究,并与旋转失速进行了详细的比对。通过对轴流风扇转子前缘静压测量结果的模态分析,他发现旋转不稳定在频谱图上显示为一个低于叶片通过频率的窄频带,这与频谱图中表征旋转失速的频率突尖有很大不同,如图 1-13 所示。对比二者周向传播速度可发现,RI 的传播速度也要高于旋转失速。

自此,RI 作为一种特殊且独立的叶尖非定常流动现象开始受到重视,而且后续的研究人员大多沿袭 Choi[40] 博士论文中的提法对该现象进行命名。Mailach 等[41]对已有研究中 RI 出现的工况范围以及其特性参数进行统计后指出: RI 出现的工况比较宽泛,从远离稳定边界的设计工况到近失速工况均有出现;其波长范围为 0.5~3 倍栅距,传播速度范围为 25%~90% 转速。

以下从 RI 与噪声、失速起始及叶片振动关联的角度介绍相关研究进展情况。

1. RI 与噪声的关联

RI 最早被气动声学领域的研究人员发现。Liu 等[39]以及 Kameier 等[42,43]针对轴流通风机的实验工作报道了出现在转子尖部区域的 RI,并指出它是低于转子通过频率的窄频带噪声的气动激励源。尽管这种激励源的确切流体动力学机理还没有弄清楚,他们还是把这种非定常流动现象模化为以低于转子转速旋转的扰动源。Kameier 和 Neise[43]的实验测量表明,当间隙区域出现反流时转子尖部的 RI 才会出现,且这些流动不稳定现象在间隙尺寸较大且流量等于或小于设计流量时才会出现。Fukano 和 Jang[44]采用与转子一起旋转的热线探针对某轴流通风机转子流场进行了实验测量。最低流量系数(未失速)时,叶片尾缘正下游平面的实验测量数据表明,叶片尖部的压力面存在一大范围速度脉动区域。但他们的研究工作并没有关注与 RI 相关的低于叶片通过频率的噪声,因此并没有对这个低流量系数工况点流场进行更为详细的测量。

2. RI 与失速起始的关联

早期对 RI 的实验测量一直放在通风机/压气机的稳定工作范围内,因此它与失速起始之间是否有关联在当时还没有定论。Mailach 等[41,45]针对低速轴流压气机及平面叶栅的系统性实验测量表明,RI 出现在靠近稳定边界的非常窄的流量范围内。因此,他们将 RI 界定为一种可能的失速先兆波,如图 1-14 所示。

Mailach 等[41]对一低速轴流压气机的叶尖负荷、间隙区的相对气流角和轴向速度进行了详细测量。基于时均统计测量结果,他们刻画出了叶尖通道中 TLV 强弱交替变化的流动模型(图 1-15): t_1 时刻叶片 1 的前缘出现了强度较强的泄漏涡,它形成的大范围反流在 t_2 时刻影响了叶片 2 前端的泄漏流动;因此,叶片 2 前缘的压差消失。此外,叶片 2 上的最大压差向叶片 2 的尾缘移动,这使得 t_2 时刻叶片 2 形成的泄漏涡强度很弱且被局限在尾缘区。t_3 时刻,叶片 3 上的泄漏流动不受影响,叶片 3 的前缘再次出现强度较强的泄漏涡。上述流动过程在近叶尖环面

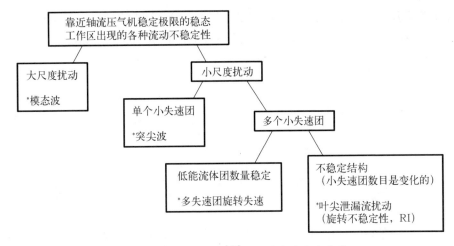

图 1－14　Mailach 等[41] 提出的失速先兆分类

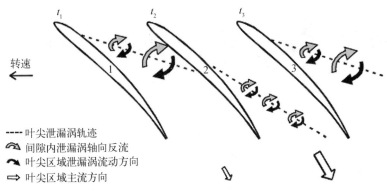

---- 叶尖泄漏涡轨迹
间隙内泄漏涡轴向反流
叶尖区域泄漏涡流动方向
叶尖区域主流方向

图 1－15　Mailach 等[41] 提出的 RI 起源流动模型

周而复始。Mailach 等认为上述 TLV 强弱交替变化的流动图谱诱发了 RI 的出现。以文献[41]研究的压气机叶尖几何和气动参数为原型,Mailach 等[45] 开展了平面叶栅叶尖流场的实验测量。在大间隙和大攻角情况下,他们同样观察到了 RI,并发现当 RI 出现时,TLV 和相邻叶片发生较强的周期性干涉,表现出 TLV 强弱交替出现的流动图谱。Mailach 等的实验工作表明,RI 的出现不取决于三维效应和转动环境。

März 等[46] 针对一轴流通风机不同叶顶间隙下的一系列实验测量结果也表明 RI 发生在大间隙情况下的近失速工况点。他们对 RI 出现情况下的机匣壁面静压及叶片表面压力进行了详细测量,采用双相平均技术得到了一个非定常活动周期内相对坐标系下的静压图谱,发现近叶顶前缘平面的中部出现了一个向吸力面运动的低静压斑[图 1－16(a)中的圆圈所示]。在试验测量的基础上,他们采用全通道雷诺平均纳维-斯托克斯(Reynolds avevage Navier-Stokes, RANS) 方法对近失速工况的流场进行了求解,对计算结果进行分析后发现在近叶顶区出现了一个与机匣壁面低静压斑基本对应的旋涡结构[图 1-16(b)中的圆圈所示]。因此他们认为流场中存在一个径向涡结构,称为旋转不稳定涡(rotating instability vortex, RIV),并认为该涡结构的出现是诱发 RI 的主要原因。

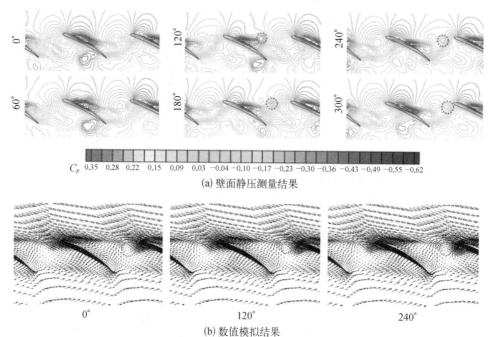

(a) 壁面静压测量结果

(b) 数值模拟结果

图 1-16　März 等[46]针对 RI 的实验和数值研究

Inoue 等[47]对一低速轴流压气机级开展了不同转子径向间隙情况下失速起始过程中机匣壁面动态压力测量,发现在大间隙时的失速起始过程中出现了 RI 现象,由此建立了 RI 与失速起始的关联。针对同一压气机级实验台,Yamada 等[48]进一步采用机匣壁面动态压力同步测量以及多通道分离涡模拟(detached eddy simulation, DES)方法对其失速起始过程进行了研究。实验测量结果再次表明,大间隙下的失速起始工况出现了 RI,且 RI 与壁面低静压区的周向传播(图 1-17 中黑色椭圆所示)是相伴相随的。基于数值模拟结果,他们认为泄漏涡的破碎及其周向传播导致了 RI 的出现(如图 1-17,图中的计算域和实验测量区域对应)。

吴艳辉等[49-52]采用机匣壁面动态压力测量和全通道 URANS 数值模拟方法对某高亚声速轴流压气机实验台大间隙下的叶尖流场进行了研究。机匣壁面动态压力测量结果表明,RI 是近失速稳定工况和失速起始工况突尖波浮现之前叶尖流场的主导流动特征,如图 1-18(a)所示。因此,RI 可以界定为一种先于先兆波的流场扰动,即"预先失速先兆波"。数值模拟显示,叶尖二次涡(TSV)的出现及沿流向的发展是诱发 RI 的主要原因[图 1-18(b)]。

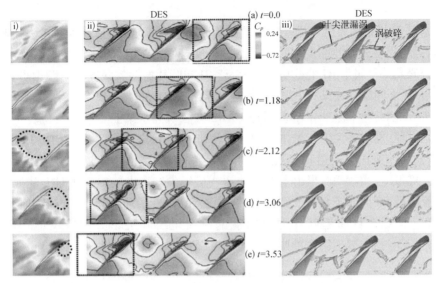

图 1-17　Yamada 等[48] 针对失速起始工况 RI 的实验和 DES 模拟结果

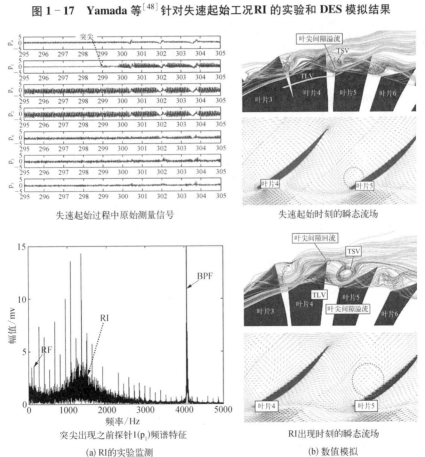

(a) RI的实验监测　　　　　　　　　(b) 数值模拟

图 1-18　吴艳辉等[49] 针对失速起始工况 RI 的实验和数值模拟结果

由于 TLV 是轴流压气机叶尖区的重要流动损失源之一,它与压气机失速起始(特别是小尺度先兆波的发生)之间的关联已定性地成为共识。从严格意义上讲,这部分研究并不属于 RI 的范畴,但从后续 RI 与叶片振动关联性的回顾中可看出,它们与 RI 之间也存在某种关联,因此这里给出这方面的典型研究成果。

Hoying 等[53]采用非定常多通道 RANS 方法研究了某亚声速压气机转子的失速起始过程,发现突尖失速先兆波的产生与 TLV 的稳定性有关,如图 1-19 所示。Vo[54]进一步采用单通道和多通道 URANS 计算方法评估了叶片通道内流动行为对压气机稳定性的影响,提出了亚声速压气机突尖波诱发旋转失速时叶片通道内两种流动行为(即两条必备准则):一是泄漏流从动叶的前缘叶尖下方溢出[图 1-20(a)];二是来自邻近叶片通道的泄漏流在尾缘叶尖下方形成反流[图 1-20(b)]。Vo 指出以上两个准则发生次序可以变化,但必须同时具备才会诱发突尖

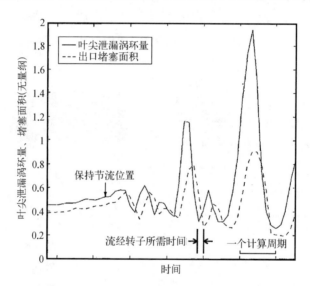

图 1-19   泄漏涡的稳定性与突尖先兆波发生的关联[53]

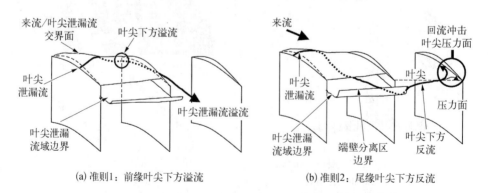

(a) 准则1：前缘叶尖下方溢流   (b) 准则2：尾缘叶尖下方反流

图 1-20   亚声速压气机突尖波诱发旋转失速的两条准则[55]

型旋转失速。以上研究表明,突尖波的发生与泄漏涡失稳有关,而"前缘溢流"和"尾缘反流"则可能是涡失稳导致的流动现象。

Bergner 等[25]和 Biela 等[26]先后公布了针对某单级跨声速压气机两种间隙下(1.1%和1.7%叶尖弦长)机匣壁面动态压力的试验测量结果。试验测量结果表明:激波和泄漏涡相互干扰导致跨声速压气机在设计工况点的流动已呈现出较强的非定常性。随着工况点向边界点推进,叶尖流动的非定常现象加剧;在大叶顶间隙下的近失速工况点检测到 RI,而在两种间隙情况下该单级跨声速压气机均出现了突尖诱发失速的情况。

Hah 等[55]基于 Bergner 等[25]的试验测量结果对带有小叶顶间隙的同一跨声速压气机转子流场的全通道大涡模拟(large eddy simulation, LES)研究表明,失速起始过程中出现了与亚声速压气机类似的"前缘溢流"和"尾缘反流"现象(图1-21)。基于 Biela 等[26]的试验结果,Hah 等[56,57]针对带有大叶顶间隙的同一跨声速压气机转子近失速工况点的全通道 LES 计算结果表明,近失速工况点,该跨声速压气机转子近叶尖流动环面上出现了两个以一定速度旋转的环面阻塞区;而在叶尖环面上的若干个通道中出现了与 März 等[46]试验测量结果类似的低压斑的运动(见图1-22圆圈所示)。因此,他们沿袭了"旋转不稳定涡"的观点来解释跨声速压气机中 RI 的起源。

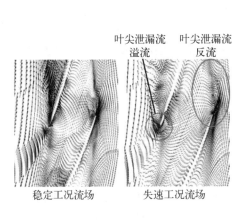

图1-21 跨声压气机转子前缘溢流、尾缘反流[54]

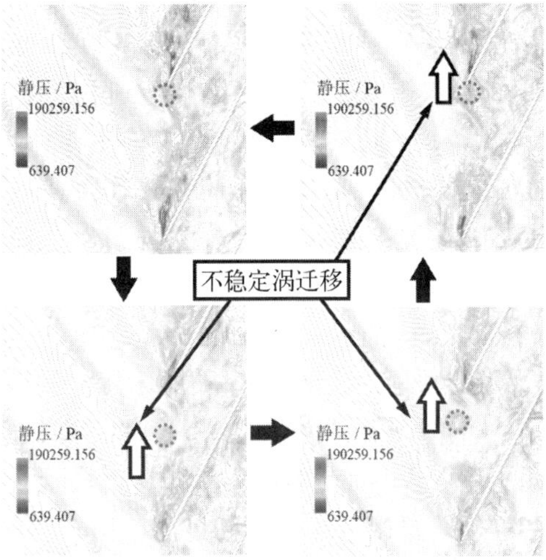

图1-22 Hah 等[55]对跨声速压气机RI 的 LES 模拟结果

3. RI 与叶片振动关联

航空轴流压气机叶片设计中需要考虑的两类传统振动问题是强迫响应和颤振。以叶片通过频率发生的强迫响应是一种共振现象,它的激励源来自流场的周向不均匀变化所形成的非定常气动力,如相邻两个运动叶片排的尾迹和势流场的影响。激发强迫相应的非定常气动力的频率是转子转动频率的整数倍频,因此被认为是同步于转子转速的。而颤振是一种源自流体-结构相互作用而形成的自激振荡,它的激振力完全是由叶片自身振动诱导的。颤振频率不是转子转动频率的整数倍频,因此被认为是不同步于转子转速。

伴随着压气机的设计级负荷提高,一种还无法解释其起源的振动类型近年来开始受到人们的关注,这类振动被称为叶片的非同步振动(non-synchronous vibrations, NSVs)。NSVs 的频率与转子转动频率不同步,这一点与颤振类似。但是它区别于颤振之处在于:它出现在传统颤振不会发生的工作参数范围内,且它的激励源与叶片振动无关。现有的针对 NSVs 的研究结果表明:① NSVs 主要出现在轴流风扇/高压压气机的前面级;② 发生 NSVs 时,叶片感受到的动应力较大,叶片容易发生高周疲劳(high cycle fatigue, HCF);③ NSVs 是一种与强迫响应类似的共振现象,它的激振力来自流场中某一种非定常气动力,且大多数情况下激发 NSVs 的非定常气动力来自转子叶尖区域[58-68];但也出现过带冠静叶尖部流动分离激发 NSVs 的情况[69]。

Baumgartner 等[58]对一台 10 级高压压气机的实验测量结果表明,在某些工况下,第 1 级叶片发生了与转子转动频率不同步的 NSVs;此时流场中监测到了相对于叶片排旋转的 RI。他们进一步对近叶片尾缘热膜探针测量的脉动速度进行分析,发现 RI 具有径向相关性;91%叶高处的 RI 能量最大,其能量随着叶高的减小而降低;65%叶高以下已监测不到 RI。

针对 GE 公司某型轴流压气机第 1 级动叶的 NSVs 问题,Kielb 等[59]以该全尺寸压气机的 1-1/2 级为研究对象,利用叶表应变片和机匣动态压力传感器获取了转子叶片发生 NSVs 的实验数据。叶表应变片的测量结果显示,第 1 级转子叶片发生 NSVs 的频率随压气机运行工况的变化而变化,这也是 NSVs 区别于颤振的另外一个重要特征。具体描述为:当压气机的转速为 12 700 r/min 时,第 1 级转子 NSVs 的频率为 2 661 Hz;随着压气机的转速逐渐升高到 12 800 r/min,第 1 级转子 NSVs 的频率逐渐降低至 2 600 Hz。而机匣壁面的动态压力测量结果显示,绝对坐标系下 NSVs 的频率从 3 516 Hz 升高至 3 662 Hz,这表明叶尖流场激发 NSVs 的非定常扰动源相对叶片反向传播。Kielb 等[59]同时针对第 1 级转子叶片开展了 1/7 环面的 URANS 数值模拟;预测的相对坐标系下流动参数脉动频率与应变片测量结果基本一致,而绝对坐标系下的结果却与实验测量出现很大的偏差。基于流场分析结果,他们认为吸力面流动分离和不稳定的叶尖泄漏流共同诱导了 NSVs。以 Kielb 等[59]实验测量的全尺寸压气机为研究对象,Im 和 Zha[60]不考虑叶片运动采用 URANS 方法以及考虑叶片振动采用流-固全耦合计算方法[61,62]对 1-1/2 级压气机 1/7 环面流场进行了求解。模拟结果表明:发生 NSVs 时,叶尖流场出现了龙卷风式的旋涡结构,如图 1 - 23 所示;而来流与间隙涡和泄漏流强烈的相互作用使得这些龙卷风式的涡结构沿流线运动从而诱发了叶片的 NSVs。

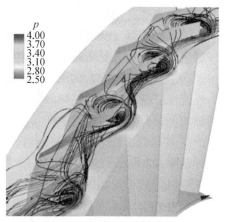

图 1 - 23　Im 和 Zha[61] 的数值模拟结果

基于对突尖失速的研究结果[55]——即诱发突尖旋转失速的两条准则(图 1 - 20),并结合 Kameier 和 Neise[10,43]、Fukano 和 Jang[44]、Mailach 等[41,45] 的实验测量结果及 März 等[46] 的数值模拟结果,Vo[63] 提出尾缘反流[图 1 - 20(b)]是 RI 以及 NSVs 出现的必要前提假设。以该假设为基础,Thomassin 等[64,65] 发展了预测 NSVs 的射流核心反馈模型,并开展了实验验证。Drolet 等[66] 进一步研究了间隙大小、温度对该模型预测结果的影响。Holzinger 等[67,68] 的实验数据显示,RI 有可能发展为自激振动,如图 1 - 24 所示;这使得跨声速压气机的气弹失稳先于气动失稳发生。他们实验测量结果也再次表明 RI 诱发的自激振动与颤振是完全不同的。

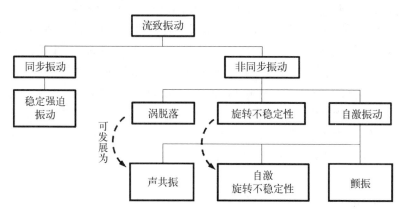

图 1 - 24　Holzinger 等[67] 提出的流致振动分类

1.2.3　叶尖流动非定常性起源/机理

对间隙区及间隙内部的流动进行实验测量是反映真实流动的最直接的方法。它一方面可以深化对叶尖泄漏流非定常性起源和机理的理解,另一方面还可为数值模拟方法提供实验校核数据库。

受叶顶狭小空间和转子高速旋转影响,接触式测量手段(热线、动态压力传感器)仅能获得机匣壁面和转子进、出口的实验数据;用这些数据来揭示间隙区复杂非定常流动的物理机制显然不够[10-17,25,26,36-40,42-44,46-52]。非接触式光学测量方法——激光多普勒测速(laser Doppler anemometry，LDA)属于单点测量技术，流场测量的耗时性以及低采样频率使得采用该技术仅能得到时均统计测量结果，也难以深入揭示叶尖区复杂非定常流动的物理机制[41,45]。

20世纪80年代以来出现的粒子图像测速(PIV)技术可以实现叶轮机流场某一连续区域流动参数的锁相测量[70]。随着PIV测试技术的发展，针对低速压气机的锁相测量已实现了相对坐标系下叶尖瞬态流场的重构，如Wernet等[21]和刘宝杰等[22-24]的研究工作。然而，针对高速压气机的锁相测量目前仅能得到流场的时均统计结果，如Bergner等[71]和Voges等[72]针对跨声速压气机开展的PIV测量仅得到95%叶高以下流场，而且公布的测量误差达5 m/s。

随着CFD技术及计算机技术的发展，经过实验数据校核的非定常数值模拟手段逐渐成为揭示叶尖流动非定常性物理机制的有力补充手段[20,27-36,46-52,55-57,59-62]；计算方法和计算域数量也从单通道/多通道RANS发展到计算资源可以承受的全通道RANS以及多通道/全通道DES和LES。

不同压气机的叶尖几何(间隙大小、栅距等)和气动参数(负荷形式、来流条件等)导致叶尖流动非定常性产生的物理机制可能存在差异。因而，众多学者基于各自的研究对象和结果提出了不同的观点来解释叶尖流动非定常性的起源；按时间排序这些观点分别为：旋涡脱落、叶尖泄漏涡破碎、相邻叶片排泄漏流的相互作用、旋转不稳定涡、叶尖二次涡、流动剪切层不稳定性。其中，旋涡脱落、叶尖泄漏涡破碎、旋转不稳定涡、叶尖二次涡和流动剪切层不稳定性都将RI的起源归结于流场中出现的一个不同于泄漏涡的新旋涡结构。受限于现有的实验和数值模拟手段以及计算资源，当前对该新旋涡结构的产生机理依旧不得而知，仍需研究人员做出长期努力才能解决该问题。然而，依据现有的研究结果可以推断，不同压气机中导致该旋涡结构的产生机理会有所不同。

以下分别对这些观点进行说明和阐述。

1. 旋涡脱落

Kameier和Neise[10]通过热线测量发现，只有当叶顶间隙中存在反向流动时，RI才会出现。随后的研究中[42]，RI被认为是一个振荡源或者旋涡结构，且大概以转子转速的一半旋转。这种旋转扰动的周向分布是不均匀的，可以用空间傅里叶分量的叠加表示。如果扰动的周向波长等于栅距，脱落旋涡和每个叶片间会发生剧烈的相互作用，从而导致叶顶间隙噪声的产生。

基于上述旋涡脱落理论，Heinze等[73]进行了进一步的基础研究。如图1-25所示的模型，他们将压气机类比为一个圆柱体和一个固定片，而RI现象则好比于圆柱体下游脱落旋涡打在固定片上的流动。据推测，如果在圆柱体和固定片之间的距离正好是扰动波长的整数倍，由于共振效应，RI所对应的能量会明显增大。

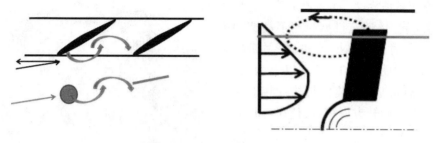

图 1-25 轴流压气机叶尖区域周期性旋涡脱落示意图[73]

如图 1-26 所示, Baumgartner 等[58]指出, 旋涡脱落模型可以用来揭示 RI 的产生机理。如果叶片数和脱落旋涡形成的压力波在同一频率, 则会导致共振的产生。与旋转失速的机制类似, RI 以小于转速的速度相对叶片移动。由于旋转失速自身表现为一个固定大小的低速团, 其在相对坐标系下并非产生压力波动, 因此在频谱上只对应单一离散频率。相比之下, 由于 RI 是一个随时间变化的波动, 其在频谱上对应一个特征频率带。

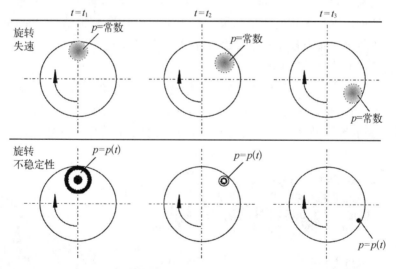

图 1-26 旋转失速和旋转不稳定对应的压力变化示意图[58]

根据对九州大学低速轴流压气机流场压力的测量, Inoue 等[74,75]发现转子叶片前缘存在一个明显由非定常流动造成的低压区。据此, 该团队提出了一个经典的"龙卷风旋涡结构"(tornado-like vortex structure)模型, 如图 1-27 所示。他们认为, 起源于叶片吸力面流动分离的旋涡脱落向通道外延伸并在近前缘机匣壁面上诱导出低压区流动; 该"龙卷风旋涡结构"在频谱图上对应低于 1 BPF 的驼峰。

基于数值模拟,Im 和 Zha[61,62] 也使用
"龙卷风旋涡结构"模型讨论了高速轴流
压气机中的非同步振动和 RI 之间的关
联。结果表明,在 80%叶高以上的区域,
RI 对应的龙卷风状旋涡结构在相对坐标
系下逆叶片旋转方向移动,使得叶片前缘
和尾缘附近各存在一个低压区。这两个
低压区产生了一对耦合力,最终为非同步
振动的发生提供了扭转力矩。总结而言,
在稳定工况下,压气机的非同步振动是转
子叶尖附近的 RI 导致的。

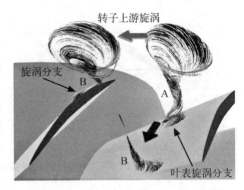

图 1-27　"龙卷风旋涡结构"示意图[74]

2. 叶尖泄漏涡碎

Furukawa 等[19,20]采用单通道 RANS/URANS 数值模拟研究了某低速压气机设
计点和近失速点的流场,并基于泄漏涡破碎观点解释了近失速工况实验观察到的
反常流动现象。Yamada 和 Zha[27-29]沿用涡破碎的观点解释了某跨声速压气机转
子的单/多通道 URANS 数值模拟结果。基于实验和 DES 模拟结果,Yamada 等[48]
用涡破碎及周向传播来解释失速起始过程中出现的 RI 现象(图 1-17),至此涡破
碎的观点得到了实验部分证实。

Su 等[76]采用单通道 DES 方法对某 F 级燃机进口级动叶的叶尖流动进行了研
究。如图 1-28 所示,激波和泄漏涡干涉导致泄漏涡在近失速工况发生了螺旋型
破碎,泄漏涡的螺旋型破碎是叶尖流动非定常性发生的诱因。同年,柳阳威等[77]

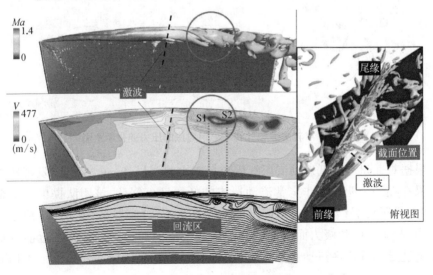

图 1-28　近失速点,激波干涉造成的泄漏涡破碎[77]

针对某低速大尺寸轴流压气机转子的单通道 URANS 和 DES 计算结果均表明叶尖泄漏涡在近失速工况发生了破碎,印证了刘宝杰等针对该低速轴流压气机转子的系列实验研究结果[22-24,77-80]。

3. 泄漏流与相邻叶片流动的相互作用

在德累斯顿工业大学的低速轴流压气机和平面叶栅中,Mailach 等通过非定常压力测量[41,45]证实 RI 的出现伴随着叶尖泄漏涡的剧烈波动。基于实验测量结果,他们提出了如图 1-29 所示的 RI 起源模型;他们认为 RI 是由叶尖泄漏流和相邻叶片的流动之间的周期性相互作用引起的,且叶尖泄漏涡的波动是这种流动现象的起源。当叶尖泄漏流不影响相邻叶片的流动时,无 RI 发生。

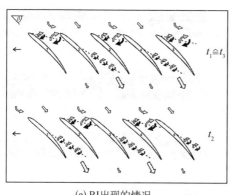

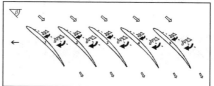

- - - - 叶尖泄漏涡轨迹
间隙内泄漏涡轴向反流
叶尖区域泄漏涡流动方向
叶尖区域主流方向

(a) RI出现的情况   (b) 无RI现象的情况

图 1-29 RI 起源模型[46]

邓向阳[30]、耿少娟[31]和杜娟等[32,33]通过对低速和跨声速压气机的一系列单通道 URANS 数值模拟发现近失速工况的叶尖区出现了流动非定常性,并将其称为自诱导非定常性(self-induced unsteadiness)。他们认为泄漏流和相邻叶片流动的相互作用引发了该流动非定常性,并提出用泄漏流垂直于叶片弦长方向的动量与主流沿叶片弦长方向的动量比值的大小来判定该流动非定常性的触发时机(图 1-11)。随后,以 Biela 等[26]实验检测出 RI 的跨声速转子为研究对象,杜娟等[81]采用单通道 URANS 方法对其流场进行了数值模拟,发现该转子在近失速工况也出现自诱导非定常性,他们同样认为是泄漏流和相邻叶片流动相互作用引发该流动非定常性出现。但 Hah 等[56,57]针对同一研究对象开展的全通道 LES 数值模拟却表明,可能是流场中的旋涡结构导致 RI 的出现(图 1-22)。

通过对某单级低速轴流压气机中 RI 和近机匣壁面流动的相关性分析,Wang 等[82]认为叶尖泄漏涡和相邻叶片之间的相互作用与 RI 的起源密切相关。如图 1-30 所示,从锁相平均压力分布来看,两个相邻叶片叶尖泄漏流的相互作用是导致近壁面流场波动的最可能原因,这一点在数值模拟结果中亦有体现[83]。进一步数值计算表明,RI 与叶尖泄漏流的发展有关,且 RI 往往出现在叶尖泄漏流的尾迹延伸到相邻叶片尾缘时[84]。不同间隙下的数值研究则表明[85],当叶顶间隙较大时,叶尖泄漏涡与叶片前缘涡合并后沿周向传播,并在相邻通道上形成新的叶尖泄漏涡结构。由于叶尖泄漏涡和 RI 的主模态一致,他们依然认为是泄漏涡和相邻叶片流动的相互作用导致了 RI 的出现。

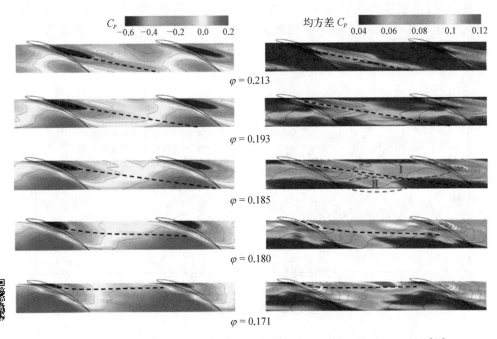

图 1 - 30　壁面压力的锁相平均结果(左)及均方差(右)随流量系数的变化[82]

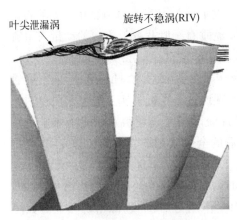

图 1 - 31　瞬时流场分布[46],数值模拟

4. 旋转不稳定涡(RIV)

该观点是 März 等[46]基于实验和全通道 URANS 数值模拟结果提出的,如图 1 - 31 所示,可以说得到了实验的部分证实。Hah 等[56,57]采用全通道 LES 方法研究跨声速压气机中 RI 现象时,也用到了此观点(图 1 - 22)。

5. 叶尖二次涡(TSV)

该观点是吴艳辉等[34,35]基于单通道 URANS 数值模拟结果提出的,且该观点的提出也融入了叶尖泄漏涡破碎的观点(图

1-12)。进一步地,吴艳辉等[36]结合机匣壁面动态压力实验测量和全通道 URANS 数值模拟,从频域场的角度间接证实了 TSV 存在的可能性,并发现 TSV 形成之后向下游的运动导致叶顶载荷的周期性变化,叶顶载荷的周期性变化又联动地引发了泄漏涡强度、破碎区及 TSV 强度的变化,从而在近失速工况点的叶尖流场建立了一种自我维持的非定常流动现象。

以此为基础,他们[86,87]进一步采用实验和数值模拟相结合的方法探索了突尖先兆波的产生机理。结果表明:失速起始过程中,叶尖环面阻塞区内相邻叶片通道中 TSV 传播的关联导致阻塞区传播;传播速度接近某一通道 TSV 的活动周期。随着环面阻塞区前端叶尖负荷的增加,对应通道 TSV 的活动周期变长。如图 1-32 所示,上述流动导致相对坐标系下沿周向传播的静压突尖(速度为 33.3% 转速),该静压突尖对应实验测得的小尺度突尖波(速度为 66.7% 转速)。随突尖波的孕育和发展,与其传播相关的 TSV 增强并与吸力面附面层分离融合,最终演变为上端吸附在机匣壁面、下端吸附在叶片吸力面上的龙卷风式旋涡结构(图 1-33)。

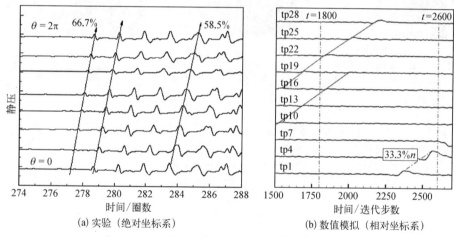

(a) 实验（绝对坐标系）　　　　　　(b) 数值模拟（相对坐标系）

图 1-32　实验和数值模拟的失速起始过程对比[86]

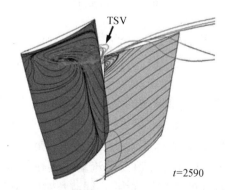

$t=2590$

图 1-33　TSV 演变成龙卷风式的旋涡结构[86]

该旋涡结构与 Inoue 等[74,75]基于实验结果提出的旋涡结构(图1-27)及与 Im 和 Zah[61,62]针对高负荷全尺寸压气机的模拟结果相似(图1-23)。

随后,吴艳辉等[49-52]针对具有较大叶顶间隙的同一转子开展实验测量后发现:近失速工况的流动非定常性以 RI 形式表现。全通道 URANS 数值模拟结果表明:近失速工况下 TSV 的出现及沿流向的运动可能是诱发 RI 的主要原因;在失速起始过程中,逐渐增强的 TSV 沿流向运动并在机匣壁面上诱导出周向运动的低静压斑(图1-34)。

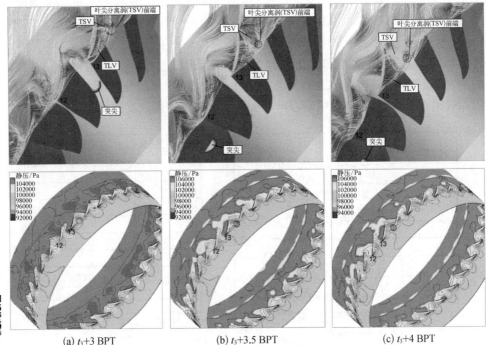

(a) t_3+3 BPT　　　　(b) t_3+3.5 BPT　　　　(c) t_3+4 BPT

图1-34　TSV 前端沿周向发展诱导的机匣壁面低静压斑运动[51]

BPT: 叶片通过时间

6. 流动剪切层的不稳定性

除了前文所述的起源外,将 RI 产生的原因归结于流动剪切层的不稳定性亦是一个比较经典的理论。

根据对具有轮毂间隙的环形叶栅的实验[88]可知,当叶片载荷(攻角)扩大到一定值时,可以监测到 RI 的出现,且 RI 的平均传播速度是进口速度圆周分量的 48%。Pardowitz 等[89]根据对柏林工业大学环形叶栅的实验结果,提出了如图1-35 所示的模型。该模型表明,叶顶反向流动的存在使得不同速度层之间存在剪切,从而导致不稳定扰动的产生。其中,不同波长对应的剪切层不稳定性随机产生,并在周向传播与发展。另外,根据 Beselt 等[90]对实验和数值模拟结果的比较,RI 与压气机叶片上游的近轮毂周向涡的形成有关,这一点在叶片前缘轮毂壁面上的压力波动谱中有所体现。

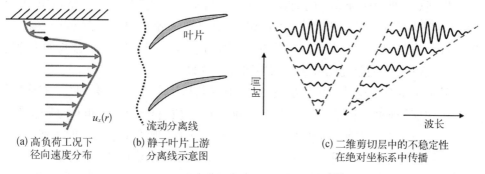

(a) 高负荷工况下
径向速度分布

(b) 静子叶片上游
分离线示意图

(c) 二维剪切层中的不稳定性
在绝对坐标系中传播

图 1-35　剪切层导致 RI 机理示意图[89]

随后,从 Pardowitz 等[91]的进一步测量结果可以看出,沿环形叶栅周向,叶片通道内存在大于单叶片通道的移动旋涡结构,如图 1-36 所示。当 RI 被监测到时,速度径向分布表明近轮毂间隙处出现回流。上述发现证明 RI 来源于速度变化所导致的剪切层不稳定性。此外,Beselt 等[92]在无叶顶间隙的结构中亦观察到了

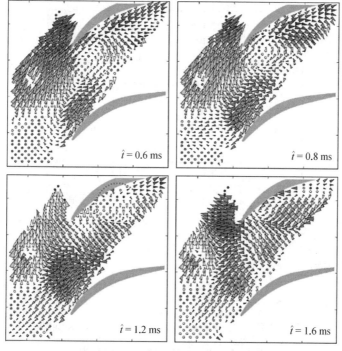

图 1-36　周期性旋转不稳定流场[91]

RI,从而进一步支持了这个假设。通过同步高速三维 PIV 和动态压力测量结果，Pardowitz 等[93]指出,RI 由轮毂处的流动分离延伸到剪切层造成的流动不稳定性所引起。

根据对一低速轴流风扇的测量结果[94,95]可知,RI 的产生与工况密切相关,且 RI 只表现为特定频率和模态。由于 RI 在带冠转子叶片中亦被观察到。因此,Pardowitz 等[95]认为非定常涡系并非 RI 产生的机制。RI 与包含不同波长的不稳定波有关,这些不稳定波是由叶尖全圆周回流产生的剪切所致。

通过对单级低速轴流压气机的测量和模拟,Eck 等[96]进一步发展了上述"非稳定剪切层"理论。该研究采用"预失速不稳定性(prestall instability)"来描述 RI。根据图 1-37 中所示的模型,"预失速不稳定性"取决于压气机的工作条件。当压气机工作于图中所示的工作范围 A 时,叶尖区域流通顺畅,此时压气机内部没有"预失速不稳定性"现象发生。随着流量的进一步减小,当叶尖通道被叶尖泄漏涡阻塞,且进口气流未达到转子的临界攻角时(图中工作范围 B),"预失速不稳定性"现象出现。流场扰动表现为离散的涡结构,并显示为周向传播的低压区域。当转子的整个叶尖区域受到泄漏流阻塞影响时,流动中的开尔文-亥姆霍兹不稳定性(Kelvin-Helmholtz instability)最终触发"预失速不稳定性"现象。

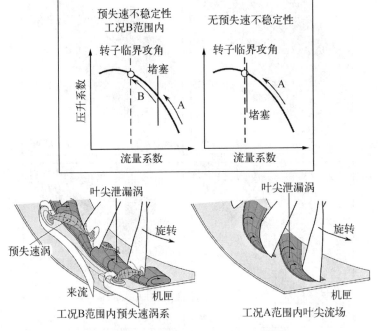

图 1-37 "预失速不稳定性"模型[96]

1.3 叶尖流动非定常性调控技术研究进展

鉴于叶尖流动非定常性与压气机的气动稳定性、叶片非同步振动以及间隙流噪声之间有着潜在关联,探索和找到能够抑制该流动非定常性的高效流动控制技术,将有助于扩大压气机的稳定工作范围、保证其气弹结构可靠性以及降低其噪声水平,这对我国高负荷轴流压气机的自主研发意义重大。

流动控制技术是利用流体间的相互作用,通过改变局部流动达到控制流动状态的一种技术。如前所述,由于当前对叶尖流动非定常性物理机制的认识还处于较低水平,因而针对该流动非定常性的调控技术研究也少有人涉及。

尽管如此,叶尖泄漏流/泄漏涡对压气机稳定性的影响自 20 世纪 50 年代开始已受到关注,由此发展了不同种类的主动/被动控制方法。主动控制方法由于需要额外消耗能量、增加气路/控制器以及检测失速先兆等,现阶段的工程应用难度大且成本高,基本还处于实验室探索阶段,它们包括叶尖喷气,射流式涡流发生器、等离子体气动激励等。而被动控制方法大多结构简单、方便易行,且有不少已在工程中得以应用,他们包括被动式涡流发生器、机匣处理、轴对称端壁造型等。

随着对叶尖流动非定常性问题研究的深入,研究者认识到叶尖流动非定常性的出现与泄漏流随工况的发展抑或是泄漏涡结构的变化紧密相关。因而一些研究人员也尝试采用现有针对泄漏流的主/被动流动控制手段来调控叶尖流动非定常性或是在开展扩稳研究的同时也关注了其对叶尖流动非定常性的影响。这些尝试性的研究虽然存在一定试凑性和盲目性,但也表明通过后续针对性、系统性的研究,这些调控手段可以发展为调控叶尖流动非定常性(包括 RI)的高效流动调控技术。此外,由于目前针对叶尖流动非定常性的调控研究较少,因此有必要开展更多针对性流动控制工作,以探索和发展新的流动调控技术来抑制叶尖流动非定常性。

以下将介绍现有叶尖流动非定常性控制技术的原理并回顾其发展现状。

1.3.1 被动式涡流发生器

被动式涡流发生器是一种基于旋涡运动的流动控制装置。基于"以涡制涡"思想,被动式涡流发生器同样可以用于调控叶尖流动非定常性。

在认识到 RI 与噪声的关联后,Kameier 等[10]将一个涡流发生器(尼龙粘扣带)插入到叶顶间隙中以调控 RI(图 1-38)。该装置最终使得 RI 对应的噪声降低了11 分贝,同时风扇压比和效率分别提高了 14% 和 7%,如图 1-39 所示。

李涛等[97]将具有不同安装角的梯形和半球形涡流发生器安装在机匣上游(图1-40)以研究涡流发生器对压气机叶尖非定常流动的影响,结果显示被动式涡流发生器能增强压气机来流的正预旋程度,其产生的诱导涡对叶尖流场的动态特征影响明显,叶尖旋转不稳定性得到抑制,失速点流量下降 4%。

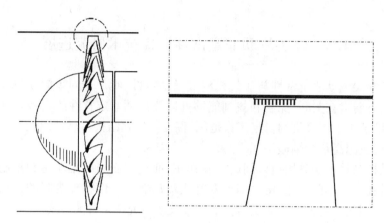

图 1-38 尼龙粘扣带式涡流发生器[10]

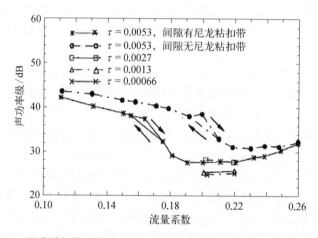

图 1-39 尼龙粘扣带式涡流发生器对轴流风扇性能和噪声的影响曲线[10]

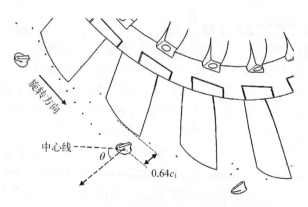

图 1-40 轴流压气机转子上游涡流发生器[97]

1.3.2 叶尖喷气

叶尖喷气是在转子机匣上开设一定数量的离散喷气口,通过其引入高速射流来对叶尖区复杂流动施加影响,以达到控制泄漏流/泄漏涡的目的[98,99]。若喷口的喷气量恒定,即为定常喷气;若喷口的喷气量随时间变化,即为非定常喷气。

基于 Kameier 等[10]研究用的同一试验台,Neuhaus 和 Neise[100]通过安装在机匣内壁上的狭缝喷口将空气射入叶顶间隙中实现定常和非定常喷气,来对 RI 进行控制。如图 1-41 所示,实验数据表明,当采用定常喷气时,RI 所导致的叶顶间隙噪声(tip clearance noise,TCN)从频谱中消失。较定常喷气而言,非定常喷气更适合于提高风扇压力并抑制 RI,而对效率的提升作用较小。

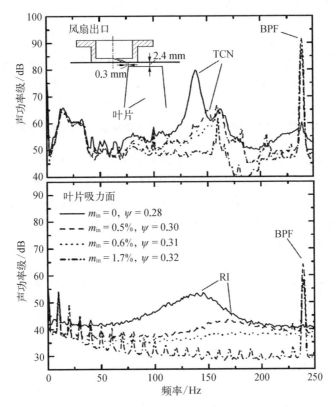

图 1-41 定常喷气对轴流风扇 RI 和噪声的影响[100]

童志庭[101]在某低速轴流压气机中开展失速先兆和叶尖喷气扩稳研究时,在转子叶顶机匣壁面进行动态压力测量。实验结果表明该压气机转子在负荷较高工况开始出现叶尖流动非定常性;随着工况向近失速点推进,该流动非定常性增强,如图 1-42(a)所示。当通过离散喷嘴向流场中注入的定常喷气流量占主流流量

0.045%~0.056%时,压气机的流量裕度提高3.14%~5.83%;如图1-42(b)所示,较原型压气机,同一近失速流量下,定常喷气有效抑制了叶尖流动非定常性,其对应频率消失。基于实验测量结果,童志庭认为叶尖喷气的扩稳作用源于将叶尖泄漏涡的起始位置向转子下游推移和对叶尖泄漏涡非定常性的抑制。

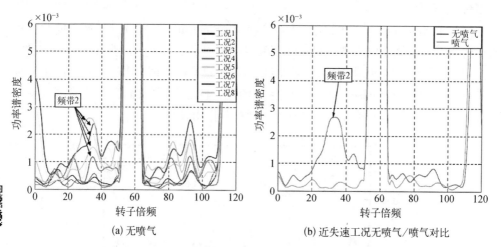

(a) 无喷气　　　　　　　　(b) 近失速工况无喷气/喷气对比

图1-42 微喷气抑制低速轴流压气机叶尖流动非定常性的实验结果[104]

随后,李继超[102]针对同一实验台开展了不同喷气量下的定常叶尖喷气扩稳实验研究,并对定常喷气的作用规律进行了解释。他认为压气机稳定裕度增益随喷气动量的变化曲线在某一阈值点前后表现两种不同变化趋势。如图1-43所示,微喷气量(占主流流量千分之几的量级,低喷气动量比)条件下,叶尖喷气的扩稳作用源于对叶尖泄漏流非定常性的削弱;而在大喷气量(占主流流量百分之几的量级,高喷气动量比)条件下,叶尖喷气通过减小叶尖进口攻角来进一步提升压气机的失速裕度;此时,叶尖喷气将影响75%叶展以上的叶片负荷[103-105]。

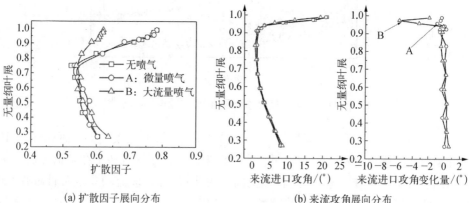

(a) 扩散因子展向分布　　　　　(b) 来流攻角展向分布

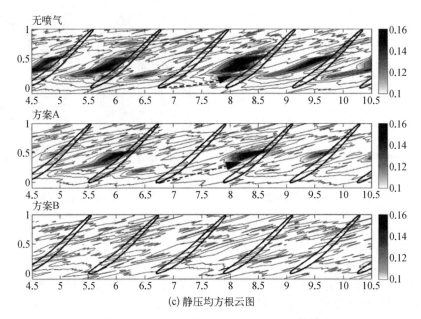

(c) 静压均方根云图

图 1-43 低速轴流压气机性能参数变化[107]

　　基于西北工业大学高亚声速压气机转子叶尖流动非定常性与流动失稳关联实验和数值模拟结果[34, 86],吴艳辉等[106-108]采用多通道/全通道 URANS 方法探究了大量/微量喷气的扩稳机理。两种喷气量时,叶尖喷气均抑制了叶尖流动非定常性,拓宽了转子的稳定工作范围;在较大喷气量情况下,叶尖喷气可将压气机的失速先兆形式由突尖波变为模态波,如图 1-44、图 1-45所示。

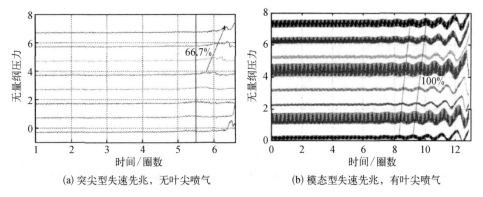

(a) 突尖型失速先兆,无叶尖喷气　　　　　　(b) 模态型失速先兆,有叶尖喷气

图 1-44 叶尖喷气前后,压气机失速形式对比[107]

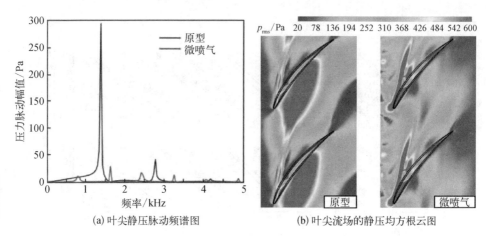

(a) 叶尖静压脉动频谱图　　　　　　(b) 叶尖流场的静压均方根云图

图 1-45　叶尖微喷气前后，压气机叶尖流动非定常性对比[108]

1.3.3　机匣处理

机匣处理是在正对压气机转子叶片排顶部的机匣上开设具有不同结构形式的槽、缝、孔等，以调控泄漏流/泄漏涡。机匣处理具有结构简单、改型方便、可靠性高等特点，目前已在工程上得以应用[109-111]。

从控制 RI 的角度，Rolfes 等[112,113]针对德累斯顿工业大学的 1.5 级低速压气机设计了周向单槽机匣，如图 1-46 所示。结果表明，当叶顶间隙尺寸较大时，周向槽对 RI 的抑制作用明显。Ye 等[114]采用槽数为 6 的周向多槽机匣（图 1-47）对某跨声速压气机转子开展数值研究，并分析了周向多槽对 RI 的影响。他们发现，较实壁机匣，相同近失速流量下，周向多槽能有效缓解转子叶尖泄漏流的周期性波动。

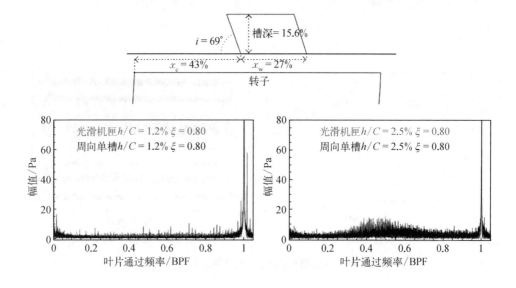

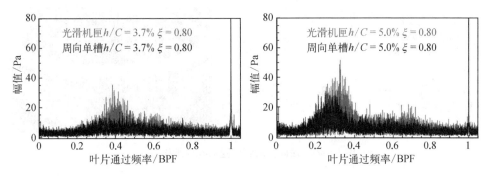

图 1-46 周向单槽几何结构[116]

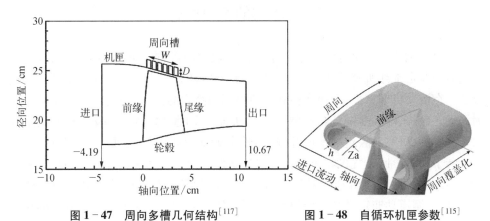

图 1-47 周向多槽几何结构[117]　　图 1-48 自循环机匣参数[115]

以西北工业大学高亚声速轴流压气机实验台的孤立转子为对象,王维[115]系统性开展了轴向跨度为 1 个转子叶片排的自循环机匣(图 1-48)结构参数对轴流压气机扩稳效果影响的实验研究,所涉及的内容包括喷嘴型线优化、喷嘴数量、喷嘴周向覆盖比、喷嘴喉部高度、喷气角、喷气偏航角和桥路结构等参数;实验证实,优化设计的自循环机匣可在不降低效率的同时获得 10% 的稳定裕度改进量,自循环机匣的流动控制效果与其对叶尖流动非定常性的抑制相关。结合吴艳辉等[106-108]对该转子叶尖喷气的全通道 URANS 研究结果,王维认为自循环机匣的扩稳效果源于其引入的高速射流对叶顶流动阻塞非定常性的抑制作用。

Li 等[116]采用实验和数值模拟相结合的方式对一台低速轴流压气机中的 RI 进行了轴向倾斜缝机匣(图 1-49)的流动控制研究。实验研究表明,同一流量系数时,较原型压气机,轴向倾斜缝机匣的壁面压力信号频谱未出现 RI 的特征驼峰频率。数值模拟研究则表明,相同流量系数条件下,轴向倾斜缝压气机中 RI 的特征频率显著降低。他们认为,压气机叶尖泄漏流在轴向倾斜缝的作用下被分成多段,各段泄漏流的强度受到削弱。此外,在轴向倾斜缝的吹除作用下,转子叶顶堵塞区的叶尖泄漏流更易在主流裹挟下流出转子通道,RI 强度被削弱。

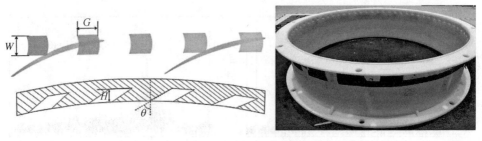

图 1-49 轴向倾斜缝机匣的几何结构[116]

1.4 本书的主要内容

本书对轴流压气机叶尖流动非定常性机理和调控方法进行了研究,以提升对叶尖流动非定常性机理的认知水平并探索和发展针对该流动非定常性的高效调控方法。在流动机理方面,采用实验和数值模拟相结合的方法,系统地分析了叶尖泄漏涡动态破碎、叶尖泄漏流与相邻叶片流动相互作用两类因素诱发流动非定常性的物理机制;研究对象包括平面叶栅、环形叶栅、低亚声速压气机转子、高亚声速压气机转子和跨声速压气机转子。在流动控制方面,基于本书机理研究的发现,有针对性地开展了轴对称端壁造型和周向单槽调控叶尖泄漏涡破碎及叶尖泄漏流分布,进而抑制流动非定常性的数值研究,深入分析了上述两种流动控制方法的流动控制机理。

本书第 2 章首先依据国内外现有的研究结果指出,叶尖泄漏涡的动态破碎是导致叶尖流动非定常性的一类重要因素。然后以低亚声速压气机平面叶栅为例,采用实验和单通道 URANS 数值模拟,分析了叶尖泄漏涡动态破碎诱发流动非定常性的物理机制,揭示了二维、不转动环境下,叶尖泄漏涡破碎引发流动非定常性的复杂涡动力学机制。

本书第 3 章以低亚声速压气机环形叶栅为例,采用实验和单/多通道 URANS 数值模拟,并将数据挖掘方法引入到非定常流场分析中,澄清了三维、不转动环境下叶尖泄漏涡动态破碎引发流动非定常性的复杂涡动力学机制,并证明动态模态分解(dynamic mode decomposition, DMD)是适用于叶尖流动非定常性主导流动结构分析的有效手段。

本书第 4 章以跨声速压气机转子为例,采用单/多通道 URANS 数值模拟,对叶尖泄漏涡动态破碎诱发流动非定常性的物理机制进行分析,在三维、转动、激波环境下,澄清了叶尖泄漏涡动态破碎引发流动非定常性的复杂涡动力学机制。

本书第 5 章以低亚声速压气机转子为例,结合实验、多通道 DES 数值模拟、DMD 分析,对具有不同叶顶间隙尺寸的实壁机匣结构和周向槽结构的压气机内部流场进行分析,阐明了不同机匣构型和间隙尺寸下叶尖泄漏流与相邻叶片流动相互作用引发 RI 的物理机制,并证明了 DES 方法在准确预测 RI 驼峰特征和主导频率上的优势。

本书第 6 章以高亚声速压气机转子为例,结合实验和全通道 URANS 数值模拟,分析了叶尖泄漏流与相邻叶片流动相互作用引发 RI 的物理机制,揭示了叶尖流动非定常性与叶尖载荷分布的关系,并证明计算域的选取也是影响 RI 驼峰频率特征预测的主要因素之一。

本书第 7 章基于第 2 章平面叶栅研究取得的机理成果,运用仿真优化设计和本征正交分解(proper orthogonal decomposition, POD)的数据挖掘技术,发展了抑制叶尖泄漏涡破碎及其流动非定常性的轴对称端壁调控技术,提炼出影响其流动控制效果的端壁型线设计规律和降维设计思路。研究成果丰富了叶尖泄漏涡破碎及相关流动非定常性的控制经验和手段。

本书第 8 章分别以第 6 章、第 4 章的高亚声速和跨声速压气机转子为对象,采用仿真方法发展了基于周向单槽式处理机匣的叶尖流动非定常性控制技术,澄清了周向单槽调控 RI 对应的叶尖主加载区、抑制泄漏涡破碎,进而降低流动非定常性的调控机制,并总结了周向单槽的关键设计参数选取原则。研究成果进一步丰富了针对叶尖流动非定常性的控制经验和手段。

参考文献

[1] Paduano J D, Greitzer E M, Epstein A H. Compression system stability and active control[J]. Annual Review of Fluid Mechanics, 2001, 33: 491-517.

[2] Wisler D C. Loss reduction in axial-flow compressors through low-speed model testing[J]. Journal of Engineering for Gas Turbines and Power, 1985, 107(2): 354-363.

[3] Day I J. Stall inception in axial flow compressors[J]. Journal of Turbomachinery, 1993, 115(1): 1-9.

[4] Day I J, Breuer T, Escuret J, et al. Stall inception and the prospects for active control in four high-speed compressors[J]. Journal of Turbomachinery, 1999, 121(1): 18-27.

[5] Han L, Wei D S, Wang Y R, et al. Analysis method of non-synchronous vibration and influence of tip clearance flow instabilities on non-synchronous vibration in an axial transonic compressor rotor[J]. Journal of Turbomachinery, 2021, 143(11): 111014.

[6] 刘大响,金捷,彭友梅,等.大型飞机发动机的发展现状和关键技术分析[J].航空动力学报,2008, 23(6): 976-980.

[7] Storer J A, Cumpsty N A. Tip leakage flow in axial compressors [J]. Journal of Turbomachinery, 1991, 113(2): 252-259.

[8] Lakshminarayana B, Zaccaria M, Marathe B. The structure of tip clearance flow in axial flow compressors[J]. Journal of Turbomachinery, 1995, 117(3): 336-347.

[9] Fischer A, Buttner L, Czarske J, et al. Investigation of the tip clearance flow in a compressor cascade using a novel laser measurement technique with high temporal resolution[J]. Journal

of Turbomachinery, 2012, 134(5): 051004.

[10] Kameier F, Neise W. Experimental study of tip clearance losses and noise in axial turbomachines and their reduction[J]. Journal of Turbomachinery, 1997, 119(3): 460 - 471.

[11] Inoue M, Kuroumaru M. Three-dimensional structure and decay of vortices behind an axial flow rotating blade row[J]. Journal of Engineering for Gas Turbines and Power, 1984, 106(3): 561 - 569.

[12] Inoue M, Kuroumaru M. Structure of tip clearance flow in an isolated axial compressor rotor [J]. Journal of Turbomachinery, 1989, 111(3): 250 - 256.

[13] Inoue M, Furukawa M. Physics of tip clearance flow in turbomachinery[C]. Montreal: ASME 2002 Joint U. S. -European Fluids Engineering Division Conference, 2002.

[14] Inoue M, Kuroumaru M, Ando Y. Tip clearance flow in axial flow impellers at low flow rate [J]. Transactions of the Japan Society of Mechanical Engineers Series B, 1990, 56(526): 1690 - 1695.

[15] Inoue M, Kuroumaru M, Iwamoto T, et al. Detection of a rotating stall precursor in isolated axial flow compressor rotors[J]. Journal of Turbomachinery, 1991, 113(2): 281 - 289.

[16] Adamczyk J J, Celestina M L, Greitzer E M. The role of tip clearance in high-speed fan stall [J]. Journal of Turbomachinery, 1991, 115(1): 28 - 39.

[17] Copenhaver W W, Puterbaugh S L, Hah C. Unsteady flow and shock motion in a transonic compressor rotor[J]. Journal of Propulsion and Power, 1997, 13(1): 17 - 23.

[18] Schlechtriem S, Lötzerich M. Breakdown of tip leakage vortices in compressors at flow conditions close to stall[C]. Orlando: ASME 1997 International Gas Turbine and Aeroengine Congress and Exhibition, 1997.

[19] Furukawa M, Inoue M, Saiki K, et al. The role of tip leakage vortex breakdown in compressor rotor aerodynamics[J]. Journal of Turbomachinery, 1999, 121(3): 469 - 480.

[20] Furukawa M, Saiki K, Yamada K, et al. Unsteady flow behavior due to breakdown of tip leakage vortex in an axial compressor rotor at near-stall condition[C]. Munich: ASME Turbo Expo 2000: Power for Land, Sea, and Air, 2000.

[21] Wernet M P, Zante D V, Strazisar T J, et al. 3-D digital PIV measurements of the tip clearance flow in an axial compressor[C]. Amsterdam: ASME Turbo Expo 2002: Power for Land, Sea, and Air, 2002.

[22] Liu B J, Wang H W, Liu H X, et al. Experimental investigation of unsteady flow field in the tip region of an axial compressor rotor passage at near stall condition with stereoscopic particle image velocimetry[J]. Journal of Turbomachinery, 2004, 126(3): 360 - 374.

[23] Liu B J, Yu X J, Wang H W, et al. Evolution of the tip leakage vortex in an axial compressor rotor[C]. Vienna: ASME Turbo Expo 2004: Power for Land, Sea, and Air, 2004.

[24] Liu B J, Yu X J, Liu H X, et al. Application of SPIV in turbomachinery[J]. Experiments in Fluids, 2006, 40(4): 621 - 642.

[25] Bergner J, Kinzel M, Schiffer H P, et al. Short length-scale rotating stall inception in a transonic axial compressor-experimental investigation [C]. Barcelona: ASME Turbo Expo 2006: Power for Land, Sea, and Air, 2006.

[26] Biela C, Müller M W, Schiffer H P, et al. Unsteady pressure measurement in a single stage axial transonic compressor near the stability limit[C]. Berlin: ASME Turbo Expo 2008: Power for Land, Sea, and Air, 2008.

[27] Yamada K, Furukawa M, Nakano T, et al. Unsteady three-dimensional flow phenomena due to breakdown of tip leakage vortex in a transonic axial compressor rotor[C]. Vienna: ASME Turbo Expo 2004: Power for Land, Sea, and Air, 2004.

[28] Yamada K, Funazaki K, Furukawa M. The behavior of tip clearance flow at near-stall condition in a transonic axial compressor rotor[C]. Montreal: ASME Turbo Expo 2007: Power for Land, Sea, and Air, 2007.

[29] Yamada K, Funazaki K, Sasaki H. Numerical investigation of relation between unsteady behavior of tip leakage vortex and rotating disturbance in a transonic axial compressor rotor [C]. Berlin: ASME Turbo Expo 2008: Power for Land, Sea, and Air, 2008.

[30] 邓向阳.压气机叶顶间隙流的数值模拟研究[D].北京:中国科学院工程热物理研究所,2006.

[31] 耿少娟.压气机叶顶间隙泄漏流对微喷气的非定常响应机制与扩稳效果研究[D].北京:中国科学院工程热物理研究所,2007.

[32] Du J, Feng L, Zhang H W, et al. Numerical investigation on the originating mechanism of unsteadiness in tip leakage flow for a transonic fan rotor[C]. Berlin: ASME Turbo Expo 2008: Power for Land, Sea, and Air, 2008.

[33] 杜娟.跨音压气机/风扇转子叶顶泄漏流动的非定常机制研究[D].北京:中国科学院工程热物理研究所,2010.

[34] Wu Y, Chu W. Behaviour of tip-leakage flow in an axial flow compressor rotor[J]. Proceedings of the Institution of Mechanical Engineers Part A: Journal of Power and Energy, 2007, 221(1): 99-110.

[35] Wu Y, Li Q, Chu W, et al. Numerical investigation of the unsteady behaviour of tip clearance flow and its possible link to stall inception[J]. Proceedings of the Institution of Mechanical Engineers, Part A: Journal of Power and Energy, 2010, 224(1): 85-96.

[36] Wu Y H, Li Q P, Tian J T, et al. Investigation of pre-stall behavior in an axial compressor rotor—Part I: Unsteadiness of tip clearance flow[J]. Journal of Turbomachinery, 2012, 134 (5): 051027.

[37] Mathioudakis K, Breugelmans F A E. Development of small rotating stall in a single stage axial compressor [C]. Houston: ASME 1985 International Gas Turbine Conference and Exhibit, 1985.

[38] Longley J P, Hynes T P. Stability of flow through multistage axial compressors[J]. Journal of Turbomachinery, 1990, 112(1): 126-132.

[39] Liu J M, Holste F, Neise W. On the azimuthal mode structure of rotating blade flow instabilities in axial turbomachines[C]. State College: Aeroacoustics Conference, 1996.

[40] Choi J S. Experiments on the unsteady flowfield associated with noise generation in centrifugal turbomachinery[D]. Philadelphia: Pennsylvania State University, 1991.

[41] Mailach R, Lehmann I, Vogeler K. Rotating instabilities in an axial compressor originating from the fluctuating blade tip vortex[J]. Journal of Turbomachinery, 2001, 123(3): 453-

463.

[42] Kameier F, Nawrot T, Neise W. Experimental investigation of tip clearance noise in axial flow machines[C]. Köln: 14th DGLR/AIAA Aeroacoustics Conference,1992.

[43] Kameier F, Neise W. Rotating blade flow instability as a source of noise in axial turbomachines [J]. Journal of Sound and Vibration, 1997, 203(5): 833－853.

[44] Fukano T, Jang C M. Tip clearance noise of axial flow fans operating at design and off-design condition[J]. Journal of Sound and Vibration, 2004, 275(3－5): 1027－1050.

[45] Mailach R, Sauer H, Vogeler K. The periodical interaction of the tip clearance flow in the blade rows of axial compressors[C]. New Orleans: ASME Turbo Expo 2001: Power for Land, Sea, and Air, 2001.

[46] März J, Hah C, Neise W. An experimental and numerical investigation into the mechanisms of rotating instability[J]. Journal of Turbomachinery, 2002, 124(3): 367－374.

[47] Inoue M, Kuroumaru M, Yoshida S, et al. Effect of tip clearance on stall evolution process in a low-speed axial compressors stage[C]. Vienna: ASME Turbo Expo 2004: Power for Land, Sea, and Air, 2004.

[48] Yamada K, Kikuta H, Furukawa M, et al. Effects of tip clearance on the stall inception process in an axial compressor rotor[C]. San Antonio: ASME Turbo Expo 2013: Turbine Technical Conference and Exposition, 2013.

[49] Wu Y H, Wu J F, Zhang H G. Experimental and numerical investigation of near-tip flow field in an axial flow compressor rotor—Part Ⅰ: Flow characteristics at stable operating conditions [C]. San Antonio: ASME Turbo Expo 2013: Turbine Technical Conference and Exposition, 2013.

[50] Wu Y H, Wu J F, Zhang H G. Experimental and numerical investigation of near-tip flow field in an axial flow compressor rotor—Part Ⅱ: Flow characteristics at stall inception condition [C]. San Antonio: ASME Turbo Expo 2013: Turbine Technical Conference and Exposition, 2013.

[51] Wu Y H, Wu J F, Zhuang H G, et al. Experimental and numerical investigation of flow characteristics near casing in an axial flow compressor rotor at stable and stall inception conditions[J]. Journal of Fluids Engineering, 2014, 136(11): 111106.

[52] Wu Y H, An G Y, Wu J F, et al. Experimental investigation of flow characteristic of tip leakage flow in an axial flow compressor rotor[J]. Proceedings of the Institution of Mechanical Engineers, Part A: Journal of Power and Energy, 2015, 229(2): 112－126.

[53] Hoying D A, Tan C S, Vo H D, et al. Role of blade passage flow structures in axial compressor rotating stall inception[J]. Journal of Turbomachinery, 1999, 121(4): 735－742.

[54] Vo H D, Tan C S, Greitzer E M. Criteria for spike initiated rotating stall[J]. Journal of Turbomachinery, 2008, 130(1): 011023.

[55] Hah C, Bergner J, Schiffer H P. Short length-scale rotating stall inception in a transonic axial compressor-criteria and mechanisms[C]. Barcelona: ASME Turbo Expo 2006: Power for Land, Sea, and Air, 2006.

[56] Hah C, Bergner J, Schiffer H P. Tip clearance vortex oscillation, vortex shedding and rotating

instabilities in an axial transonic compressor rotor [C]. Berlin: ASME Turbo Expo 2008: Power for Land, Sea, and Air, 2008.

[57] Hah C, Voges M, Mueller M, et al. Characteristics of tip clearance flow instability in a transonic compressor[C]. Glasgow: ASME Turbo Expo 2010: Power for Land, Sea, and Air, 2010.

[58] Baumgartner M, Kamerier F, Hourmouziadis J. Non-engine order blade vibration in a high pressure compressor [C]. Melbourne: Twelfth International Symposium on Airbreathing Engines, 1995.

[59] Kielb R E, Thomas J P, Barter J W, et al. Blade excitation by aerodynamic instabilities-A compressor blade study [C]. Atlanta: ASME Turbo Expo 2003, collocated with the 2003 International Joint Power Generation Conference, 2003.

[60] Im H, Zha G C. Effects of rotor tip clearance on tip clearance flow potentially leading to NSV in an axial compressor [C]. Copenhagen: ASME Turbo Expo 2012: Turbine Technical Conference and Exposition, 2012.

[61] Im H, Zha G C. Simulation of non-synchronous blade vibration of an axial compressor using a fully coupled fluid/structure interaction[C]. Copenhagen: ASME Turbo Expo 2012: Turbine Technical Conference and Exposition, 2012.

[62] Im H, Zha G C. Investigation of flow instability mechanism causing compressor rotor-blade nonsynchronous vibration[J]. AIAA Journal, 2014, 52(9): 2019-2031.

[63] Vo H D. Role of tip clearance flow in rotating instabilities and nonsynchronous vibrations[J]. Journal of Propulsion and Power, 2010, 26(3): 556-561.

[64] Thomassin J, Vo H D, Mureithi N W. Blade tip clearance flow and compressor nonsynchronous vibrations: The jet core feedback theory as the coupling mechanism [J]. Journal of Turbomachinery, 2009, 131(1): 011013.

[65] Thomassin J, Vo H D, Mureithi N W. The tip clearance flow resonance behind axial compressor nonsynchronous vibration [J]. Journal of Turbomachinery, 2011, 133 (4): 041030.

[66] Drolet M, Vo H D, Mureithi N W. Effect of tip clearance on the prediction of nonsynchronous vibrations in axial compressors[J]. Journal of Turbomachinery, 2013, 135(1): 011023.

[67] Holzinger F, Wartzek F, Nestle M, et al. Self-excited blade vibration experimentally investigated in transonic compressors-acoustic resonance [C]. Montreal: ASME Turbo Expo 2015: Turbine Technical Conference and Exposition, 2015.

[68] Holzinger F, Wartzek F, Jüngst M, et al. Self-excited blade vibration experimentally investigated in transonic compressors: Rotating instabilities and flutter [J]. Journal of Turbomachinery, 2016, 138(4): 041006.

[69] Sanders A J. Non-synchronous vibration(NSV) due to a flow-induced aerodynamic instability in a composite fan stator[J]. Journal of Turbomachinery, 2005, 127(2): 412-421.

[70] Balzani N, Scarano F, Riethmuller M L, et al. Experimental investigation of the blade-to-blade flow in a compressor rotor by digital particle image velocimetry[J]. Journal of Turbomachinery, 2000, 122(4): 743-750.

[71] Bergner J, Schiffer H P. Experimental investigation of the flow in a forward swept transonic

compressor rotor at stall inception[C]. Montreal: ASME Turbo Expo 2007: Power for Land, Sea, and Air, 2007.

[72] Voges M, Schnell R, Willert C, et al. Investigation of blade tip interaction with casing treatment in a transonic compressor—Part 1: Particle image velocimetry[C]. Berlin: ASME Turbo Expo 2008: Power for Land, Sea, and Air, 2008.

[73] Heinze R, Kameier F, Biedermann T, et al. Noise and vibration interference effects of bodies in the flow: An analogy with rotating instability in axial flow machines[C]. Lyon: 22nd AIAA/CEAS Aeroacoustics Conference, 2016.

[74] Inoue M, Kuroumaru M, Tanino T, et al. Propagation of multiple short-length-scale stall cells in an axial compressor rotor[J]. Journal of Turbomachinery, 1999, 122(1): 45-54.

[75] Inoue M, Kuroumaru M, Tanino T, et al. Comparative studies on short and long length-scale stall cell propagating in an axial compressor rotor[J]. Journal of Turbomachinery, 2001, 123(1): 24-30.

[76] Su X Y, Ren X D, Li X S, et al. Unsteadiness of tip leakage flow in the detached-eddy simulation on a transonic rotor with vortex breakdown phenomenon[J]. Energies, 2019, 12(5): 954.

[77] Liu Y W, Zhong L Y, Lu L P. Comparison of DDES and URANS for unsteady tip leakage flow in an axial compressor rotor[J]. Journal of Fluids Engineering, 2019, 141(12): 121405.

[78] 于宏军, 刘宝杰, 刘火星, 等. 设计状态下压气机转子叶尖泄漏涡流动研究[J]. 航空学报, 2004, 25(1): 1-8.

[79] 于宏军, 刘宝杰, 刘火星, 等. 近失速状态下压气机转子叶尖旋涡流动研究[J]. 航空学报, 2004, 25(1): 9-15.

[80] Yu X J, Liu B J. Stereoscopic PIV measurement of unsteady flows in an axial compressor stage[J]. Experimental Thermal and Fluid Science, 2007, 31(8): 1049-1060.

[81] Du J, Lin F, Chen J Y, et al. Flow structures in the tip region for a transonic compressor rotor[J]. Journal of Turbomachinery, 2013, 135(3): 031012.

[82] Yang W C, Wang Y R, Han L, et al. Effect of rotating instabilities on aerodynamic damping of axial flow fan blades[C]. Phoenix: ASME Turbo Expo 2019: Turbomachinery Technical Conference and Exposition, 2019.

[83] Wang H, Wu Y D, Ou-Yang H, et al. Investigations of rotating instability and fluctuating tip clearance flow in a low-speed axial compressor[J]. Proceedings of the Institution of Mechanical Engineers, Part G: Journal of Aerospace Engineering, 2016, 230(6): 981-994.

[84] Tian J, Yao D, Wu Y D, et al. Experimental study on rotating instability mode characteristics of axial compressor tip flow[J]. Experiments in Fluids, 2018, 59(4): 2239-2250.

[85] Wu Y D, Li T, Lai S Z, et al. Investigation of rotating instability characteristics in an axial compressor with different tip clearances[J]. Proceedings of the Institution of Mechanical Engineers, Part G: Journal of Aerospace Engineering, 2021, 235(15): 2225-2239.

[86] Wu Y H, Li Q P, Tian J T, et al. Investigation of pre-stall behavior in an axial compressor rotor — Part II: Flow mechanism of spike emergence[J]. Journal of Turbomachinery, 2012, 134(5): 051028.

[87] Wu Y, Li Q, Zhang H, et al. Numerical investigation into the flow mechanism of spike-type

stall inception in an axial compressor rotor[J]. Proceedings of the Institution of Mechanical Engineers Part A: Journal of Power and Energy, 2012, 226(2): 192-207.

[88] Weidenfeller J, Lawerenz M. Time resolved measurements in an annular compressor cascade with high aerodynamic loading[C]. Amsterdam: ASME Turbo Expo 2002: Power for Land, Sea, and Air, 2002.

[89] Pardowitz B, Tapken U, Enghardt L. Time-resolved rotating instability waves in an annular cascade[C]. Colorado Springs: 18th AIAA/CEAS Aeroacoustics Conference (33rd AIAA Aeroacoustics Conference), 2012.

[90] Beselt C, Rennings R, Thiele F, et al. Experimental and numerical investigation of rotating instability phenomenon in an axial compressor stator[C]. New Orleans: 42nd AIAA Fluid Dynamics Conference and Exhibit, 2012.

[91] Pardowitz B, Tapken U, Sorge R, et al. Rotating instability in an annular cascade: Detailed analysis of the instationary flow phenomena[J]. Journal of Turbomachinery, 2014, 136 (6): 061017.

[92] Beselt C, Pardowitz B, Rennings R V, et al. Influence of the clearance size on rotating instability in an axial compressor stator[C]. Lappeenranta: 10th European Turbomachinery Conference, 2013.

[93] Pardowitz B, Peter J, Tapken U, et al. Visualization of secondary flow structures caused by rotating instability: Synchronized stereo high-speed PIV and unsteady pressure measurements [C]. Dallas: 45th AIAA Fluid Dynamics Conference, 2015.

[94] Pardowitz B, Tapken U, Neuhaus L, et al. Experiments on an axial fan stage: Time-resolved analysis of rotating instability modes[J]. Journal of Engineering for Gas Turbines and Power, 2015, 137(6): 062505.

[95] Pardowitz B, Moreau A, Tapken U, et al. Experimental identification of rotating instability of an axial fan with shrouded rotor[J]. Proceedings of the Institution of Mechanical Engineers, Part A: Journal of Power and Energy, 2015, 229(5): 520-528.

[96] Eck M, Geist S, Peitsch D. Physics of prestall propagating disturbances in axial compressors and their potential as a stall warning indicator[J]. Applied Sciences, 2017, 7(3): 285.

[97] 李涛,吴亚东,欧阳华. 涡流发生器对轴流压气机叶顶流动不稳定性影响的实验研究[J]. 推进技术,2021,42(12): 2723-2733.

[98] Wang W, Liu B X, Lu J L, et al. Comparative study of tip injection in a transonic and subsonic compressor[J]. Journal of Turbomachinery, 2022, 144(6): 061009.

[99] Marty J, Castillon L, Joseph P. Numerical investigations on the rotating stall in an axial compressor and its control by flow injection at casing[J]. Journal of Turbomachinery, 2023, 145(5): 051009.

[100] Neuhaus L, Neise W. Active flow control to improve the aerodynamic and acoustic performance of axial turbomachines[C]. St. Louis: 1st Flow Control Conference, 2002.

[101] 童志庭. 轴流压气机中叶尖泄漏涡、失速先兆、叶尖微喷气非定常关联性的实验研究 [D]. 北京:中国科学院工程热物理研究所,2006.

[102] 李继超. 轴流压气机叶顶喷气扩稳技术——机理及智能调控[D]. 北京:中国科学院工程热物理研究所,2012.

[103] Li J C, Du J, Nie C Q, et al. Review of tip air injection to improve stall margin in axial compressors[J]. Progress in Aerospace Sciences, 2019, 106: 15 – 31.

[104] Li J C, Lin F, Tong Z T, et al. The dual mechanisms and implementations of stability enhancement with discrete tip injection in axial flow compressors [J]. Journal of Turbomachinery, 2015, 137(3): 031010.

[105] Li J C, Du J, Li Z Y, et al. Stability enhancement with self-recirculationg injection in axial flow compressor[J]. Journal of Turbomachinery, 2018, 140(7): 071001.

[106] 吴艳辉,稂仿玉,吴俊峰,等.叶尖喷气影响压气机近失速流场特征的数值研究[J].推进技术,2014,35(2):195 – 201.

[107] 吴艳辉,稂仿玉,王晓,等.叶尖喷气影响失速起始形式的数值研究[J].工程热物理学报,2014,35(9):1722 – 1726.

[108] 吴艳辉,杨国伟,陈智洋.轴流压气机转子叶顶流场对微喷气的响应机制研究[J].推进技术,2017,38(10):116 – 124.

[109] Müller M W, Schiffer H P, Hah C. Effect of circumferential grooves on the aerodynamic performance of an axial single-stage transonic compressor[C]. Montreal: ASME Turbo Expo 2007: Power for Land, Sea, and Air, 2007.

[110] 卢新根,楚武利,朱俊强,等.轴流压气机机匣处理研究进展及评述[J].力学进展,2006, 36(2):222 – 232.

[111] Broichhausen K D, Ziegler K U. Supersonic and transonic compressors: Past, status and technology trends [C]. Reno: ASME Turbo Expo 2005: Power for Land, Sea, and Air, 2005.

[112] Rolfes M, Lange M, Vogeler K. Experimental investigation of circumferential groove casing treatments for large tip clearances in a low speed axial research compressor[C]. Montreal: ASME Turbo Expo 2015: Turbine Technical Conference and Exposition, 2015.

[113] Rolfes M, Lange M, Mailach R. Investigation of performance and rotor tip flow field in a low speed research compressor with circumferential groove casing treatment at varying tip clearance [J]. International Journal of Rotating Machinery, 2017(2): 1 – 14.

[114] Ye S B, Zhao Q J, Zhou X Y, et al. The impact of circumferential casing grooves on rotating instability in a transonic axial compressor[J]. Proceedings of the Institution of Mechanical Engineers, Part G: Journal of Aerospace Engineering, 2019, 233(8): 2868 – 2893.

[115] 王维.轴流压气机叶顶喷气和自循环机匣处理的设计规律及流动机理研究 [D].西安: 西北工业大学, 2016.

[116] Li T, Wu Y, Ou-Yang H. Influence of axial skewed slots on the rotating instability of a low-speed axial compressor[J]. Proceedings of the Institution of Mechanical Engineers, Part G: Journal of Aerospace Engineering, 2021, 235(3): 385 – 401.

第 2 章
压气机平面叶栅泄漏涡破碎诱发叶尖流动非定常性机理

泄漏涡破碎是诱发轴流压气机转子叶尖流动非定常性的重要因素。Mailach 等[1,2]以及 Schrapp 等[3,4]在轴流压气机转子和基于转子叶尖叶型模化设计的平面叶栅中开展的叶尖流动非定常性实验测量表明平面叶栅中也出现了与转子中类似的 RI 现象。由此证明,尽管没有考虑三维和转动效应,平面叶栅也可以作为叶尖流动非定常性机理研究的载体。

本章首先介绍流体力学领域孤立涡破碎的典型实验研究结果和轴流叶轮机领域叶尖泄漏涡破碎的初步实验结果,进而厘清叶尖泄漏涡破碎和管道孤立涡破碎之间的差异。接着,以某一具有涡破碎和 RI 实验测量结果的平面叶栅为研究对象,具体揭示泄漏涡破碎诱发叶尖流动非定常性的流动机理。

2.1 涡破碎的研究进展

涡破碎是指流向集中涡在向下游发展的过程中旋涡结构突然发生变化的流动现象。该现象具有以下三个最基本的特征:① 旋涡轴线上出现驻点;② 驻点下游存在有限范围的回流区;③ 旋涡涡核的突然膨胀[5]。

2.1.1 涡破碎的基本理论

根据 Hall[6]的准柱涡核理论,在不可压、均匀来流的条件下,涡核中心的压力梯度主要由两部分组成,一部分是外界施加的压力梯度,另一部分是由旋涡的周向环量引起的压力梯度。当旋涡沿流向发展即涡核的半径沿流向增大时,一方面作用于旋涡上的径向压力梯度无法平衡旋涡旋转所产生的离心力从而使得涡核膨胀,另一方面,涡核轴线上的逆压梯度增大,导致涡核轴线滞止点及回流区出现,最终旋涡彻底失稳,发生破碎。此外 Krause[7]提出,在定常不可压的均匀流场中,如果旋涡径向速度一直为正,即旋涡半径沿流向持续增大,涡破碎现象就一定会发生。同时,他还发现,旋涡起始点与破碎点的距离与最大角速度的平方成反比,与自由流速度的平方成正比。

　　叶轮机械中的叶尖泄漏涡也是一种流向集中涡,因此也有发生破碎的可能。刘宝杰等[8]和高杰等[9]将泄漏涡简化为孤立、轴对称且轨迹无弯曲的柱状涡,采用Hall[10]提出的准柱涡核理论对叶尖泄漏涡破碎的基本原理进行了解释。在不可压、无黏、均匀来流条件下,轴对称流向涡中心处的压力梯度可以表示为

$$\left.\frac{\mathrm{d}p}{\mathrm{d}z}\right|_{r=0} = \left.\frac{\mathrm{d}p}{\mathrm{d}z}\right|_{r=\infty} + \rho\int_0^\infty \frac{1}{r^3}\frac{\partial \Gamma^2}{\partial r}\frac{U_r}{U_z}\mathrm{d}r \qquad (2-1)$$

式中,p 为静压;z 为流向涡的延伸方向;Γ 为旋涡环量;r 为半径坐标;U_r 为径向速度;U_z 为旋涡轴线方向的速度。可以看出,旋涡中心的流向压力梯度由两部分组成:一部分是旋涡外部主流的压力梯度(对应等式右侧的第 1 项);另一部分则是旋流对压力梯度的贡献(对应等式右侧的第 2 项)。根据泄漏涡在逆压环境下的情形,分析等式右侧第 2 项可知:由于主流减速对涡管的压缩作用和泄漏流的不断注入,泄漏涡在形成后沿流向逐渐膨胀,气流逐渐远离涡轴,即 $U_r>0$;在破碎区上游,气流向下游流动,即 $U_z>0$;根据瑞利(Rayleigh)准则[11],当 $\partial\Gamma^2/\partial r < 0$ 时,二维、轴对称、定常、无黏旋流是不稳定的;稳定的流向涡通常满足 $\partial\Gamma^2/\partial r > 0$。因此,对应涡破碎上游,等式右侧第 2 项的数值通常大于 0。这意味着旋流作用会导致泄漏涡中心承受的逆压梯度大于其外部环境的逆压梯度。涡核驻点及驻点下游的回流区是旋涡破碎的重要特征。较大的逆压梯度使泄漏涡中心附近的流体更容易先于外侧流体滞止,导致涡核驻点及下游反流出现,即旋涡发生破碎。

　　为更好地量化旋流作用对泄漏涡稳定性的影响,吴介之等[5]采用能较好反映黏性涡核和涡核外侧自由涡流速度分布的兰金(Rankine)旋涡模型对式(2-1)化简,得

$$\left.\frac{\mathrm{d}p}{\mathrm{d}z}\right|_{r=0} = \left.\frac{\mathrm{d}p}{\mathrm{d}z}\right|_{r=\infty} + \frac{2\rho}{a^3}\left(\frac{\Gamma}{2\pi}\right)^2\frac{\mathrm{d}a}{\mathrm{d}z} \qquad (2-2)$$

式中,a 为涡核半径。泄漏涡涡核的尺寸通常沿流向逐渐增大,即 $\mathrm{d}a/\mathrm{d}z > 0$。由式可知,旋涡环量越大,旋流贡献的逆压梯度就越强,旋涡就更容易发生破碎。

　　由以上分析可知,泄漏涡是否容易发生破碎主要取决于泄漏涡外部的逆压梯度和泄漏涡自身强度这两个因素;叶尖区的逆压梯度越大、旋涡的环量越大,旋涡轴线处流体承受的逆压梯度就越大,泄漏涡就越容易发生破碎;反之亦然。刘宝杰等[8]还基于 Hall[10]的准柱涡核理论探究了在旋转坐标系下离心力和科氏力对泄漏涡稳定性的影响。当坐标系旋转方向与旋涡旋向相反时(压气机),科氏力会强化泄漏涡的稳定性,而当坐标系旋转方向与旋涡旋向相同时(涡轮),科氏力则会削弱泄漏涡的稳定性;离心力则始终会削弱泄漏涡的稳定性。

2.1.2　孤立涡破碎的实验研究

自 20 世纪 50 年代 Peckham 和 Atkinson[12] 发现涡破碎现象以来,鉴于它在流体力学基础理论方面的价值及实际应用中的重要意义,研究人员在实验测量中开展了积极工作。学术界许多经典的涡破碎实验是依托水洞开展的,原因主要有两个方面:首先,多数水动力学实验中,流场马赫数较发动机内流系统要小得多,实验设备复杂程度不高,测量难度较低;其次,以水为介质,向其中加入染色剂后可以清楚地观察到破碎区域的形态,较空气介质要方便易行得多。因此,下面提到的实验大多数是基于水介质的管道实验。

即便如此,在实验中对涡破碎现象进行准确的捕捉与测量也并不容易。正如 Harvey[13] 描述的那样,一方面,涡破碎对于外界扰动的反应十分灵敏,探针的引入会对流动造成很大影响。Cassidy 和 Falvey[14] 观察到,在流场中放入探针后,破碎区有一个迅速向上游移动的过程,这就影响了测量结果的准确性。较早的涡破碎实验测量结果大都没有考虑到探针的影响,因此并不可靠。以下主要介绍和回顾基于激光多普勒测速(laser Doppler anemometry, LDA)以及粒子追踪测速(particle tracking velocimetry, PTV)等非接触式测量方法对于涡破碎流场的测量结果。以下有关涡破碎类型和破碎区流动结构的研究结果是在影响涡破碎的因素(旋涡环量、流向逆压梯度等)不随时间变化的条件下开展的,即静止涡破碎(stationary vortex breakdown)[15]。

1. 涡破碎的类型

Sarpkaya[15] 指出,涡破碎存在三种基本形态:双螺旋式、螺旋式和气泡式。之后 Faler 和 Leibovich[16] 根据流场雷诺数和旋度的不同,将破碎形态更加细致地分为 6 种。但实际上,螺旋式和气泡式是最常见的两种破碎方式,其他 4 种只出现在很低的雷诺数条件下。这与在三角翼(delta wing)上的实验结果类似,通过改变机翼攻角和展弦比,研究人员只观察到螺旋式和气泡式两种破碎方式[12,17,18]。

2. 破碎区的流动结构

Sarpkaya[19] 最早对气泡式破碎的流动结构进行了描述。如图 2-1 所示,其主要有以下几个主要特征:沿轴线方向涡核的突然膨胀、涡核轴线上轴向速度滞止点的出现及滞止点后呈气泡状的回流区。其中气泡回流区在外形上近似于轴对

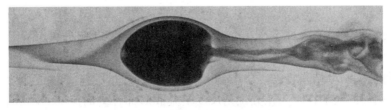

图 2-1　气泡式破碎流动结构[19]

称,但其内部则由低速流体的低频运动主导。整体来看,气泡在轴向位置上呈近似稳定状态,因而气泡式破碎流动是准定常的。

通过拍摄记录气泡式破碎的动态发展过程,Sarpkaya 提出了气泡式破碎的单涡环结构,即在气泡的下半部分存在着一个绕气泡中心线周期性旋转的涡环。外界流体从涡环的下游进入气泡,之后从涡环的上游流出。通过这种方式,气泡式破碎区域与外界流场进行着动量交换。Faler 和 Leibovich[20] 在实验中也观察到了类似的现象,不同之处在于,其动量交换过程与前者相反:流体的填充发生在上游,而排出发生在下游点。

螺旋式破碎的特征为:滞止点后,涡轴突然扭曲,之后呈螺旋状缠绕中心线向下游发展,其旋转流动呈现出很强的周期性,如图 2-2 所示;且其旋转频率与马赫数及旋度大小相关,增加二者中任何一个,都会使得螺旋结构绕中心线旋转频率提高。因而,当旋涡发生螺旋破碎时,流动就从准定常变为非定常,其波动周期等于螺旋结构旋转一周所需时间。此外,涡核的缠绕方向与环境流体的旋转方向的关系,就目前研究来看,没有统一的说法。Sarpkaya[19] 以及 Faler 和 Leibovich[20] 发现,破碎后,螺旋涡核的缠绕方向及其整体的旋转方向与环境流体的旋向相同。然而,Escudier 和 Zehnder[21] 则认为螺旋整体的旋转方向与外流旋向相反,这与 Lambourne 和 Bryer[22,23] 在三角翼上的实验结果吻合。

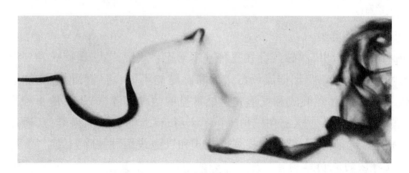

图 2-2 螺旋式破碎结构[19]

值得注意的是,在特定条件下,两种涡破碎方式可以相互转变。Payne 等[18] 在三角翼实验中发现了气泡式和螺旋式破碎的周期性转变。之后,Faler 和 Leibovich[24] 发现,随着流场旋度的增加,螺旋式破碎先于气泡式破碎出现,且气泡式破碎的触发位置更靠近上游。两种破碎方式的转变会引起破碎区的轴向移动。

此外,Faler 和 Leibovich[24] 通过 LDA 设备第一次定量地分析了气泡式破碎的结构。他们的测量结果证实了 Sarpkaya[19] 的发现,即气泡外部呈近似轴对称状态,但其内部的流动在时间及方位角尺度上是非对称且呈周期性的。从他们绘制的时均周向速度图上可以看出,回流区内存在四个滞止点及两个旋向相反的涡环,流体从外侧涡环流入气泡,然后从内侧涡环流出。之后 Bornstein 和 Escudier[25] 在实验中观察到了类似的现象。这与 Sarpkaya[19] 观察到的单涡环结构有较大差别。

　　Brücker 和 Althaus[26-28] 使用 PTV 手段分别对气泡式和螺旋式破碎区进行了详细测量。如图 2-3 所示,对气泡式破碎的测量表明,虽然气泡沿涡轴周期性旋转,但涡轴却始终与中心线重合。同时他还观察到了环绕中心线的单环状结构;流体从涡环下游流入气泡中,从涡环上游流出,这与 Sarpkaya[19] 的研究结果保持一致。如图 2-4 所示,对螺旋式破碎的测量显示,涡轴明显偏离了中心线,滞止点随外流绕中心线旋转。他认为,两种破碎方式在形状上有所差别的同时,还有很强的相似性,气泡式破碎可看作压缩过且涡轴与中心线重合的螺旋式破碎。

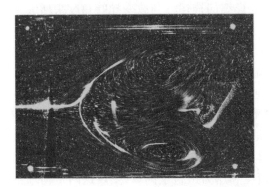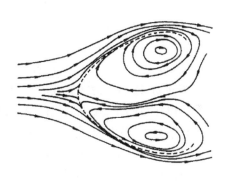

图 2-3　气泡式破碎内部流动结构[26]

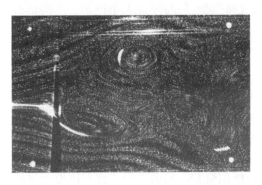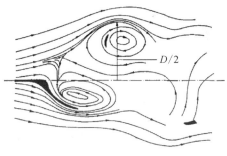

图 2-4　螺旋式破碎内部流动结构[27]

　　Brücker 和 Althaus[26] 提出的涡破碎结构与 Faler 和 Leibovich[24] 以及 Bornstein 和 Escudier[25] 提出的涡破碎结构虽然不同但并不矛盾。从 Escudier[29] 给出的不同发展阶段气泡式破碎的结构来看,不同的流动结构可能是气泡式破碎的不同发展阶段或是在不同的条件下形成的。

　　3. 来流参数对涡破碎的影响

　　Hallett 和 Toews[30] 最先提出切向速度分布影响反流出现时流场临界旋度值的

观点。之后,Farokhi 等[31]通过实验验证了这一点。在保持流量马赫数以及旋度不变的情况下,改变来流切向速度分布,旋涡展现出了不同的发展演变过程。但他同时提到,单单使用旋度一个物理量不足以描述旋涡流动的发展。涡核的大小以及切向速度的分布都是影响旋涡流动发展的重要控制参数。

此外,Hallett 和 Toews[30]还提出,轴向速度的分布同样会对涡破碎过程产生影响。当涡轴线上的速度为最大值时,流场旋度必须足够大才能产生涡破碎;此时反流的出现需要比其他情况下更高的逆压梯度。

Harvey[13]探讨了涡核尺寸与雷诺数的关系;当雷诺数增大时,涡核尺寸减小。Escudier 和 Zehnder[21]发现,来流旋度的增大会使涡破碎区趋于稳定,且破碎位置向上游移动。对此,Sarpkaya[15]有着更为详细的描述。当改变导叶角度来增大来流旋度时,破碎区首先向下游移动一小段距离,然后迅速向上游移动;越过平衡位置之后,破碎区又慢慢向下游移动,回归至新的平衡位置(新的平衡位置靠近上游)。Narain[32]的研究结果表明,增大流场旋度、逆压梯度或者散度均会使涡破碎向上游移动,或是促使螺旋式破碎向气泡式破碎转变。

值得注意的是,在螺旋式破碎的情况下,螺旋扭曲的涡核围绕中心线周期性缠绕的频率与雷诺数和环量也有一定关联。Faler 和 Leibovich[24]发现,来流雷诺数和环量中任何一个参数的增大都会引起其频率的增加。Cassidy 和 Falvey[33]使用热膜探针和压敏探针对破碎区的壁面速度和压力进行了测量,发现这两个物理量均随时间呈周期性波动,且波动频率相同。波动频率与雷诺数和环量的关系如下:大雷诺数条件下,该频率不随雷诺数的改变而改变,但与环量大小正相关。两个看似矛盾的结论其实说明了一个问题,即该频率的大小不仅与雷诺数和环量有关,还受其他物理参数的影响。

2.1.3 轴流叶轮机械叶尖泄漏涡破碎的实验研究

如前所述,尽管在管道流动这样简单的流动环境下,涡破碎的影响因素尚未清楚;但其对涡破碎的类型和其内部流动结构的研究结果为叶轮机械叶尖复杂环境下的涡破碎研究提供了基本的认知储备。

针对叶尖泄漏涡破碎的研究始于数值模拟研究。然而受限于现有模拟手段的精度,这些研究结果是否真实却受到了质疑。于是,自 21 世纪起一些学者也尝试采用实验测量的手段来获得叶尖泄漏涡破碎的证据。其中,粒子图像测速技术(particle image velocimetry,PIV)和空化技术发挥了重要作用。

Goltz 等[34-36]首次通过空化技术在轴流水泵中观察到了泄漏涡的螺旋破碎现象。实验结果表明:从螺旋破碎最开始出现的工况点到最后一个近失速稳定工况点,以螺旋形态破碎的叶尖泄漏涡始终存在。Goltz 等认为,叶尖泄漏涡破碎会堵塞叶片通道入口,导致前缘溢流和失速的发生。此外,Goltz 等还观察了失速发展阶段的叶尖流场变化;在失速发展阶段,泄漏涡的螺旋破碎形态间歇性出现,最后完全消失。Wu 等[37,38]针对轴流水泵的 PIV 实验也表明,无论设计工况还是近失速工况,叶尖泄漏涡均会发生结构失稳,形成多个小尺度旋涡。

Schrapp 等[3]采用三维 PIV 和动态压力传感器测量了某低速轴流压气机转子叶尖流场,发现在近失速工况下叶尖存在大范围低速区,且动态压力传感器监测到了 RI。为了探究转子近失速工况叶尖大范围低速区出现的原因,Schrapp 等[3,4]根据所测量的轴流压气机转子叶尖几何设计了平面叶栅,并采用二维 PIV 和动态压力传感器进一步开展了与轴流压气机转子设计工况和近失速工况对应的两种来流攻角下叶顶流场的详细实验测量。实验中,Schrapp 等布置了与端壁平行的光学平面,因此获得了与泄漏涡涡轴平行的若干截面上的速度矢量和轴向速度标准差分布图。Schrapp 等同样发现,在对应于轴流压气机转子近失速工况的来流攻角下,平面叶栅的叶顶流场中出现了 RI;该攻角下,接近泄漏涡涡核平面的二维瞬态速度矢量图和轴向速度的标准差分布如图 2-5 所示。依据这一实验测量结果,Schrapp 等推测叶尖泄漏涡在该工况下发生了螺旋型破碎,并认为 RI 的频率为旋涡螺旋型破碎的频率-即破碎的螺旋型涡核绕原涡轴旋转一圈的时间。

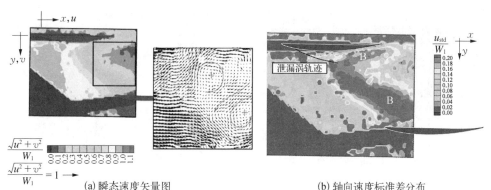

(a) 瞬态速度矢量图　　　　　　　　　(b) 轴向速度标准差分布

图 2-5　Schrapp 等[3]在平面叶栅中观察到的泄漏涡破碎现象

Tan 等[39,40]和 Chen 等[41]将 NASA 低速大尺寸压气机的前 1.5 级整合进循环水洞试验台,通过空化技术和三维 PIV 技术对叶尖泄漏流进行了系统的研究。Tan 等[39,40]的研究表明:随着流量系数减小,叶尖泄漏涡破碎位置前移,并且破碎后产生的大范围旋涡碎片会更靠近相邻叶片前缘。Chen 等[41]的研究则表明:在近失速工况下,叶尖泄漏涡在通道中部破碎,破碎位置下游的低速区与其下方主流之间的剪切层卷起形成了一个横向涡结构—反流涡(back flow vortex, BFV),如图 2-6 所示;在失速起始阶段,BFV 逆转子转动方向传播且尺寸迅速增长,发展成类似于失速团的流动结构。

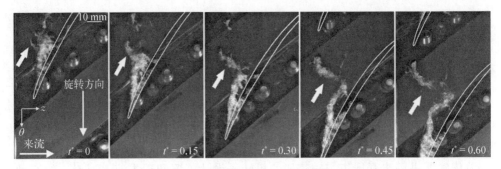

图 2-6　Chen 等[41] 在低速轴流压气机中观察到的叶尖反流涡结构

　　Brandstetter 等[42]借助三维 PIV 技术测量了某跨声速压气机的动叶尖部流场。结果显示：近失速稳定工况时，激波下游会出现两个对旋的径向涡，两者之间形成了小范围且随时间剧烈变化的反流区，如图 2-7(a)所示。因而 Brandstetter 等认为在该工况下叶尖泄漏涡发生了螺旋型破碎，如图 2-7(b)所示。其实，在 Brandstetter 等的研究之前，Biela 等[43]针对该实验台的动态压力测量发现其在近失速稳定工况下出现了 RI，而 Holzinger 等[44]的研究则表明该转子叶片在近失速工况下发生了由 RI 激发的叶片非同步振动(NSVs)。

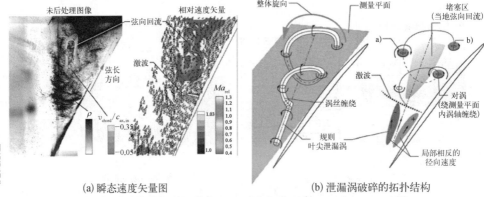

(a) 瞬态速度矢量图　　　　　　　　(b) 泄漏涡破碎的拓扑结构

图 2-7　Brandstetter 等[42]在跨声压气机中观察到的泄漏涡破碎现象

　　以上实验测量结果表明：叶尖泄漏涡的破碎现象在轴流叶轮机械中是真实存在的，而且涡破碎的发生与叶尖流动非定常性的出现是相伴相随的。

　　以上针对叶尖泄漏涡的研究结果是非常初步的，但这些结果也表明，相较于管道中的孤立涡破碎，叶尖泄漏涡的破碎要复杂得多。撇开叶尖的复杂流动环境，目前实验和数值模拟中观察到的最大不同之处在于：叶尖泄漏涡的破碎区与叶尖泄漏涡产生的驱动力(叶片近叶尖的压差分布之间)在一定条件下会相互关联，而这种相互关联使得影响旋涡破碎的因素(旋涡环量、流向压力梯度等)是随时间变化的,因而在这种情况下叶尖泄漏涡发生动态破碎(travelling vortex breakdown)而非静止破碎现象。这一点可以用 Goltz 等[34-36]在水泵的空化实验中观察到的泄漏涡间歇性螺旋式破碎形态以及 Yamada 等[45]在数值模拟中观察到的泄漏涡间歇性气泡式破碎形态来证实。

此外,尽管压气机叶尖端区的流动是以叶尖泄漏涡为主导,但在该区域还存在端壁、叶片附面层分离产生的其他旋涡结构,如马蹄涡、吸力面分离涡等。由此可以推断,叶尖泄漏涡动态破碎形成的旋涡碎片还会与附面层分离诱导的各向旋涡发生相互作用,因而与叶尖泄漏涡破碎相关的流动非定常性的出现必然涉及复杂的涡动力学机理。这也是本章以及第 3 章和第 4 章致力解决的问题。

2.2　压气机平面叶栅叶尖瞬态旋涡结构分析

本节以布伦瑞克工业大学的低速平面扩压叶栅为例进行分析。Schrapp 等[3,4]曾借助 PIV 技术和动态压力传感器在该叶栅中证实了叶尖泄漏涡破碎及其诱导的流场非定常波动的存在。图 2-8 和表 2-1 给出了叶栅几何示意图和主要参数。该叶栅具有大安装角、小弯角的特点,其设计特征与 Berdanier 和 Key[46]在承担 NASA 小型化核心机研究课题时采用的亚声速压气机试验台的末尾级动叶叶尖截面(弯角为 22.9°,安装角为 51.8°)相似;其叶顶间隙为 3%弦长,稍大于 Berdanier 和 Key[46]为模拟小型化核心机中压气机的叶顶间隙流动特征时所采用的大间隙方案(约 2.85%弦长)。虽然叶栅的来流马赫数仅为 0.13,但该叶栅内部的泄漏涡破碎现象的主要诱因相较于高亚声速压气机中的没有实质性差异。

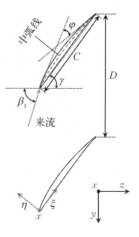

图 2-8　叶栅几何示意图

表 2-1　叶栅的几何与气动参数

参　数	数　值
弦长 C/m	0.12
弯角 φ/(°)	18.6
安装角 γ/(°)	52
设计进气角 β_{1d}/(°)	58
展弦比 H/C	5

续　表

参　　数	数　　值
稠度 C/D	0.77
叶顶间隙 h/C	3%
来流马赫数 Ma_1	0.13
雷诺数 Re_1	3.5×10^5

　　该叶片的弯角较小,叶栅通道的主流方向与叶片弦长方向非常接近。后续的流场分析过程,将使用涡量和速度等矢量的弦向分量近似表示其流向分量。所采用的2套笛卡儿坐标系：(x, y, z) 和 (x, η, ξ),如图 2-8 所示。其中,(x, y, z) 为叶栅研究中常用的"展向-切向-轴向"坐标系;(x, η, ξ) 则是基于弦长方向(简称"弦向")ξ 和垂直于弦长且指向相邻叶片压力面的方向 η 定义的坐标系。

　　数值模拟采用 URANS 方法;在湍流模型方面,选取 2 方程的 Wilcox $k-\omega$ 模型实现 URANS 方程组的封闭。在机匣壁上布置的监控点共计 25 个,编号为 A~H、J~Z,其排布方式完全参照了 Schrapp 等[3,4] 在对该叶栅进行风洞实验时采用的 Kulite 压力传感器阵列。图 2-9 给出了这些监控点的位置。监控点的排布呈三角形,可以基本覆盖所有可能受叶尖泄漏涡支配的区域。

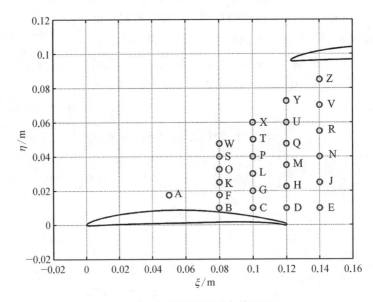

图 2-9　机匣壁面监测点的位置

数值模拟引入流场周期性假设,采用单通道计算域以减小计算量。进口边界条件给定总温、速度、湍流度和涡黏比;出口边界给定平均静压;叶片和端壁设置为绝热无滑移边界;沿栅距方向边界设置为周期性边界。叶栅计算网格如图 2－10 所示;第一层网格与壁面的无量纲距离 y^+ 小于 2。单通道网格量为 129 万,非定常计算的时间步长取为流场波动周期 T 的 1/128。数值模拟验证详见文献 [47]、[48]。

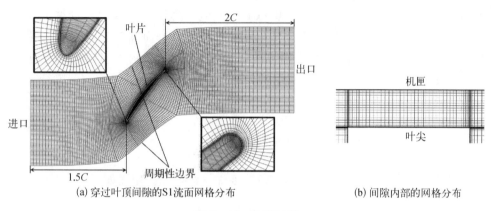

(a) 穿过叶顶间隙的 S1 流面网格分布　　　　　　　(b) 间隙内部的网格分布

图 2－10　叶栅网格

2.2.1　泄漏涡未破碎情形下的流场特征

本章选取 Q 准则和特征向量法作为叶栅中旋涡结构的提取方法。Q 准则由 Hunt 等[49]提出,是一种区域型旋涡方法,反映了当地流体微团的旋转运动相对于其自身变形运动的强弱。然而,Q 准则作为区域型方法容易将两个位置靠近的旋涡误判成一个旋涡,并且无法给出旋涡的旋转中心线。特征向量法是 Sujudi 和 Haimes[50]提出的一种线型旋涡提取方法,能够直接从三维流场仿真结果中提取旋涡的旋转中心线,即涡核线。特征向量法的主要缺陷是无法有效识别强度较弱的旋涡和轨迹弯曲程度较大的旋涡[51]。

本章将综合运用 Q 准则和特征向量法来分析叶栅中的旋涡结构,以实现这两种旋涡提取方法的互补。

为给后续关于泄漏涡破碎的分析提供比较基准,首先对叶尖泄漏涡(tip leakage vortex, TLV)未破碎情形下的流场特征进行分析,所选取的工况为 $\beta_1 = 61.5°$。在该工况下,TLV 没有发生破碎,且叶尖区没有明显的非定常流动结构。图 2－11 给出了该工况下某时刻的叶尖流场。图 2－11(a) 中给出了弦向速度云图。图中的旋涡结构由特征向量法提取的涡核线表示,并采用当地速度 U 与速度梯度张量实特征向量 v_r 的夹角 $\cos\angle(v_r, U)$ 渲染。$\cos\angle(v_r, U)$ 的计算式为

$$\cos\angle(v_r,\ U) = \frac{v_r \cdot U}{|v_r| \cdot |U|} \tag{2-3}$$

由特征向量法的原理可知,涡核线处的实特征向量应始终平行于当地速度方向。因此,在涡核线上 $\cos\angle(v_r,\ U)$ 的大小应始终等于 1,其符号正负取决于旋涡旋向与当地速度方向是否同向。$\cos\angle(v_r,\ U)$ 符号的转换表示当地气流方向相对于旋涡旋向的变化,能够用于判断涡核线上是否有反流出现。此外在图 2-11(a) 中还给出了由 $U_\xi/U_1 = -0.001$ 的灰色半透明等值面表示的弦向反流区,用于判断旋涡内部是否存在反流(涡核反流区),进而确定旋涡是否发生破碎。图 2-11(b) 中给出了 Q 准则方法提取的旋涡结构,图 2-11(c) 给出了弦向涡量 ω_ξ^* 云图。其中涡量 ω 采用轴向弦长 C_z 和来流速度大小 U_1 进行无量纲化,即

$$\omega_\xi^* = \frac{\omega C_z}{U_1} \tag{2-4}$$

图 2-11 中的涡核线由无量纲旋流强度 λ_{ci}^* 渲染,λ_{ci}^* 定义如下:

$$\lambda_{ci}^* = \mathrm{sgn}(v_{r,z}) \frac{\lambda_{ci} C_z}{U_1} \tag{2-5}$$

式中,λ_{ci}^* 为速度梯度张量复特征值虚部的绝对值,也称旋流强度(swirl strength),可以用于衡量旋涡涡核的旋转角速度;v_r 为速度梯度张量的实特征向量,表征涡核线上流体微团的旋转方向,这里将其轴向分量的符号 $\mathrm{sgn}(v_{r,z})$ 指定为 λ_{ci}^* 的符号,用于表征叶栅中流向涡的旋向。

如图 2-11(a) 所示,泄漏涡的涡核线附近的速度低、外侧速度高,其横截面上呈现出明显的尾迹型速度分布特征。但是,叶尖区只存在一处小尺寸的端壁反流区,泄漏涡内部并没有反流区出现,说明没有发生破碎现象。除了泄漏涡以外,图 2-11(b) 中的 Q 等值面还提取出了诱导涡(induced vortex,IV)。Wu 等[38] 也曾通过 PIV 技术在叶轮机械中发现过类似的旋涡结构。

从图 2-11(c) 中 $\omega_\xi^* > 0$ 的区域可以看出,端壁边界层内的正涡量流体被泄漏涡卷起,最终发展成了与泄漏涡旋向相反的诱导涡。可能是诱导涡强度较弱的缘故,特征向量法没能够提取出诱导涡的涡核线。$\omega_\xi^* < 0$ 的区域显示出了泄漏涡的演化过程。在叶栅通道内部,泄漏涡在向下游发展的过程中不断卷入来自叶顶间隙的负涡量流体,涡核线附近的高涡量区逐渐扩大。离开叶栅通道后,泄漏涡无法继续通过泄漏流补充负涡量,气流减速使得泄漏涡的涡管压缩变粗,泄漏涡体积膨胀,集中于涡核线附近的涡量向四周扩散,涡核的旋转速度也随之减小。

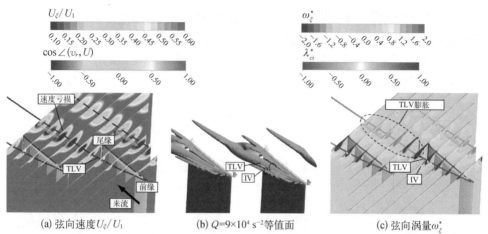

(a) 弦向速度U_ξ/U_1　　　　(b) $Q=9\times10^4\ \mathrm{s^{-2}}$等值面　　　　(c) 弦向涡量$\omega_\xi^*$

图2-11　$\beta_1=61.5°$工况下某时刻的瞬时弦向速度、涡结构和弦向涡量

2.2.2　非定常诱导涡主导的间歇性泄漏涡破碎

图2-12给出了$\beta_1=62°$工况下1个周期内叶尖流场结构的演化过程。可以看出,叶尖泄漏涡发生了间歇性的螺旋破碎。

在$t=0/32T$时刻,泄漏涡内部没有反流区出现,且涡核线基本为直线。此时,泄漏涡处于未破碎状态,Q等值面提取到的"螺旋结构"只是缠绕在涡核线外侧的剪切层。在$t=8/32T$时刻,纺锤形的涡核反流区开始在涡核线附近出现,这使得涡核线略微发生弯曲。此时,泄漏涡已进入破碎状态。在$t=16/32T\sim24/32T$时间段内,涡核反流区逐渐增大,泄漏涡的涡核线呈螺旋型缠绕在涡核反流区外侧。在破碎区内,原先集中于涡核线附近的涡量迅速扩散开来,涡量绝对值和涡核的旋转速度也随之减小。在下一个周期开始时($t=0/32T$),涡核反流区再次消失,涡核线基本恢复为直线,泄漏涡又恢复到了未破碎状态。

图2-12(b)中的Q等值面表明,泄漏涡附近还存在2个未被特征向量法提取的涡结构。结合图2-12(c)的涡量云图可以判断,破碎区上游的涡结构为曾在$\beta_1=61.5°$工况(见2.2.1节)出现的诱导涡IV,其形状和位置几乎不随时间发生变化。破碎区下游出现的涡结构在$t=8/32T$时刻形成于泄漏涡尾部附近,随后便跟随泄漏涡尾部向相邻叶片压力面靠拢,并发展壮大。图2-12(c)的涡量云图表明,该旋涡的弦向涡量来自泄漏涡尾部与端壁边界层发生的动态干涉,据此可以推断其是泄漏涡尾部的诱导涡,命名为非定常诱导涡(unsteady induced vortex, UIV)。

接下来将重点探讨泄漏涡破碎所表现出的间歇性及其背后的流动机理。图2-13给出了不同时刻叶尖区的旋涡结构及端壁和压力面的静压系数分布。从图2-13(b)中的机匣壁面静压分布中可以观察到,非定常诱导涡所在位置会出现一个低压斑。该低压区跟随非定常诱导涡在相邻叶片的压力面附近运动,使得压力面的静压出现波动[图 2-13(c)]。压力面的静压脉动会导致叶尖载荷变化,进而引起泄漏涡强度波动。考虑到旋涡强度是影响涡破碎的关键因素(见 2.1.1 节介绍的准柱涡核理论),可以推测泄漏涡在破碎和未破碎状态之间的切换可能与泄漏涡强度的波动有关。

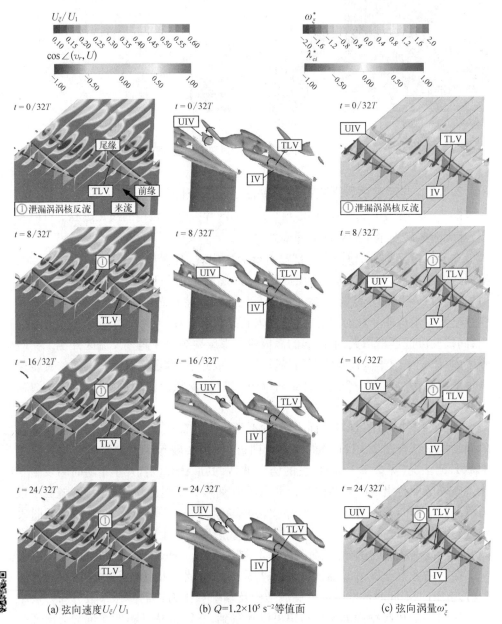

(a) 弦向速度 U_ξ/U_1 　　　　(b) $Q=1.2\times10^5\ \mathrm{s^{-2}}$ 等值面 　　　　(c) 弦向涡量 ω_ξ^*

图 2-12　$\beta_1=62°$ 工况下的瞬时弦向速度、旋涡结构和弦向涡量

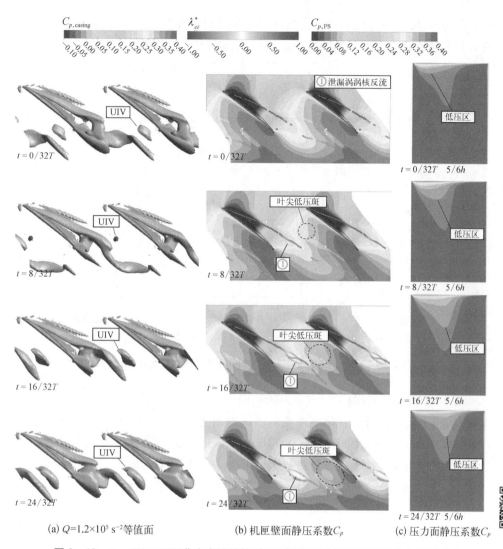

$C_{p,\text{casing}}$　　　　λ_{ci}^{*}　　　　$C_{p,\text{PS}}$

$t=0/32T$　　　$t=0/32T$　　①泄漏涡涡核反流　　$t=0/32T$　5/6h　低压区

$t=8/32T$　UIV　　$t=8/32T$　叶尖低压斑　①　$t=8/32T$　5/6h　低压区

$t=16/32T$　UIV　　$t=16/32T$　叶尖低压斑　①　$t=16/32T$　5/6h　低压区

$t=24/32T$　UIV　　$t=24/32T$　叶尖低压斑　①　$t=24/32T$　5/6h　低压区

(a) $Q=1.2\times10^5$ s^{-2}等值面　　(b) 机匣壁面静压系数C_p　　(c) 压力面静压系数C_p

图 2 – 13　$\beta_1=62°$工况下非定常涡结构对机匣壁和压力面静压系数分布的影响

　　为了分析泄漏涡强度随时间的变化,图 2 – 14 给出了不同时刻的叶尖载荷、泄漏流质量流量及泄漏流与主流夹角的分布。无量纲泄漏流质量流量 $\dot{m}_{\text{TLF}}$ 定义如下:

$$\dot{m}_{\text{TLF}}(z)=\frac{\displaystyle\int_{x_{\text{tip}}}^{x_{\text{casing}}}\left[\rho U_{\text{leak}}(x,z)\cdot n(z)\right]\mathrm{d}x}{\rho_1 U_1 h} \qquad (2-6)$$

式中,U_{leak} 为泄漏流速度;n 为吸力面的单位法向量;h 为叶顶间隙。

　　在 $t=0/32T$ 时刻,TLV 处于未破碎状态。叶顶间隙对压力面附近流体的抽吸效应使得压力面上出现了一个低压区[图 2 – 13(c)]。此时,形成于上一个周期的

UIV 已经运动到了叶片通道的后部,并且由于旋涡的耗散,UIV 对应的低压斑并没有在机匣壁面静压系数分布中显示出来。该时刻的叶尖前缘载荷处于较高水平[图 2-14(a)]。较高的前缘载荷使得前缘附近的泄漏量和泄漏流夹角较大[图 2-14(b)和(c)],进而形成较强的泄漏涡。

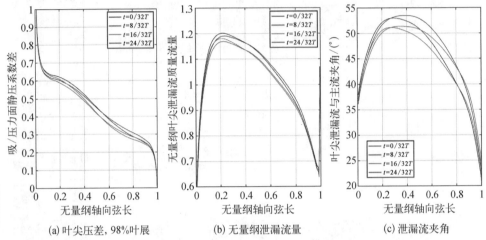

(a) 叶尖压差,98%叶展　　　(b) 无量纲泄漏流量　　　(c) 泄漏流夹角

图 2-14　$\beta_1=62°$工况下非定常叶尖载荷和泄漏流参数的分布

在 $t=8/32T$ 时刻,前一时刻较高的旋涡强度使得泄漏涡由未破碎状态进入了破碎状态,非定常诱导涡及机匣壁面低压区也随之出现[图 2-13(a)和(b)]。在 $t=8/32T\sim16/32T$ 时间段内,机匣上的低压斑跟随非定常诱导涡向相邻叶片的压力面靠拢,使得压力面上的低压区扩大[图 2-13(c)],这导致叶片前缘载荷减小、泄漏涡强度减弱(图 2-14)。随后,旋涡强度的减弱使得泄漏涡无法继续维持破碎状态,开始向未破碎状态过渡。

在 $t=24/32T$ 时刻,非定常诱导涡跟随泄漏涡尾部移动至叶片通道尾部,叶片前缘载荷逐渐恢复,泄漏涡略有增强(图 2-14)。然而,通过对比前缘附近的泄漏量和泄漏流夹角可以看出,此时的泄漏涡仍然弱于 $t=0/32T$ 时刻,所以尚处于从破碎状态恢复到未破碎状态的过渡阶段。与前一时刻相比,涡核反流区①的起始位置向下游移动,涡核线的螺旋程度也有所缓解。下一个周期起始($t=0/32T$),涡核反流区①和螺旋状涡核线完全消失,泄漏涡恢复至未破碎状态。此时,叶片前缘载荷和泄漏涡强度恢复到最高水平,泄漏涡进入新的间歇性涡破碎循环。

上述分析表明,泄漏涡的间歇性破碎背后存在一个反馈机制。图 2-15 对这一反馈机制进行了概括。其中(-)表示泄漏涡变弱的过程,(+)表示泄漏涡增强的过程。在泄漏涡破碎发生后,泄漏涡尾部与端壁附面层干涉产生非定常诱导涡。非定常诱导涡产生的低压斑降低了叶片前缘载荷,这导致泄漏涡强度减弱、稳定性增强;泄漏涡由破碎状态过渡到未破碎状态,对应图 2‐15 中的虚线链路。在泄漏涡逐渐恢复到未破碎状态过程中,非定常诱导涡向下游运动并逐渐耗散,叶片前缘的载荷逐渐恢复,泄漏涡增强。旋涡强度的增强削弱了泄漏涡的稳定性,最终导致涡破碎再一次发生,对应图 2‐15 中的实线链路。可以看出,非定常诱导涡与相邻叶片压力面的干涉作用是导致泄漏涡破碎表现出间歇性特征的主要原因。

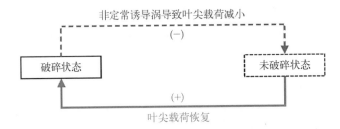

图 2‐15　非定常诱导涡(UIV)主导的间歇性泄漏涡破碎的反馈机制

图 2‐16 给出了 $\beta_1 = 62.6°$ 工况下 2 个典型时刻的流场快照。从图 2‐16(a)可以看出,涡核反流区①和螺旋状泄漏涡的涡核线会周期性地出现和消失。这说

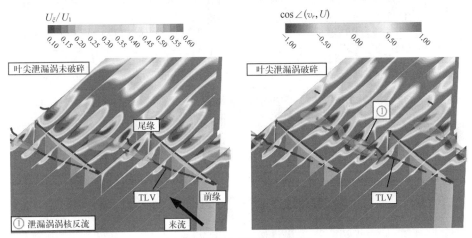

(a) 弦向速度 U_ξ / U_1 和弦向反流区

(b) $Q = 1.2 \times 10^5 \ \mathrm{s}^{-2}$ 等值面

图 2‐16　$\beta_1 = 62.6°$ 工况下典型时刻的叶尖流场快照

明该工况下泄漏涡也发生了间歇性螺旋破碎。图 2 - 16(b)中的 Q 等值面表明,当涡破碎发生时,泄漏涡尾部附近也出现了跟随其运动的非定常诱导涡,与 $\beta_1 = 62°$ 工况相比,该非定常诱导涡的尺寸更大。据此可以推断,该工况下涡破碎的间歇性仍是非定常诱导涡对相邻叶片压力面的干涉作用引起的。

2.2.3　反流涡主导的间歇性泄漏涡破碎

图 2 - 17 给出了 $\beta_1 = 62.65°$ 工况下一个周期内叶尖流场的演化过程。速度和

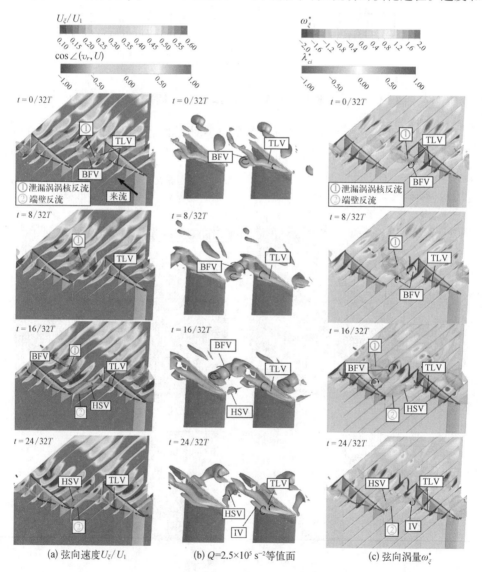

图 2 - 17　$\beta_1 = 62.65°$ 工况下叶尖区的瞬时旋涡结构、弦向速度和涡量

涡量云图中所包含的要素与图 2-12 相同。通过观察反流区的变化可知,泄漏涡破碎造成的涡核反流区①会周期性地形成和消失,泄漏涡的涡核线是缠绕在涡核反流区①外侧的。因此,$\beta_1 = 62.65°$ 工况下,泄漏涡的破碎形式仍是间歇性螺旋破碎。

但是,与 $\beta_1 = 62°$ 和 $\beta_1 = 62.60°$ 工况相比,$\beta_1 = 62.65°$ 工况下的叶尖涡系结构却发生了非常显著变化。从图中可以发现,泄漏涡破碎产生的涡核反流区①扩大至端壁,形成了一个附着在端壁上的大尺寸反流区。图 2-18 给出了穿过涡核反流区的 ξ-x 剖面上的速度分布。可以发现,涡核反流与其下方的主流相互剪切形成了一个大尺度横向涡。从图 2-17(b) 的 Q 等值面中可以发现,该横向涡呈半环形环绕在反流区的外侧,一端与泄漏涡相连,另一端附着在压力面附近的端壁上。本书借鉴 Chen 等[41] 研究中对类似涡结构的命名将其称为反流涡(back flow vortex,BFV)。由于特征向量方法对弯曲程度较大的旋涡(特别是涡环结构)的识别能力较差,只有一部分零碎的反流涡的涡核线被识别了出来。因此本书主要依靠 Q 等值面和 3 个方向的涡量分量云图对反流涡进行分析。可以发现,反流涡的雏形是在 $t = 0/32T$ 时刻形成于涡核反流区①与压力面之间的一个展向涡结构。该展向涡随后从涡核反流区①的下方绕过并与泄漏涡相连,演化成了反流涡的最终形态。

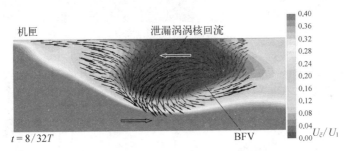

图 2-18　$\beta_1 = 62.65°$ 工况下穿过涡核反流区①的
ξ-x 横截面上的速度分布

从 $t = 16/32T \sim 24/32T$ 时间段内的流场图中还可以发现,附着在端壁上的反流区还对近端壁来流产生了堵塞作用,导致其上游出现了端壁反流区②。该反流区与其下方的主流相互剪切导致了马蹄涡(horseshoe vortex,HSV)的形成。

图 2-19 给出了叶尖旋涡对端壁和压力面压力分布的影响。图 2-20 给出了各时刻叶尖载荷和泄漏流参数的分布。

在 $t = 0/32T$ 时刻,泄漏涡处于破碎状态,反流涡以展向涡的形式开始出现在反流区一侧。如图 2-19(b) 所示,反流涡压力面端在端壁上诱导出一个低压斑。在后续时刻,随着反流涡尺寸增大,低压斑随反流涡压力面端逐渐靠近相邻叶片压力面,压力面低压区扩大[图 2-19(c)],叶片前缘附近的载荷降低[图 2-20(a)]。

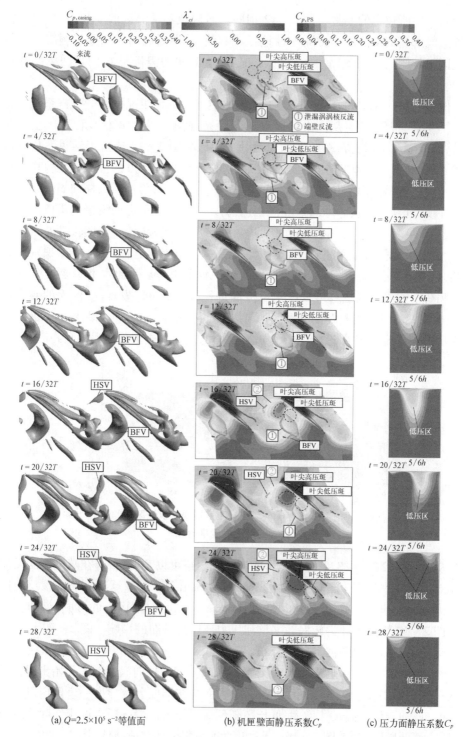

(a) Q=2.5×10⁵ s⁻²等值面   (b) 机匣壁面静压系数C_p (c) 压力面静压系数C_p

图 2-19 β_1=62.65°工况下瞬态叶尖涡结构;机匣壁面、压力面静压系数分布

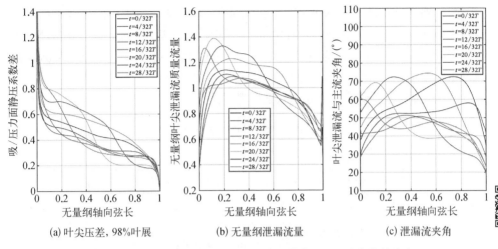

(a) 叶尖压差, 98%叶展　　(b) 无量纲泄漏流量　　(c) 泄漏流夹角

图 2-20 $\beta_1 = 62.65°$ 工况下非定常叶尖载荷和泄漏流参数的分布

在 $t = 8/32T$ 时刻, 低压斑跟随反流涡抵达相邻叶片的前缘, 叶片前缘附近的压差、泄漏量和泄漏流夹角降至最低水平(图 2-20), 泄漏涡强度减弱。随后, 减弱的泄漏涡将无法继续维持破碎状态并开始向未破碎状态过渡; 反流涡和低压斑开始跟随涡核反流区①向下游运动[图 2-19(a)和(b)]。

除了低压斑外, 涡核反流区①对端壁来流的阻滞作用使得反流涡上游还出现了一个高压斑。在 $t = 12/32T$ 时刻, 反流涡离开叶片前缘, 高压斑开始作用于相邻叶片前缘。压力面的低压区后移、前缘静压升高, 进而叶片前缘载荷升高。

在 $t = 20/32T$ 时刻, 虽然涡核反流区①尚未完全耗散, 但是图 2-19 中的 Q 等值面和涡核线表明, 通道内泄漏涡已恢复至未破碎状态。此时, 反流涡已经与泄漏涡断开, 其压力面端运动至压力面中后部; 叶片前缘附近的载荷、泄漏量和泄漏流夹角增至最高水平(图 2-20), 泄漏涡具有较高的旋涡强度。较高的旋涡强度将导致泄漏涡在后续时刻由未破碎状态向破碎状态过渡。

在 $t = 24/32T$ 时刻, 形成于 $t = 20/32T$ 时刻的马蹄涡开始向压力面靠拢, 其前部在压力面前缘诱导出了一个新的低压区, 这导致叶片前缘载荷略有减小。然而, 由于此时叶片中部仍然处于高压斑的影响下, 叶尖的整体载荷和泄漏涡的强度仍处于较高的水平, 泄漏涡继续向破碎状态过渡。在下一个周期开始时($t = 20/32T$), 泄漏涡再一次发生破碎, 并伴随新的反流涡出现。

上述分析表明, 在 $\beta_1 = 62.65°$ 工况下, 旋涡与叶片相互作用主导的反馈机制仍然是导致泄漏涡破碎间歇性发生的根本原因。但与 $\beta_1 = 62°$ 和 $\beta_1 = 62.6°$ 工况不同的是, 该工况下与叶片发生干涉的旋涡结构是反流涡。

图 2-21 给出了该反馈机制的示意图。泄漏涡破碎的发生会伴随反流涡的形成; 反流涡压力面端诱导的低压斑降低了叶片前缘载荷, 使得泄漏涡的稳定性增

强。泄漏涡开始由破碎状态向未破碎状态过渡,对应图 2－21 中的虚线链路。在旋涡逐渐恢复到未破碎状态的过程中,反流涡会向下游运动;其上游的高压斑开始作用于叶片前缘,导致叶片前缘载荷增大、泄漏涡增强。泄漏涡的增强将导致涡破碎再一次发生,对应图 2－21 中的实线链路。本书将由该反馈机制所引发的非定常流动现象命名为"反流涡主导的间歇性泄漏涡破碎"。

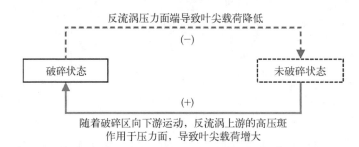

图 2－21　反流涡(BFV)主导的间歇性泄漏涡破碎的反馈机制

图 2－22 给出了 $\beta_1 = 63°$ 工况下 2 个典型时刻的流场快照。从图中可以发现,进气角的增大并没有给流场带来明显变化。叶尖区的主要流动现象依旧是反流涡主导的间歇性泄漏涡破碎。

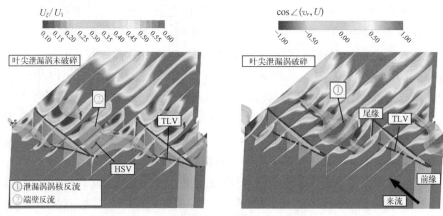

(a) 弦向速度 U_ξ/U_1 和弦向反流区

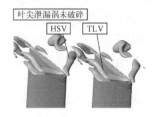 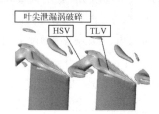

(b) $Q = 3×10^5\ s^{-2}$ 等值面

图 2－22　$\beta_1 = 63°$ 工况下典型时刻的叶尖流场快照

2.3　平面叶栅叶尖流动非定常性特征分析

本节将基于 2.2 节中得到的流动机理对间歇性泄漏涡破碎诱导的叶尖流动非定常性进行分析,解释叶尖流动非定常性的强度和特征频率随进气角的变化规律。

2.3.1　叶尖流动非定常性的幅值特征

本小节采用叶片力系数的均方根值 $C'_{F,\,\mathrm{rms}}$ 和全局速度脉动动能系数 α_{global} 量化叶尖流动非定常性的整体强度。全局速度脉动动能系数 α_{global} 为无量纲速度脉动在整个流体域的体积平均值,其具体表达式如下:

$$\alpha_{\mathrm{global}} = \frac{\iiint\limits_{\mathrm{Fluid\ Domain}} \left(\dfrac{0.5\rho U'^{\,2}_{\mathrm{rms}}}{p_{\mathrm{t1}} - p_1} \right) \mathrm{d}V}{V} \tag{2-7}$$

式中, U'_{rms} 表示当地速度脉动的均方根值; V 为计算域的体积; ρ 为密度。

图 2-23 给出了 $C'_{F,\,\mathrm{rms}}$ 和 α_{global} 随进气角的变化。可以看出,随进气角增大,流场的全局脉动水平呈升高趋势。在 $\beta_1 = 61.5°$ 工况下,叶尖泄漏涡没有发生破碎,叶尖流场基本是定常的, $C'_{F,\,\mathrm{rms}}$ 和 α_{global} 基本接近于 0。在 $\beta_1 = 62°$ 工况下,叶尖泄漏涡发生了由非定常诱导涡主导的间歇性破碎,流动非定常性开始浮现。当进气角由 62.6°增大至 62.65°时,叶尖泄漏涡进入由反流涡主导的间歇性涡破碎阶段,叶片力的脉动强度和速度脉动动能均发生了突跃。这表明在反流涡主导的工况下,间歇性泄漏涡破碎诱导的非定常流场波动明显强于非定常诱导涡主导的工况。

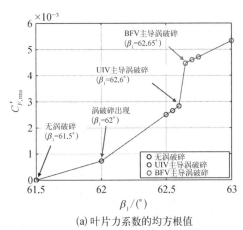

(a) 叶片力系数的均方根值

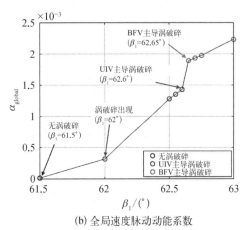

(b) 全局速度脉动动能系数

图 2-23　叶尖非定常流动的幅值特性

为了显示叶尖流动非定常性的空间分布规律,图2－24给出了端壁壁面的静压系数脉动均方根 $C'_{p,\,rms}$ 云图。可以看出,在各工况下,端壁壁面上均存在3处高脉动区域。结合2.2节的内容可知,这3处高脉动区域的形成均与叶尖区的旋涡运动相关。在图2－24(a)中, $\beta_1=62°$ 和62.6°工况下的3处高脉动区域分别由 A_1、 A_2 和 A_3 标记。其中,叶尖载荷波动造成的泄漏涡轨迹的振荡导致了条带状高脉动区 A_1 的出现;压力面附近的高脉动区 A_2 的形成与非定常诱导涡的周期性形成和输运有关;尾缘下游的高脉动区 A_3 由泄漏涡的螺旋型破碎所致。在图2－24(b)中, $\beta_1=62.65°$ 和63°工况下的3处高脉动区域分别用 B_1、 B_2 和 B_3 标记。条带状高脉动区 B_1 的形成机理与区域 A_1 相似,也是由泄漏涡轨迹的振荡所致。高脉动区 B_2 和 B_3 的出现与反流涡的运动有关。其中,反流涡吸力面端的运动诱导出了由通道前部延伸至压力面附近的L形高脉动区 B_2,反流涡压力面端的运动则导致了尾缘下游高脉动区 B_3 的出现。随着进气角增大,所有高脉动区的尺寸均有所扩大,且区域内的压力脉动变得更加剧烈。通过比较图2－24(a)和图2－24(b)可以发现,在反流涡主导的工况下,端壁壁面的压力脉动明显要强于非定常诱导涡主导的工况。

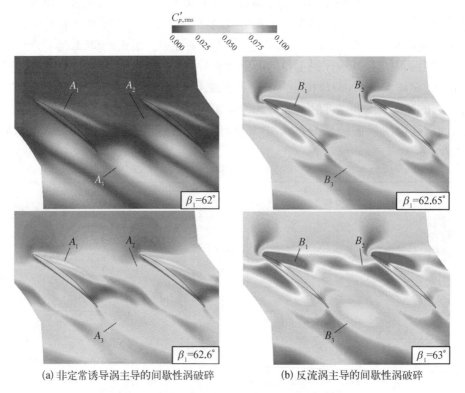

(a) 非定常诱导涡主导的间歇性涡破碎   (b) 反流涡主导的间歇性涡破碎

图2－24　机匣壁面静压系数脉动的均方根值分布

由 2.2 节可知,叶尖载荷的波动是泄漏涡在未破碎与破碎状态之间转换的驱动力,而叶尖载荷的波动又是由涡破碎诱导的旋涡与相邻叶片压力面干涉所造成的。因此,间歇性泄漏涡破碎的剧烈程度主要取决于旋涡给压力面带来的压力波动的强弱。图 2 – 25 给出了压力面的静压系数均方根云图。可以看出,旋涡与压力面的相互作用导致压力面上出现了一处高脉动区域。结合 2.2 节中对旋涡结构的分析可知,在 $\beta_1 = 62°$ 和 $\beta_1 = 62.6°$ 工况下,高脉动区的压力波动来自非定常诱导涡;在 $\beta_1 = 62.65°$ 和 $\beta_1 = 63°$ 工况下,高脉动区的压力波动来自反流涡的吸力面端。通过对比可以发现,随着进气角的增大,旋涡与压力面干涉所产生的静压脉动增强,且高脉动区的核心向叶片前缘移动。该现象意味着进气角的增大会导致叶尖前缘载荷的波动增强,加剧泄漏涡的间歇性破碎。这对应于图 2 – 23 中全局流动非定常性随进气角增大而增强的变化趋势。另外,反流涡吸力面端给压力面带来的静压脉动明显强于非定常诱导涡。当叶栅进气角由 62.6° 增大至 62.65° 时,叶尖流动非定常性突增(图 2 – 23);此时,全局流动非定常性的主导因素由非定常诱导涡转变为反流涡。

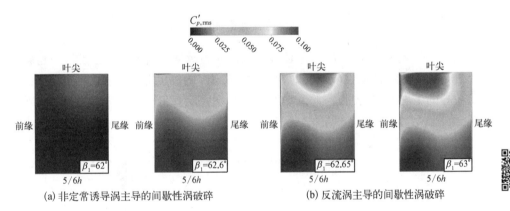

图 2 – 25　压力面静压系数脉动的均方根值分布

2.3.2　叶尖流动非定常性的频率特征

图 2 – 26 给出了叶片力脉动的主频率随进气角的变化。图中的频率以斯特劳哈尔数(Sr)的形式给出。计算设置的过程中,该频率对应的周期被指定为流场的波动周期,用于给定时间推进算法所需的物理时间步长。图 2 – 27 补充了其中两个典型工况下机匣壁面监控点静压系数脉动的频谱,各监控点的位置见图 2 – 9。

可以发现,无论在非定常诱导涡占主导的 $\beta_1 = 62°$ 工况还是在反流涡占主导的 $\beta_1 = 62.65°$ 工况下,机匣壁面各监控点的压力脉动具有相同的主频,且该频率与图 2 – 26 中给出的叶片力脉动主频完全一致。这说明叶片力脉动主频可以表示叶尖非定常流动的特征频率。由图 2 - 26 中可知,随着进气角增大,特征频率呈下降趋势。

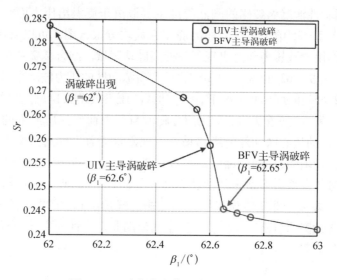

图 2 - 26　叶尖非定常流动的频率特性

图 2 - 27(a)和图 2 - 27(b)中监控点处的压力脉动频谱也反映出了这一趋势。当进气角由 62.6°增大至 62.65°时,特征频率下降的幅度非常明显。这说明在反流涡主导的工况下,叶尖非定常流动的特征频率要明显低于非定常诱导涡主导的工况。

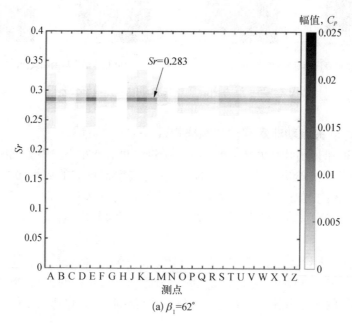

(a) $\beta_1 = 62°$

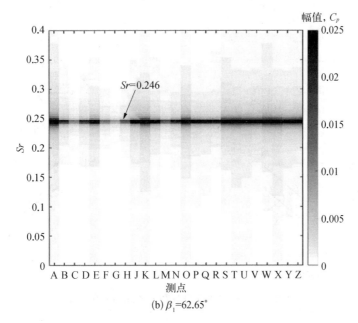

(b) $\beta_1 = 62.65°$

图 2 - 27　$\pmb{\beta_1 = 62°}$ 和 $\pmb{62.65°}$ 工况下机匣壁面监控点处的静压系数脉动频谱

在本章所研究的叶栅中,由于叶尖流动的非定常性主要来源于泄漏涡的间歇性破碎,其特征周期应等同于泄漏涡完成一次"未破碎—破碎—未破碎"的状态转换过程所需的时间,即泄漏涡的状态转换周期。基于 2.2 节中揭示的由旋涡与压力面干涉主导的反馈机制可以推测,泄漏涡状态转换周期的长短主要受非定常诱导涡或反流涡运动速度的影响:旋涡运动速度越大,其作用在相邻叶片压力面上的时间就越短,叶尖载荷变化越快,泄漏涡完成一次状态转换所用的时间就越短,对应的流场特征频率也就越高;反之亦然。接下来将通过分析非定常诱导涡和反流涡在叶片通道内的运动对流场特征频率随攻角的变化规律进行解释。

为了便于分析,本书对旋涡在叶片通道中的运动问题进行如下简化:将非定常诱导涡和反流涡分别简化成弦向和垂直于弦向的直涡丝,使三维问题转化为二维问题;忽略其他涡结构对旋涡运动的影响;忽略旋涡与叶片的相互作用;忽略黏性和湍流对旋涡运动的影响。

图 2 - 28 给出了通过以上简化得到的旋涡运动模型。该模型仅考虑了背景流动和"旋涡-端壁"相互作用。其中,旋涡-端壁相互作用的影响通过镜像法[52]进行分析:在端壁的另一侧引入旋涡的镜像涡来满足壁面处的无穿透条件,从而将端壁对旋涡运动的影响转换为镜像涡的诱导速度 u 对旋涡运动的影响。因此,模型中旋涡的实际运动速度应等同于背景流动速度 U 和镜像涡在旋涡旋转中心处的诱导速度 u 的叠加。

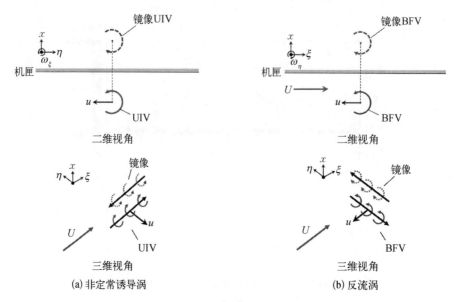

图 2 - 28　非定常诱导涡和反流涡的简化模型

随着进气角的增大,叶栅中的逆压梯度升高,背景流速 U 减小,非定常诱导涡在叶栅通道中的滞留时间延长、流场特征频率呈现出图 2 - 26 中的下降趋势。对比图 2 - 28(a)和图 2 - 28(b)可以发现:非定常诱导涡的镜像涡产生的诱导速度 u 基本与背景流动的方向垂直,对其沿流向的运动速度影响较小;反流涡镜像的诱导速度则与背景流动的方向相反,对反流涡的流向输运起到了阻滞作用。因此,反流涡在叶栅通道中的运动要明显慢于非定常诱导涡,对应于图 2 - 26 中进气角由 $62.6°$ 增大至 $62.65°$ 过程中,反流涡主导的流场特征频率存在明显下降。

2.4　本 章 小 结

本章首先介绍流体力学领域孤立涡破碎的典型实验研究结果和轴流叶轮机械领域叶尖泄漏涡破碎的初步实验结果,通过比较,厘清了叶尖泄漏涡破碎和管道孤立涡破碎之间的差异,并得到了如下结论。

(1) 叶尖泄漏涡的破碎区与叶尖泄漏涡产生的驱动力(叶片近叶尖的压差分布之间)在一定条件下会相互关联,而这种相互关联使得影响旋涡破碎的因素(旋涡环量、流向压力梯度等)是随时间变化的,因而在这种情况下叶尖泄漏涡发生是动态破碎而非静止破碎现象。

(2) 尽管压气机叶尖端区的流动以叶尖泄漏涡为主导,但该区域还存在端壁和叶片表面附面层分离产生的其他旋涡结构,如马蹄涡、吸力面分离涡等。因而叶尖泄漏涡的动态破碎形成的旋涡碎片还与其他附面层分离产生的各种旋涡发生相互作用,与泄漏涡破碎相关的叶尖流动非定常性必然涉及复杂的涡动力学机理。

　　本章接着以某一具有涡破碎实验测量结果的平面叶栅为例,利用经过实验数据校核的单通道 URANS 数值模拟方法并结合 Q 准则和特征向量法等旋涡识别方法开展了叶尖泄漏涡破碎形态的研究,发现叶尖泄漏涡的动态破碎是以间歇性螺旋破碎的形态出现,并深入分析了泄漏涡的动态破碎诱发叶尖流动非定常性的机理以及该流动非定常性随进气角的变化规律,主要结论如下。

　　(1) 当泄漏涡发生破碎时,叶栅叶尖区形成了 2 种伴生旋涡结构:非定常诱导涡和反流涡。其中,非定常诱导涡出现在进气角较小的工况下,是一个由破碎区下游的泄漏涡片段与端壁附面层动态干涉产生的流向涡;反流涡出现在进气角较大的工况下,是一个由扩张至端壁的涡核反流区与其下方主流相互剪切产生的大尺寸半环状涡结构。

　　(2) 泄漏涡在破碎状态和未破碎状态之间的周期性转换是泄漏涡动态破碎的重要特征。泄漏涡的这种状态转换行为由非定常诱导涡或反流涡与相邻叶片压力面干涉所触发的流场反馈机制驱使:当泄漏涡发生破碎时,非定常诱导涡或反流涡诱导出的低压斑会降低相邻叶片压力面静压,减小叶尖载荷,进而导致泄漏涡稳定性得到增强;泄漏涡开始由破碎状态向未破碎状态过渡。当泄漏涡恢复至未破碎状态后,非定常诱导涡或反流涡向下游运动和耗散使得叶尖载荷逐渐增大,削弱泄漏涡的稳定性,导致泄漏涡又开始由未破碎状态向破碎状态过渡。

　　(3) 叶尖泄漏涡的动态破碎是叶栅叶尖流动非定常性的主要来源。随着进气角的增大,叶尖非定常流动的波动水平升高,特征频率降低。结合流场反馈机制,非定常诱导涡主导工况与反流涡主导工况的流动非定常性在幅值和频率特征方面存在如下差异:① 幅值特征方面,与非定常诱导涡相比,反流涡在相邻叶片的压力面上产生的静压波动更强,所诱发的叶尖载荷波动也就更强;反流涡主导工况中,泄漏涡动态破碎更剧烈,流动非定常性也更强;② 频率特征方面,与非定常诱导涡相比,受镜像涡诱导速度的阻滞影响,反流涡在叶栅通道中的输运更慢,作用于相邻叶片压力面的时间更长;在反流涡主导工况下,泄漏涡状态转换的周期更长,相应的流场特征频率更低。

参考文献

[1]　Mailach R, Lehmann I, Vogeler K. Rotating instabilities in an axial compressor originating from the fluctuating blade tip vortex[J]. Journal of Turbomachinery, 2001, 123(3): 453 – 463.

[2]　Mailach R, Sauer H, Vogeler K. The periodical interaction of the tip clearance flow in the blade rows of axial compressors[C]. New Orleans: ASME Turbo Expo 2001: Power for Land, Sea, and Air, 2001.

[3]　Schrapp H, Stark U, Saathoff H. Breakdown of the tip clearance vortex in a rotor equivalent

cascade and in a single-stage low-speed compressor[C]. Berlin: ASME Turbo Expo 2008: Power for Land, Sea, and Air, 2008.

[4] Schrapp H, Stark U, Saathoff H. Unsteady behaviour of the tip clearance vortex in a rotor equivalent compressor cascade[J]. Proceedings of the Institution of Mechanical Engineers, Part A: Journal of Power and Energy, 2009, 223(6): 635 - 643.

[5] 吴介之, 马晖扬, 周明德. 涡动力学引论[M]. 北京: 高等教育出版社, 1993.

[6] Hall M G. A new approach to vortex breakdown [D]. San Diego: University of California, 1967.

[7] Krause E. A contribution to the problem of vortex breakdown[J]. Computers and Fluids, 1985, 13(3): 375 - 381.

[8] Liu B J, Yu X J, Wang H W, et al. Evolution of the tip leakage vortex in an axial compressor rotor [C]. Vienna: ASME Turbo Expo 2004: Power for Land, Sea, and Air, 2004.

[9] 高杰, 郑群, 许天帮, 等. 涡轮间隙泄漏涡破碎对损失的影响[J]. 航空学报, 2014, 35(5): 1257 - 1264.

[10] Hall M G. The structure of concentrated vortex cores[J]. Progress in Aerospace Sciences, 1966, 7: 53 - 110.

[11] Rayleigh L. On the dynamics of revoling fluids [J]. Proceedings of the Royal Society, 1916, A93: 148 - 154.

[12] Peckhom H, Atkinson A. Preliminary results of low speed wind tunnel tests on a gothic wing of aspect ratio 1. 0[R/OL]. (2020 - 08 - 30) [2023 - 08 - 26]. https://reports. aerade. cranfield. ac. uk/bitstream/handle/1826. 2/521/arc-cp-0508. pdf.

[13] Harvey J K. Some observations of the vortex breakdown phenomenon[J]. Journal of Fluid Mechanics, 1962, 14(4): 585 - 592.

[14] Cassidy J J, Falvey H T. Observations of unsteady flow arising after vortex breakdown[J]. Journal of Fluid Mechanics, 2006, 41(4): 727 - 736.

[15] Sarpkaya T. On stationary and travelling vortex breakdowns[J]. Journal of Fluid Mechanics, 1971, 45(3): 545 - 559.

[16] Leibovich S. The structure of vortex breakdown [J]. Annual Review of Fluid Mechanics, 2003, 10(10): 221 - 246.

[17] Ekaterinaris J A, Coutley R L, Schiff L B, et al. Numerical investigation of high incidence flow over a double-delta wing[J]. Journal of Aircraft, 2015, 32(3): 457 - 463.

[18] Payne F M, Ng T T, Nelson R C, et al. Visualization and wake surveys of vortical flow over a delta wing[J]. Journal of Health Politics Policy and Law, 2012, 25(4): 717 - 741.

[19] Sarpkaya T. Vortex breakdown in swirling conical flows[J]. AIAA Journal, 1971, 9(9): 1792 - 1799.

[20] Faler J H, Leibovich S. Disrupted states of vortex flow and vortex breakdown[J]. Physics of Fluids, 1977, 20(9): 1385 - 1400.

[21] Escudier M P, Zehnder N. Vortex-flow regimes[J]. Journal of Fluid Mechanics, 1982, 115: 105 - 121.

[22] Lambourne N C, Bryer D W. The bursting of leading edge vortices: Some observations and discussion of the phenomenon[R/OL]. (2020 - 11 - 05)[2023 - 05 - 06]. https://reports.

aerade. cranfield. ac. uk/bitstream/handle/1826. 2/3859/arc-rm-3282. pdf? sequence = 1&isAl lowed = y.

[23] Lambourne N C. The breakdown of certain types of vortex[R/OL]. (2020 - 08 - 30)[2023 - 06 - 21]. https://naca. central. cranfield. ac. uk/bitstream/handle/1826. 2/928/arc-cp-0915. pdf.

[24] Faler J H, Leibovich S. An experimental map of the internal structure of a vortex breakdown [J]. Journal of Fluid Mechanics, 1978, 86(2): 313 - 335.

[25] Bornstein J, Escudier M P. LDA measurements within a vortex-breakdown bubble[C]. Lisbon: International Symposium on Applications of Laser-Doppler Anemometry to Fluid Mechanics, 1982.

[26] Brücker C, Althaus W. Study of vortex breakdown by particle tracking velocimetry(PTV)[J]. Experiments in Fluids, 1992, 13(5): 339 - 349.

[27] Brücker C, Althaus W. Study of vortex breakdown by particle tracking velocimetry. Part 2: Spiral-type vortex breakdown[J]. Experiments in Fluids, 1993(14): 133 - 139.

[28] Brücker C, Althaus W. Study of vortex breakdown by particle tracking velocimetry (PTV). Part 3: Time-dependent structure and development of breakdown modes[J]. Experiments in Fluids, 1995, 18(3): 174 - 186.

[29] Escudier M. Vortex breakdown: Observations and explanations[J]. Progress in Aerospace Sciences, 1988, 25(2): 189 - 229.

[30] Hallett W, Toews D J. The effects of inlet conditions and expansion ratio on the onset of flow reversal in swirling flow in a sudden expansion[J]. Experiments in Fluids, 1987, 5(2): 129 - 133.

[31] Farokhi S, Taghavi R, Rice E J. Effect of initial swirl distribution on the evolution of a turbulent jet[J]. AIAA Journal, 1989, 27(6): 700 - 706.

[32] Narain J P. Numerical prediction of confined swirling jets[J]. Computers and Fluids, 1977, 5 (3): 115 - 125.

[33] Cassidy J J, Falvey H T. Observations of unsteady flow arising after vortex breakdown[J]. Journal of Fluid Mechanics, 1970, 41(4): 727 - 736.

[34] Goltz I, Kosyna G, Stark U, et al. Stall inception phenomena in a single-stage axial-flow pump [J]. Proceedings of the Institution of Mechanical Engineers, Part A: Journal of Power and Energy, 2003, 217(4): 471 - 479.

[35] Goltz I, Kosyna G, Wulff D, et al. Structure of the rotor tip flow in a highly loaded single-stage axial-flow pump approaching stall: Part Ⅱ — Stall inception — Understanding the mechanism and overcoming its negative impacts[C]. Charlotte: ASME 2004 Heat Transfer/ Fluids Engineering Summer Conference, 2004.

[36] Kosyna G, Goltz I, Stark U. Flow structure of an axial-flow pump from stable operation to deep stall[C]. Houston: ASME 2005 Fluids Engineering Division Summer Meeting, 2005.

[37] Wu H, Tan D, Miorini R L, et al. Three-dimensional flow structures and associated turbulence in the tip region of a waterjet pump rotor blade[J]. Experiments in Fluids, 2011, 51(6): 1721 - 1737.

[38] Wu H, Miorini R L, Tan D, et al. Turbulence within the tip-leakage vortex of an axial waterjet

pump[J]. AIAA Journal, 2012, 50(11): 2574－2587.

[39]　Tan D, Li Y, Chen H, et al. The three dimensional flow structure and turbulence in the tip region of an axial flow compressor[C]. Montreal: ASME Turbo Expo 2015: Turbine Technical Conference and Exposition, 2015.

[40]　Tan D, Li Y C, Wilkes I, et al. Visualization and time-resolved particle image velocimetry measurements of the flow in the tip region of a subsonic compressor rotor [J]. Journal of Turbomachinery, 2015, 137(4): 041007.

[41]　Chen H, Li Y C, Tan D, et al. Visualizations of flow structures in the rotor passage of an axial compressor at the onset of stall[J]. Journal of Turbomachinery, 2017, 139(4): 041008.

[42]　Brandstetter C, Schiffer H P. PIV measurements of the transient flow structure in the tip region of a transonic compressor near stability limit [J]. Journal of the Global Power and Propulsion Society, 2018, 2: 303－316.

[43]　Biela C, Muller M W, Schiffer H P, et al. Unsteady pressure measurement in a single stage axial transonic compressor near the stability limit[C]. Berlin: ASME Turbo Expo 2008: Power for Land, Sea, and Air, 2008.

[44]　Holzinger F, Wartzek F, Jungst M, et al. Self-excited blade vibration experimentally investigated in transonic compressors: Rotating instabilities and flutter[C]. Montreal: ASME Turbo Expo 2015: Turbine Technical Conference and Exposition, 2015.

[45]　Yamada K, Funazaki K, Furukawa M. The behavior of tip clearance flow at near-stall condition in a transonic axial compressor rotor[C]. Montreal: ASME Turbo Expo 2007: Power for Land, Sea, and Air, 2007.

[46]　Berdanier R A, Key N L. Experimental characterization of tip leakage flow trajectories in a multistage compressor[J]. Journal of Propulsion and Power, 2016, 32(4): 1022－1032.

[47]　王博, 吴艳辉. 扩压叶栅叶尖非定常流动的涡动力学机理[J]. 航空学报, 2020, 41(11): 123881.

[48]　Wang B, Wu Y H, Yang F, et al. Intermittent breakdown of the tip leakage vortex and the resultant flow unsteadiness in the tip-region of a subsonic compressor cascade[J]. Aerospace Science and Technology, 2021, 113: 106679.

[49]　Hunt J, Wray A, Moin P. Eddies, stream, and convergence zones in turbulent flows: N89－24555[R]. Washington, D. C.: NASA, 1988.

[50]　Sujudi D, Haimes R. Identification of swirling flow in 3-D vector fields [C]. Reston: 12th Computational Fluid Dynamics Conference, 1995.

[51]　Roth M, Peikert R. A higher-order method for finding vortex core lines [C]. New York: Proceedings Visualization'98(Cat. No. 98CB36276), 1998.

[52]　Wu J Z, Ma H Y, Zhou M D. Vorticity and vortex dynamics[M]. Berlin: Springer, 2006.

[53]　王博. 压气机叶栅叶尖泄漏涡破碎和角区分离的流动机理和控制策略研究[D]. 西安: 西北工业大学, 2023.

第 3 章
环形叶栅泄漏涡破碎诱发
叶尖流动非定常性机理

与平面叶栅相比,环形叶栅考虑了流动的三维性,因而它可以真实地再现静子端区的复杂三维流动。柏林工业大学的研究人员针对环形叶栅的系列实验研究表明:无论是否带有轮毂间隙,高负荷工况下叶栅中均可以检测到 RI [1-6];而且在带有轮毂间隙的 RI 工况,PIV 测量结果显示周向范围内存在大于单个叶片通道的移动涡结构[6]。

由于带轮毂间隙的环形叶栅/静叶端区涡系存在非常复杂的旋涡结构,各种旋涡结构之间相互关联、互相影响。因此,如何从复杂的流场中筛选出主导流动非定常性的流动结构是在分析流动机理之前必须要解决的问题。将基于数据挖掘的流场降阶方法引入到非定常流场分析中可以为解决该问题提供手段。

本章首先介绍数据挖掘方法在叶轮机械领域的研究进展,并介绍通过两种典型的方法:本征正交分解(proper orthogonal decomposition, POD)和动态模态分解(dynamic mode decomposition, DMD)对非定常流场进行降阶处理的思路。接着,以柏林工业大学的环形悬臂叶栅为研究对象,利用经过实验数据校核的单通 URANS 数值模拟方法首先对流场中的旋涡结构进行分析;继而将数据挖掘方法引入到非定常流场分析中,通过对大量流场快照的降阶解析,提取流场的主导模态,并结合流场重构,复现导致流场非定常性的主导流动机制。在此基础上,本章最后利用经过实验数据校核的五通道 URANS 数值模拟方法对柏林工业大学的环形悬臂叶栅中诱发 RI 的流动机制进行研究。

3.1　基于数据挖掘的流场降阶方法

流体力学领域的问题具有三维性及强非线性的特点,其本质为多尺度流动结构在时间和空间领域的叠加。基于数据挖掘的流场降解方法,使用特征模态分解手段,将高维度的复杂非定常流场表示为多种低维度子空间流场的叠加,在低维度空间内展现非定常流动在时间和空间尺度上的发展演变。典型的方法有两种,本征正交分解（POD）和动态模态分解（DMD）。二者在模态分解策略上存在差别；POD 方法将流场中的流动结构按照能量大小分解为不同的模态，而 DMD 方法则是将流场看作不同特征频率流动模态的集合。POD 和 DMD 方法以其高效简洁的特性，受到了叶轮机械各领域研究人员的关注。

3.1.1　POD 方法

POD 方法是一种基于流场变量均方值进行模态提取的数据统计分析方法。在流体力学领域，其最早作为一种提取湍流流场相干结构的数学方法由 Lumley[7] 引入湍流流动分析中。

Willcox 等[8]借助 POD 方法在模态提取方面的优势，开发了用于叶轮机械气动弹性问题研究的降阶模型，并取得了很高的模拟精度。Ekici 和 Hall[9] 依托 POD 方法优化了叶片非定常颤振问题的计算策略，大幅减少了研究过程中时间和计算资源的投入。

Cizmas 和 Palacios[10] 通过数值模拟手段对涡轮中转静干涉进行分析，借助 POD 方法提取了转静干涉过程中流场的主导流动模态，并通过流场重构复现了该模态的时域特性。基于 POD 方法，Luo 等[11] 开发了涡轮叶片的迭代反设计法。杨晓建等[12] 在研究无叶扩压器内部非定常流动机理时，借助 POD 方法准确捕捉各阶非定常流动模态，并借助流场重构直观地展现了非定常流动发展过程，如图 3－1 所示。

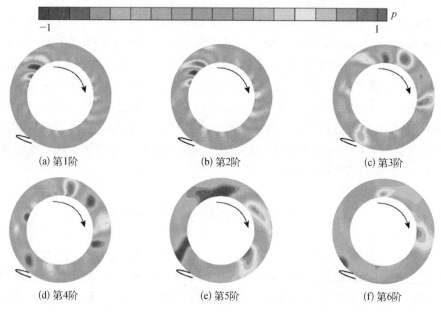

(a) 第1阶　　　　　　(b) 第2阶　　　　　　(c) 第3阶

(d) 第4阶　　　　　　(e) 第5阶　　　　　　(f) 第6阶

图 3－1　无叶扩压器内 POD 分解各模态流场重构图[12]

Xu 等[13]在研究压气机叶栅旋涡控制时,借助 POD 方法对大尺度旋涡的特性进行了分析,并进一步通过频率分解揭示了流场非定常性的诱发机制。为了实现对超声速压气机叶栅流动分离的精准控制,Meng 等[14]借助信号分析手段以及 POD 方法对流场失稳的主要诱发机制进行了研究,并结合脉动抽吸结构实现了高效调控。刘震雄[15]应用 POD 方法对跨声速轴流压气机的过失速过程进行了分析,借助模态云图准确地捕捉到了失速团的扰动轨迹。

作为一种流场降阶方法,POD 方法能将一系列高维流场数据分解到若干正交基函数或模态上,并按各模态的能量大小进行排序。根据求解方法的不同,POD 方法可以分为两类:直接 POD 方法和快照 POD 方法。其中快照 POD 方法在处理大型数据时较直接 POD 方法更有优势,因此在本节中主要介绍快照 POD 方法。

针对充分发展的流场,选取 n 个不同时刻的流场快照:

$$Q = \{q_1(x, t_1), q_2(x, t_2), \cdots, q_n(x, t_n)\} \tag{3-1}$$

在此基础上,要寻找一组最优基函数 $\phi(x)$,使得将已知函数投影到基函数上时可以获得最大的投影面积,即

$$\max \frac{\langle |(q, \phi)|^2 \rangle}{\|\phi\|^2} \tag{3-2}$$

式中,$|x|$ 表示模;$(,)$ 表示内积;$\langle x \rangle$ 表示系综平均;$\|x\|$ 表示二范数。对于这样一个最优化问题可以采用特征值方法解决。

将 $\phi(x)$ 写作基于流场快照的形式如下:

$$\phi(x) = \sum_{k=1}^{n} a_k q_k(x) \tag{3-3}$$

这样就把问题转化为求解特征值问题:

$$CA = \lambda A \tag{3-4}$$

式中,A 为特征向量矩阵;C 为相关矩阵,用来表示两个时刻流场的相关性:

$$A = \begin{bmatrix} a_1 \\ a_2 \\ \vdots \\ a_k \end{bmatrix} \quad c_{ij} = \frac{1}{n}(q_i(x), q_j(x)) \tag{3-5}$$

通过求解式(3-4)可以得到按照降阶排序的特征值 λ^l 以及特征向量 A^l,每个特征值均代表一个单独模态,二者满足:

$$\sum_{k=1}^{N_t} a_k^i a_k^j = N_t \lambda^i \delta_{ij} \tag{3-6}$$

式中，δ_{ij} 为克罗内克（Kronecker）函数。各模态能量由以下公式求得：

$$\phi^l(x) = \frac{1}{N_t \lambda^l} \sum_{k=1}^{N_t} a_k^l q_k(x) \tag{3-7}$$

3.1.2 DMD方法

DMD方法是一种基于模态频率特性的新型流场降阶方法，其可以看作是空间降阶方法（如POD方法）与时域快速傅里叶变换（fast Fourier transform，FFT）方法的结合，由Schmid和Sesterhenn[16]在2008年首次提出。2014年，Sundstrom等[17]在研究离心压气机内部非稳定流动时，将DMD方法引入流场分析中，提取到了喘振现象的波动频率及波动结构，加深了对于喘振现象理解的同时向业内的研究人员展示了DMD方法在流场处理中的优势。丁杰等[18]在对扩压器内部流场进行分析时，评估了DMD方法对离心压气机特定频率流动特征的捕捉能力。结果显示，DMD方法可以准确地提取流场中不同频率的流动结构。Li等[19]结合DMD方法以及泄漏涡轨迹预测模型对非均匀来流情况下离心压气机的失速过程进行了研究，并准确预测到了失速起始的周向位置，如图3-2所示。

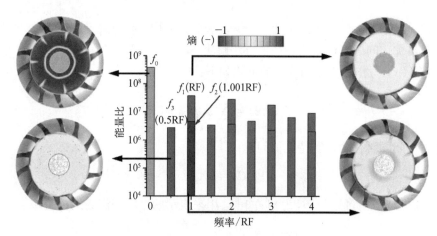

图3-2   离心压气机内DMD分解各模态流场重构图[19]

RF. 转子频率

在轴流压气机的研究中，吴亚东等[20]借助DMD方法对旋转不稳定性的流动结构和传播参数进行了研究，准确地提取到了旋转不稳定性的主导流动结构。胡佳伟等[21]以高负荷压气机叶栅为研究对象，对比了POD和DMD方法在提取旋涡结构和特征频率方面的差异性。

　　DMD 方法的核心思路为将流场中的复杂流动现象分解为具有时空特性的流动特征。通过在输入端给定一定数量的流场快照,DMD 方法可以将流场按特征频率分为不同模态,每个模态表征具有单一频率的流场结构。同时,DMD 方法还提供了各模态的增长率信息,可以用来判断模态是否为稳定模态。此外,通过对不同模态进行流场重构,可以复现各流动结构的变化规律,以及预测流场的发展演变。其求解过程如下:

　　给定 m 个时刻的一系列流场快照,快照时间间隔为 Δt。将其分为两组,如下所示:

$$X = \begin{bmatrix} \vdots & \vdots & & \vdots \\ x_1 & x_2 & \cdots & x_{m-1} \\ \vdots & \vdots & & \vdots \end{bmatrix}, \; X' = \begin{bmatrix} \vdots & \vdots & & \vdots \\ x_2 & x_3 & \cdots & x_m \\ \vdots & \vdots & & \vdots \end{bmatrix} \qquad (3-8)$$

　　假设 X' 为 X 经过近似线性变化所得,即存在线性运算符 A 使得

$$X' \approx AX \qquad (3-9)$$

对 X 进行奇异值分解:

$$X \approx U\Sigma V^* \qquad (3-10)$$

式中,上标 $*$ 表示共轭转置。结合式(3-9)和式(3-10),矩阵 A 可由以下公式求得:

$$A = X'V\Sigma^{-1}U^* \qquad (3-11)$$

　　在实际应用中,常通过求解低维矩阵 $\tilde{A}$ 来代替高维矩阵 A:

$$\tilde{A} = U^*AU = U^*X'V\Sigma^{-1} \qquad (3-12)$$

　　对 $\tilde{A}$ 进行特征值分解:

$$\tilde{A}W = W\Lambda \qquad (3-13)$$

式中,W 为特征向量;Λ 为包含特征值 λ_k 的对角矩阵。

　　通过对式(3-13)特征分解可以得到 DMD 模态 Φ:

$$\Phi = X'V\Sigma^{-1}W \qquad (3-14)$$

　　各模态的频率 ω 和增长率 σ 分别为

$$\omega = \frac{\text{real}(\lg \Lambda)}{\Delta t}, \; \sigma = \frac{\text{imag}(\lg \Lambda)}{2\pi\Delta t} \qquad (3-15)$$

　　单一模态的流场可以通过以下公式进行流场重构:

$$x(t) \approx \sum_{k=1}^{r} \phi_k \exp(\omega_k t) b_k = \Phi \exp(\Omega t) b \qquad (3-16)$$

$$\omega_k = \ln(\lambda_k)/\Delta t, \ \Omega = \mathrm{diag}(\omega) \qquad (3-17)$$

式中，b_k 为各模态的初始振幅；Φ 为 DMD 特征向量矩阵。

3.2　环形叶栅流场自激非定常性机理

本章以柏林工业大学的高负荷环形悬臂叶栅为例开展分析，该叶栅取自多级轴流压气机的中间级静子叶片。其最初的设计目的是剥离旋转效应，研究非旋转坐标系下的非定常流动现象。叶型如图 3-3 所示，叶栅主要的几何参数如表 3-1 所示，更多详细参数参考文献[3]~[5]。

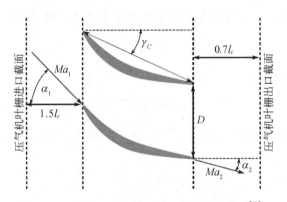

图 3-3　柏林工业大学环形压气机叶栅叶型[3]

表 3-1　叶栅主要几何参数

参　　数	数　　值
叶片数	20
弦长/mm	34
栅距/mm	32.4
轮毂间隙/mm	1
展弦比	1
稠度	0.95
叶片安装角/(°)	25

参　　数	数　　值
前缘几何角/(°)	45
尾缘几何角/(°)	15

图 3-4 给出了计算域拓扑划分及单通道网格示意图。计算域网格由以下部分构成：进口段与出口段为 H 型网格，为确保进口截面与实验测量位置吻合，选取进口段长度为 1.5 倍轴向弦长，出口段长度为 2 倍轴向弦长；叶片通道为 O-H 网格，为保证网格质量，对通道内的拓扑进行了多次划分；轮毂间隙采用蝶形网格。所有近壁面网格加密，以保证壁面第一层网格无量纲厚度 $y^+ < 1$。

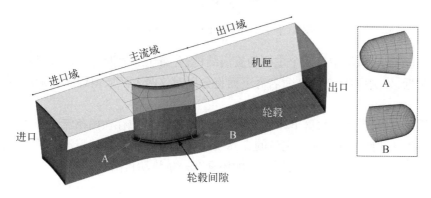

图 3-4 计算域拓扑划分及计算网格示意图

数值模拟采用 RANS 方法，湍流模型选择 SST 湍流模型。进口边界给定实验测量所得总温及速度分布，出口边界给定测量所得面平均静压值。计算域两侧边界为周期性边界，所有固体壁面为绝热无滑移壁面。计算网格量为 200 万，数值模拟验证见文献[22]。

3.2.1 环形叶栅流场旋涡演化机制

下面将挑选 2°、6° 及 9° 攻角三个典型工况，结合旋涡识别方法对流场进行深入分析，目标解决两个主要问题：① 以 2° 攻角工况流场为主体，从整体上梳理叶栅通道中的主要涡系结构，重点分析不同旋涡结构的形成机制；② 探讨随着攻角增大流场旋涡结构的演变，并澄清其背后的流动机制。

1. 2° 攻角工况流场旋涡结构及形成机理分析

为了对叶栅通道中的旋涡结构有一个整体把握，图 3-5 给出了由 Lambda2 方法提取的流场全局旋涡分布。Lambda2 方法是一种提取旋涡区域的伽利略不变型方法,由 Jeong 和 Hussain[23]首次提出。在具体的应用中,常取 Lambda2 小于 0 的等值面来反映流场中的旋涡结构。图中的 Lambda2 等值面由涡量渲染。

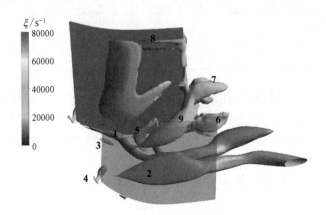

图 3 - 5　叶栅通道全局旋涡结构分布

可以看出,流场中有 9 个主要的旋涡结构,分布于通道近轮毂端区以及叶片吸力面附近,分别用数字 1 - 9 命名。下面将分别对这两个区域内旋涡的形成机理进行分析。

图 3 - 6 给出了近端区 B2B 平面流线。如图,通道中存在两条流动分离线。其中 SL_1 为叶片前缘间隙流与主流的交界线,SL_2 为叶片中后部间隙流与通道横向二次流的交界线。此外,在靠近压力面侧还存在一条流动再附线(AL)。

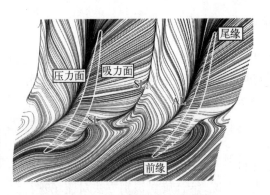

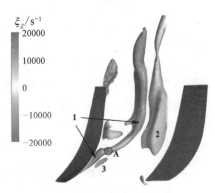

图 3 - 6　近轮毂 B2B 平面流线　　　　图 3 - 7　近轮毂旋涡结构

图 3 - 7 给出了使用 Lambda2 方法提取的近轮毂端区旋涡结构,等值面由轴向涡量渲染。结合图 3 - 6,端区流体在分离线位置离开轮毂,一部分向吸力面方向卷起形成泄漏涡,即旋涡 1;另一部分向相邻叶片压力面卷起形成通道涡,即旋涡 2,泄漏涡与通道涡旋向相反。泄漏涡在近吸力面处存在一个分界点 A;前段泄漏涡源自前段泄漏流与主流的相互作用,而后端泄漏涡源自中后部泄漏流与横向二次

流的相互作用。图 3 - 8 给出了垂直于旋涡 3 涡轴的截面流线。在近端壁泄漏流的剪切作用下,附面层内的低能流体形成了一个与泄漏涡旋向相反的旋涡 3。该旋涡结构即诱导涡(induced vortex, IV)[24-26]。

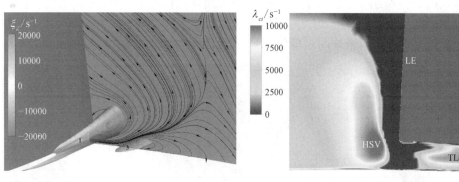

图 3 - 8　旋涡 3 垂直截面流线　　　　图 3 - 9　旋涡强度分布云图(旋涡 4)

图 3 - 5 中旋涡 4 为前缘马蹄涡压力面分支,该马蹄涡压力面分支在很短的轴向距离内消逝,未汇入通道涡。图 3 - 9 给出了叶根前缘过旋涡 4 截面的旋涡强度分布,旋涡强度定义见文献[27]。叶根前缘的高旋涡强度区源自前缘马蹄涡(horseshoe vortex, HSV),间隙内的高旋涡强度区则源于轮毂叶尖泄漏涡(tip leakage vortex, TLV)。马蹄涡起始于近轮毂壁面,其径向范围大概为 3 倍间隙尺寸,约 8.8%叶展。

图 3 - 10 给出了叶片吸力面极限流线分布。结合图 3 - 6 来看,叶栅通道前段泄漏流与主流交汇后,于图 3 - 6 中 SL_1 处分离向上卷起,并最终附着于吸力面上,形成再附线 AL。一部分再附流体在低叶展处形成泄漏涡;另一部分受径向压差影响,沿吸力面向高叶展迁移,并与来流相互作用诱发流动分离。在 60%叶高以上位置,叶片吸力面存在一条明显的分离线 SL_1。在 SL_1 的一端,来流与径向流动及尾缘附近的反流相互作用,缠绕卷起形成集中脱落涡,即图 3 - 5 中的旋涡 8,相应地在吸力面上形成一焦点 FP 及鞍点 SP。60%叶高以下部分属于典型的开式分离;尾缘角区附近,存在两个明显的反流区,反流与径向迁移流的相互作用导致吸力面流体发生第二次分离,形成第二条分离线 SL_2。

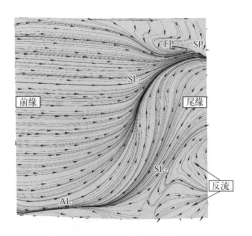

图 3 - 10　吸力面极限流线分布

为了进一步探究旋涡 5、旋涡 6 和旋涡 10 的诱发机制,图 3-11 和图 3-12 分别给出了过泄漏涡涡核 B2B 截面径向涡量分布、叶片吸力面极限流线及 B2B 截面流线,图中直观地展示了两个旋向相反的旋涡 5 和旋涡 9。结合图 3-12 的流线分布以及图 3-11 的涡量分布可以判断,在吸力面 B 点(即角区气流分离点)附近,泄漏流与角区反流交汇;受反流冲击,泄漏涡在 A 点处发生破碎。在破碎区,反流卷吸泄漏流分别形成两个旋向相反的旋涡,即旋涡 5 和旋涡 10。

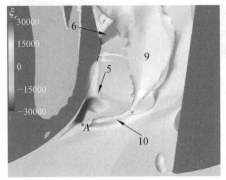
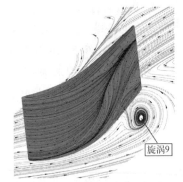

图 3-11　过泄漏涡涡核 B2B 截面径　　　　图 3-12　叶片吸力面极限流线,
　　　　向涡量分布　　　　　　　　　　　　　　　泄漏涡 B2B 截面流线

从图 3-12 中还可以看到,受吸/压力面压差驱动,压力面侧气流在叶片尾缘附近向相邻通道吸力面偏转,形成尾缘反流,并在对应角区两个反流区处分别形成两个尾缘脱落涡,即旋涡 6 与旋涡 7。

图 3-13 给出了吸力面侧旋涡径向涡量分布。可以看出,旋涡 9 具有很高的正涡量,其一端与旋涡 10 相连,另一端接至尾缘脱落涡 7,其范围内含于整个角区分离区内。图 3-14 给出了叶片吸力面极限流线及过旋涡 9 涡轴 B2B 截面的流线分布。可以看出,主流与角区反流在角区的相互作用是旋涡 9 的诱发机制,旋涡 9 即为角区分离涡(corner separation vortex,CSV)。

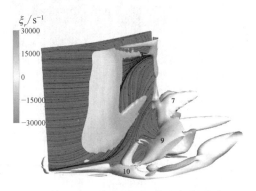

图 3-13　吸力面侧旋涡径向涡量分布　　　图 3-14　叶片吸力面极限流线、旋涡
　　　　　　　　　　　　　　　　　　　　　　　9 的 B2B 截面流线

值得一提的是,虽然角区分离涡与旋涡 10 在 Lambda2 等值面图上是相连的,但二者的诱发机制却是完全不同的。在 10%叶展以下区域,泄漏流与反流相互作用占主导;而在 10%叶展以上区域,主流与反流的相互作用占主导。

2. 进气攻角增大对通道旋涡机构的影响分析

为了探究来流攻角增大导致的通道涡系结构的演变,以下将分别对 2°、6° 及 9° 三个不同攻角工况中旋涡结构、壁面拓扑以及损失分布进行研究。

由图 3 - 15 给出的不同攻角下叶栅通道旋涡结构分布可以看出,随着攻角增大,通道内各旋涡尺度发生了很大变化,但并未观察到有新的旋涡结构产生。具体来说,旋涡的演变主要体现在以下几个方面:

(1) 泄漏涡流向尺度变小,破碎位置向上游移动;

(2) 诱导涡尺度减小;

(3) 通道涡尺度增大并向上游和叶中发展,扩张的通道涡,沿流向在叶片前缘与马蹄涡压力面分支相连,沿展向与角区分离涡相连;

(4) 角区分离涡径向影响范围增大,且向吸力面通道内部延伸。

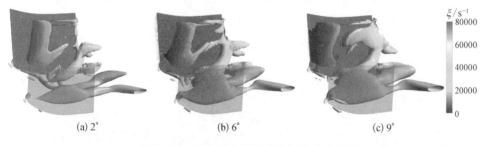

(a) 2°　　　　　　　(b) 6°　　　　　　　(c) 9°

图 3 - 15　不同攻角下通道旋涡结构分布

为了进一步澄清旋涡演变背后的流动机制,下面将对流场的流动拓扑进行分析研究。图 3 - 16 给出了不同攻角下近轮毂壁面极限流线,图中虚线示意泄漏流与主流的交界面。可以看出,在叶片前段吸力面侧,由于来流攻角增大,泄漏流与主流的交界面与叶片弦线的夹角增大,泄漏涡在叶栅通道内的流向纵深减小。由

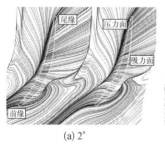
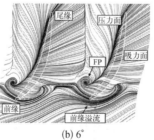
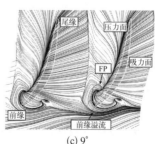

(a) 2°　　　　　　　(b) 6°　　　　　　　(c) 9°

图 3 - 16　不同攻角下近轮毂壁面极限流线

于诱导涡起源于泄漏涡对轮毂附面层内流体的诱导作用,小流向尺度泄漏涡自然导致诱导涡的流向尺度减小。

在6°和9°攻角工况,叶片前段压力面侧形成了一个不稳定焦点,参照针对旋涡三维流动分离拓扑的研究[28]可以得知,该焦点是通道涡的起始点。在大攻角工况,通道涡的起始点较小攻角工况向上游推进,这导致主流被逐步推出通道外。9°攻角工况,主流沿周向跨过叶片前缘,形成前缘间隙溢流[29]。

从图3-17中不同攻角下叶片吸力面流线分布来看,随着进气攻角的增大,吸力面反流区由2°攻角时仅在角区聚集发展至9°攻角时占据近60%轴线弦长及90%叶高的大片区域。分离区增大的最直接表现即为图3-15中分离涡范围的扩大。其中上部反流区(25%叶展以上)向叶片前缘的扩展最为明显;进口气流攻角的增加主要影响上部反流区的强度,反映在旋涡结构上即为图3-15中9°攻角工况的角区分离涡在高叶展处向吸力面通道内部延伸。受反流区挤压,由分离线AL引出的径向迁移流动减少,这导致2°攻角时吸力面上由主流和径向迁移流引起的分离线SL_1消失,取而代之的是主流与上部反流相互作用产生的分离线SL_2。此外,泄漏涡的破碎源于角区反流对泄漏涡的冲击,在图3-17中可以发现,近轮毂位置的分离点随攻角增大不断向叶片前缘移动,这从侧面证实了泄漏涡的破碎位置随攻角增大向通道上游发展。

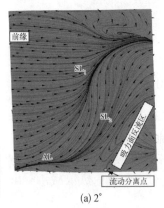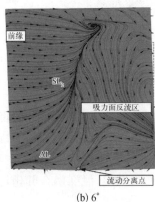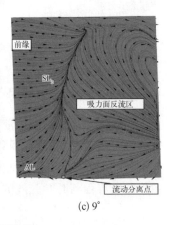

(a) 2°　　　　　　　(b) 6°　　　　　　　(c) 9°

图3-17　不同攻角下叶片吸力面极限流线

为了对泄漏涡破碎点的迁移有一个更加直观的认识,图3-18给出了过泄漏涡涡轴的B2B截面旋涡强度分布。沿泄漏涡轴线,旋涡强度梯度的模值最大点为破碎起始点并在图中用黑色圆圈标注。随着攻角的增大,泄漏涡破碎起始点经历了33%→21%→13%轴向弦长的迁移过程,在此过程中还伴随着旋涡强度的减弱。

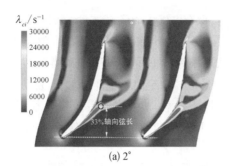

(a) 2°

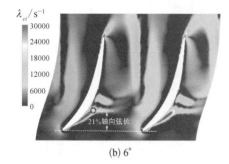

(b) 6°

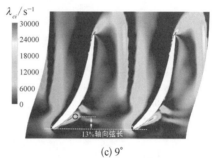

(c) 9°

图 3-18　不同攻角下过泄漏涡涡轴 B2B 截面的旋涡强度分布(4%叶展)

3.2.2　环形叶栅流场数据挖掘方法评估

以二维平面叶栅为例,本节将对比 3.1 节中两种数据挖掘手段在流场分析方面的优势与不足,为下面基于数据挖掘的流场分析工作的开展打下基础。该二维叶栅网格总节点数为 7 万,计算域网格及边界条件配置如图 3-19 所示。为了评估两种方法对流场特征频率的捕捉能力,构造人工函数 $f(t)$ 如下作为进口总压边界条件,出口给定面平均静压。

$$f(t) = 10\,000 + 1\,000 \cdot \sin\left(\frac{6t}{2T \cdot 180\pi}\right) + 1\,000 \cdot \sin\left(\frac{9t}{2T \cdot 180\pi}\right)$$

$$(3-18)$$

式中,t 为当地时间步长;T 为物理时间步长。

图 3-19　叶栅二维模型网格、边界条件配置及监测点位置示意

非定常计算收敛后,保存 2 000 个稳定波动的周期性流场进行流场挖掘,每个快照的时间间隔为 10^{-4} s,频率分辨率为 5 Hz。在尾缘下游设置数值监测点,将监测点的数据频谱分析结果作为数据挖掘方法准确性的校正基准,监测点的位置如图 3 – 19 中圆点所示。图 3 – 20 给出了监测点静压波动的 FFT 结果。可以看出,流场中存在 6 个非定常特征频率,其中两个主导频率为 830.1 Hz 和 1 249 Hz,其余 418.5 Hz、1 667 Hz、2 086 Hz、2 497 Hz 为强度较弱的次要频率成分。

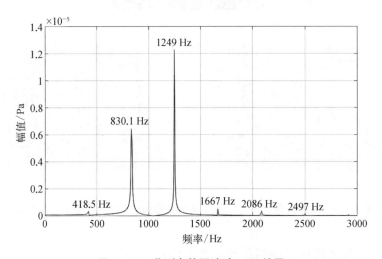

图 3 – 20　监测点静压波动 FFT 结果

对流场动态静压参数进行 DMD 分解,可以得到各流场模态的频率-能量特性,如图 3 – 21 所示。其中幅值最高且频率为 0 的零模态反映了流场的平均特性。除零模态,其他模态均为共轭模态,即每个模态均存在两个以频率 $f=0$ 轴对称分布的

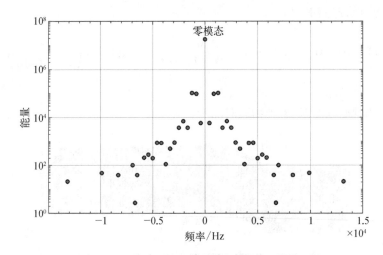

图 3 – 21　DMD 分解所得各模态的频率-能量特性

实部与虚部。实部与虚部表达的流场存在相位差,但是在具体的流动特征上差别不大[30],随后将只对实部特征值反映的流场进行分析。

　　为了更直观了解各模态的能量权重,图 3-22 给出了不同流场模态其能量在流场总能量中的占比。可以看出流场中的主导模态为 1~2 模态,能量之和占流场总能量的 90%。其中模态 1 的频率为 1 250 Hz,模态 2 的频率为 833.3 Hz。对比图 3-20 的 FFT 结果,DMD 分解结果准确地捕捉到了流场的主导频率以及次要频率,且各模态的能量分布与 FFT 结果吻合。

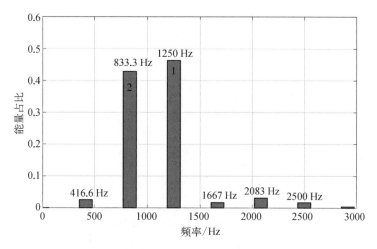

图 3-22　DMD 分解所得不同流场模态能量在流场总能量中的占比

　　图 3-23 给出了流场 POD 分解后得到按能量大小排列的不同模态。可以看到,前 3 模态能量之和占据了流场总能量的 80% 以上,为流场的主导模态。

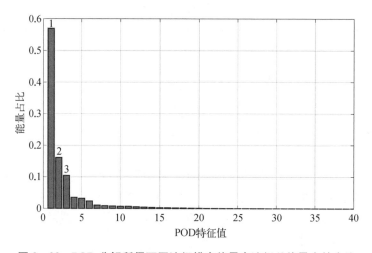

图 3-23　POD 分解所得不同流场模态能量在流场总能量中的占比

由于 POD 分解无法直接获取各模态的频率特性,因此需对各模态进行流场重构及流场预测后,再提取监测点位置处的静压波动信息进行 FFT 分解。图 3 - 24 给出经处理后得到的前 3 模态的 FFT 结果。可以看出,POD 分解同样可以捕捉到流场的 5 个非定常特征频率。

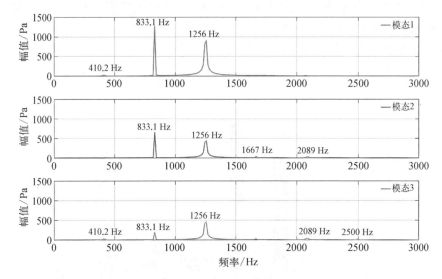

图 3 - 24　POD 分解前 3 模态幅频特性

表 3 - 2 给出了 DMD 及 POD 分解所得流场主导频率与 FFT 结果的对比,可以看出两种分解方法对于主特征频率的捕捉非常准确,最大误差仅为 0.56%,这证明两种方法的有效性。

表 3 - 2　不同方法提取流场主导频率对比

方　法	f_1	f_2	Error(f_1)	Error(f_2)
FFT	1 249 Hz	830.1 Hz	—	—
DMD	1 250 Hz	833.3 Hz	0.08%	0.39%
POD	1 256 Hz	833.1 Hz	0.56%	0.36%

对比图 3 - 22 与图 3 - 24 可知,DMD 求解后所得每一个模态均对应单一特征频率,单一模态表征的是某孤立的流场特征,而 POD 分解所得的各模态均含有多个特征频率,即其单一模态是由多个不同的流动结构耦合而成的,这也是 DMD 和 POD 的一个主要区别。

图 3 - 25 分别给出了 DMD 和 POD 分解模态 1 的静压流场重构图。可以看

出,二者给出的重构流场中主要特征相似,如图中 1、3 所示的低压区及 2 所示的高压区,但在量值上则存在差异。相似性来自二者流场中均含有 1 250 Hz 的主导流动频率,而差异性则源自 POD 结果中除 1 250 Hz 频率外还受多个其他频率组分影响。

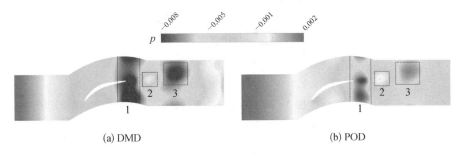

(a) DMD　　　　　　　　　　　　　(b) POD

图 3-25　DMD 和 POD 分解模态 1 的静压流场重构图

综上,DMD 和 POD 方法通过降阶算法都可以准确地提取流场中的主要流动特征。但 DMD 的每个模态对应单一特征频率,而 POD 各模态均包含多频率组分。从流场结构上讲,DMD 模态对应单频流动机制,而 POD 模态则表征多种流动机制的耦合作用结果。因此,应用 POD 方法可以直接提取流场中的主要脉动结构,但却无法给出不同频率组分所对应的流场信息;相比之下 DMD 方法将流场信息按照频率特性分解,对比各个特征频率的能量占比确定流场主阶模态及特征频率,之后通过流场重构将特征频率映射到流场流动结构上,使研究者对于流场不同频率的脉动源有一个清楚的认识。从这个角度来讲,DMD 较 POD 更有优势。

3.2.3　涡破碎诱导环形叶栅叶尖流场非定常性机理

本小节的研究将引入 DMD 方法,遵循信号分析→DMD 分解→流动重构的技术路线对环形叶栅流场非定常特性进行研究。以解决两个问题为目标:① 通过 DMD 方法探究流场非定常流动结构,澄清流场非定常脉动背后的流动机制;② 找出流场从无脉动到产生脉动发展过程中的决定性诱因,揭示流场非定常性的起源。

1. 流场非定常波动触发位置分析

图 3-26 给出了实验测量出口总压损失系数随攻角的变化。在进气攻角从 8° 向 10° 变化过程中,总压损失系数突增,这说明流场中发生了关键的流动结构变化。由于实验中无法给出更详细信息,下面将结合数值模拟对这一突变进行分析。

图 3-27 给出了不同攻角流场出口流量 FFT 结果图。FFT 分析的采样点数为 7 168,采样频率为 50 000 Hz,频率分辨率为 6.98 Hz。可以看出,随着攻角的增大,流场在 9.5° 攻角时首先出现了非定常流量波动。流场中主要存在两种不同频率的非定常波动,分别为 1 049 Hz 和 2 099 Hz。不同工况下,非定常波动的特征频率相同,但幅值随攻角增大而增大。

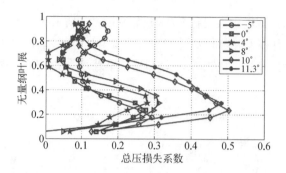

图 3 - 26   总压损失系数分布

实验测量,不同攻角[4]

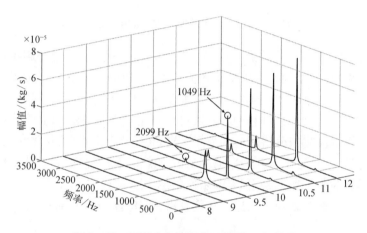

图 3 - 27   不同攻角流场出口流量 FFT 结果

为进一步探究非定常波动的起始位置,以 9°攻角工况为参照对 9.5°工况下流场的脉动情况进行详细分析。

图 3 - 28 给出了两个工况叶片吸/压力面静压标准差分布,通过对比可以发现,9.5°攻角工况时,不论叶片吸力面或是压力面都出现了压力波动;而在 9°攻角工况则未观察到压力波动。其中 9.5°攻角工况中,在吸力面侧,压力波动集中于泄漏涡(图中 1 区域)以及泄漏涡破碎引起的近吸力面径向涡段处(图中 2 区域);在压力面侧压力波动则集中于轮毂前缘(图中黑色圆圈),即通道涡的起始点处,同时也是马蹄涡压力面分支的作用位置。

图 3 - 29 给出了两个工况轮毂静压标准差分布。9°攻角工况的流场在时间及空间尺度上均匀分布,而 9.5°工况的轮毂面上则出现了静压脉动。高脉动区域主要分布于通道涡的起始位置 1 和前段泄漏涡 2 处。此外,诱导涡 3 处、泄漏涡破碎区 4 处及后段泄漏涡 5 处也存在一定强度的静压脉动。这与图 3 - 28 中的静压脉动分布一致。

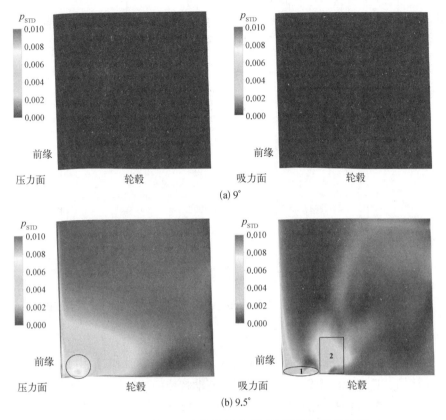

图 3-28　两个工况叶片吸力面、压力面静压标准差分布

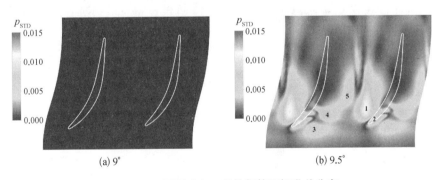

图 3-29　不同攻角工况轮毂静压标准差分布

图 3-30 给出了两个工况距叶片前缘 1 mm,1% 叶高处数值静压探针的 FFT 结果对比。FFT 分析的采样点数为 7 168,采样频率为 50 000 Hz,频率分辨率为 6.98 Hz。可以看出,9°攻角工况未检测到压力波动,而 9.5°攻角工况则存在以 1 032 Hz 为主导的压力波动,此外还监测到了 2 072 Hz、3 104 Hz 两次要频率。注意到探针的 FFT 结果与图 3-27 的出口流量 FFT 结果在频率上存在细微的差别,

究其原因是探针的 FFT 结果反映的是局部流场的非定常特征,而出口流量波动反映的是流场整体的非定常特性。

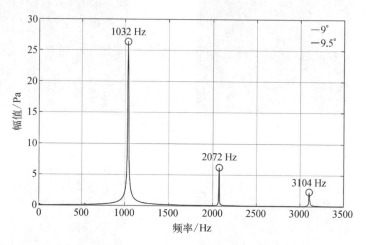

图 3 - 30 两个工况叶片前缘 1 mm、1%叶高处探针静压的 FFT 对比图

2. 流场 DMD 分析

为了进一步确定 9.5°攻角时非定常流场的主导流动结构,采用 DMD 方法分解非定常流场。选取 500 个轮毂面快照用于流动特性的数据挖掘。每个快照的时间间隔为 $5\tau^*(10^{-4}\ s)$,对应 DMD 频率分辨率为 20 Hz。

图 3 - 31 给出了对轮毂面涡量进行动态模态分解后,各个流动模态的能量占比。可以看出流场的主阶模态为 1~3 模态,对应频率为 1 036 Hz、2 072 Hz 和

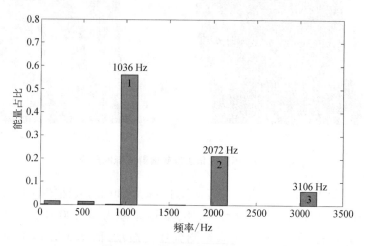

图 3 - 31 各流动模态能量占比

---

* 本书中 τ 为单位时间步长。

3 106 Hz,模态 1 为流场的基频模态,模态 2、模态 3 为其倍频,这与图 3-30 中给出的频率特征基本吻合。这 1~3 模态的能量之和占总模态能量的 90%,因此进一步的研究工作将围绕这三种模态开展。

图 3-32 给出了 DMD 特征值在单位圆上的分布,需要说明的是特征值位于单位圆上及圆内的模态为稳定模态;而位于圆外的为非稳定模态,其脉动能量会随时间的推移而逐步增强。可以看出所有的特征值均分布在单位圆上及圆内,说明这些模态均为稳定模态。

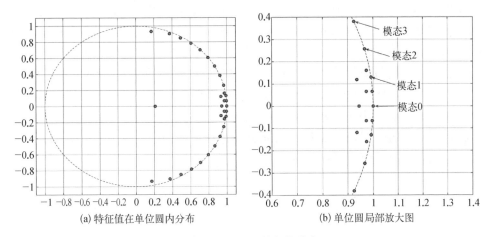

(a) 特征值在单位圆内分布   (b) 单位圆局部放大图

图 3-32 DMD 特征值分布

表 3-3 给出了主模态的物性参数。可以看出,1~3 模态发展率均接近 0,这表明其为稳定的周期性变化模态。理论上稳定模态的增长率应该为 0,而这些极小的增长率值代表了模拟过程中的数值误差。而模态 4、模态 5 的增长率值很高且为负值,表明其二者为能量逐渐衰减的模态。同时还可以看到,DMD 求解的模态频率与 FFT 分解得到的特征频率在频率值上存在一定的误差,该误差在以往的研究中都有出现[31,32]。其存在有两个原因:第一为模态分解过程中的误差累积[32];第二为流场快照样本容量较少导致的 DMD 频率分辨率不足(FFT 的样本数为 7 168,而 DMD 为 500)。

表 3-3 主模态特性

模态序号	频率/Hz	增长率/%	频率误差/%
1	1 036	-1.46	0.388
2	2 072	9.13	0
3	3 106	44.13	0.064

从物理机制上来讲,对一个已经充分发展且收敛的流场来说,所有模态的特征值应该都分布在单位圆上,同时其增长率都应趋近0。但从已有的数值模拟研究来看,很多研究工作中都存在部分特征值不在单位圆上的情况[31,32]。通过对收敛曲线的研究可以发现,虽然收敛过程呈周期性,但各个波动周期并不是完全相同的,存在细微的差别。这意味着收敛工况并不存在一个恒定的收敛周期,即收敛流场并非一个严格周期性波动的流场,而周期上的细微差别也就导致了这些高增长率模态的出现。

图 3-33~图 3-35 分别给出了轮毂面静压、速度 DMD 分解后各模态的流场重构图。从图中来看,模态 1 提供了流场主导流动结构的信息,模态 2 和模态 3 中正负物理量的交替排布则表征了特定流动结构的发展轨迹。在模态 1 的流场重构图中可以看到,轮毂面附近流场的主导流动结构为前段泄漏涡 1,泄漏涡破碎区 2,后段泄漏涡 3 以及通道涡 4。模态 2 和模态 3 的流场重构图显示,前段泄漏涡存在周向的迁移运动(图中 I 区域),反映在流场中即为前段泄漏涡的摆动;后段泄漏涡存在沿轴向的迁移(图中 II 区域);通道涡存在沿流向的迁移(图中 III 区域);泄漏涡破碎区沿周向迁移(图中 IV 区域)。

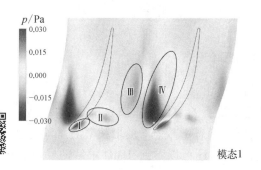 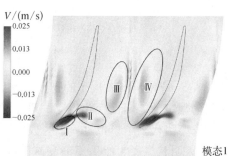

图 3-33 模态 1 压力、速度流场重构图

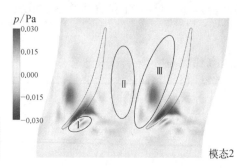 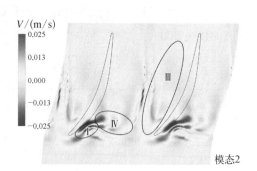

图 3-34 模态 2 压力、速度流场重构图

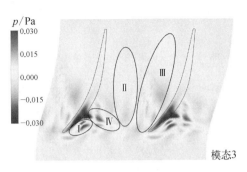
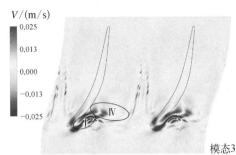

图 3 - 35　模态 3 压力、速度流场重构图

3. 流场非定常波动机制

由上述分析可知,流场中非定常波动的主导模态为模态 1。为了解释非定常波动背后的流动机制,有必要重构该流场,探究该模态表征的流动发展演变。

图 3 - 36 给出了一个波动周期内,模态 1 的压力场重构图。图中,压力的模值代表压力脉动的大小;蓝色区域的出现代表区域压力降低,当下流场中,其表征旋涡的出现;红色区域的出现代表区域压力回升,表征旋涡的消失。从图中可以清楚地观察到前段泄漏涡的振荡,通道涡以及后段泄漏涡在通道中随时间前后摆动。其中,通道涡及后段泄漏涡的摆动是同相位的,即二者在通道中同进同退。结合 3.2.1 节中对旋涡结构的讨论,后段泄漏涡和通道涡是泄漏流与横向二次流碰撞后分别向相反方向缠绕所形成的,二者沿轴向的发展过程相互依附、相互促进。

与之相反,通道涡与前段泄漏涡的发展是相互抑制的,通道涡向上游的发展会极大阻塞前段泄漏流发展,削弱前段泄漏涡强度。图 3 - 37 给出了前段泄漏流流量(15%弦长范围内)随时间的变化,对比图 3 - 36,在 T_0 时刻,叶片压力面前缘的静压达到峰值,对应前段泄漏流流量最大,泄漏涡强度最强;在 T_1 时刻,压力面前缘开始出现低压区(图 3 - 36 中黑色线圈所示),相应地,通道涡开始对叶片前缘区域产生影响。$T_1 \sim T_3$ 时刻,压力面前缘压力逐渐降低,低压区逐渐扩大;该位置处通道涡强度逐渐增强,即通道涡逐渐向通道上游发展,伴随而来的是受通道涡阻塞作用的影响,泄漏流流量减小,泄漏涡强度减弱。在 T_3 时刻,通道涡处于其运动轨迹的最上游,叶片压力面前缘的静压达到最低值,对应前段泄漏流流量最小,泄漏涡强度最弱。$T_3 \sim T_7$ 时刻,通道涡逐渐远离叶片压力面前缘向通道下游移动,其对叶片压力面前缘的阻塞作用减弱,前段泄漏流流量逐渐恢复,泄漏涡的强度也由弱变强。T_7 时刻与 T_0 时刻的流场基本吻合,这证明流场从 $T_0 \sim T_7$ 经历了一个周期性的变化。

此外,从图 3 - 36 中可以看到,$T_0 \sim T_3$ 时刻,泄漏涡破碎区域存在一个低压区(图 3 - 36 中红色线圈标注),该低压区随时间向相邻叶片压力面迁移,在其靠近相邻叶片压力面的过程中会诱导通道涡的形成。该低压区的周期性迁移导致通道涡

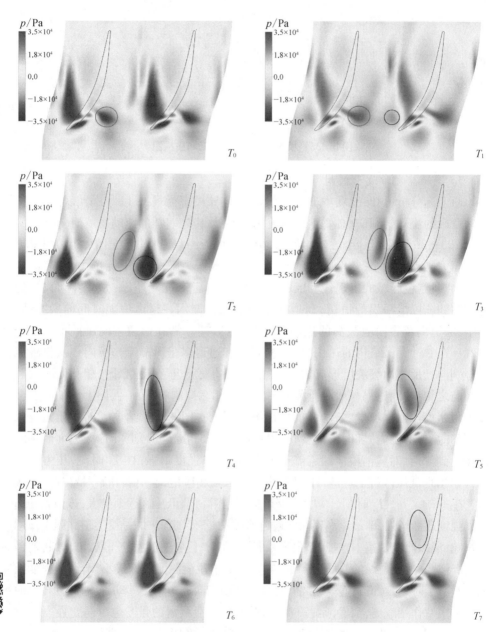

图 3-36　一个波动周期内轮毂面的模态 1 压力场重构图

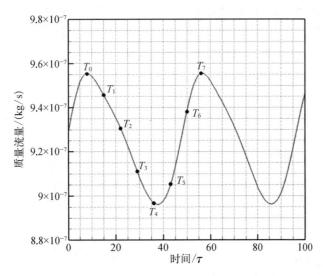

图 3 - 37　前段泄漏流流量(15%弦长范围内)随时间的变化

前后摆动;这影响叶片压力面前缘流体的流通情况,从而导致泄漏涡的振荡。因此,$9.5°$攻角工况下,受通道涡摆动及其阻塞效应的影响,前段泄漏涡强度随时间振荡;泄漏涡破碎并不是一个稳定状态,而是随泄漏涡强度波动的非稳定状态。

　　为了揭示图 3 - 36 中低压区的诱发机制,图 3 - 38 给出了一个波动周期内过泄漏涡涡轴 B2B 截面的径向涡量分布。泄漏涡破碎后形成的正涡量集中区 A 随时间推移沿周向运动。$T_0 \sim T_3$ 时刻,涡量集中区 A 向叶片 2 压力面移动;T_3 时刻,涡量集中区 A 移动至近通道中部;之后其涡量逐渐减弱,与通道涡关联也逐渐变弱并与后段泄漏涡融合;T_7 时刻,新的涡量集中区 A 产生于叶片 1 吸力面侧。

　　为了对涡量集中区 A 的迁移过程有一个更直观的理解,图 3 - 39 给出了一个波动周期内 0 ~ 9%叶展范围内近轮毂涡系分布。为区分涡量集中区 A,图中用 Lambda2 准则提取的旋涡结构使用径向涡量渲染。参考图 3 - 38,泄漏涡破碎后形成的正涡量涡段是涡量集中区 A 产生的原因,该涡即破碎诱导涡(breakdown induced vortex-positive, BIV - P)。BIV - P 沿周向传播至近通道中部时会诱导相邻叶片压力面通道涡前移;伴随其强度降低,BIV - P 与通道涡前移的关联消失,前缘附近通道涡强度逐渐减弱至消失,通道涡起始点后移。总之,BIV - P 的产生及周向迁移导致通道涡起始位置的前后摆动。

　　进一步分析 BIV - P 周期性波动的原因。图 3 - 39 中,两个径向涡量相反的涡量集中区表征泄漏涡破碎[33,34]。以一个周期内的流场波动为例,由于泄漏流流量变化与旋涡破碎后 BIV - P 的形成存在一定时间差,T_1 时刻,BIV - P 最强,其尾端与通道涡相连,并影响通道涡的起始。$T_1 \sim T_2$ 时刻,随着泄漏流流量的降低,泄漏涡持续减弱;BIV-P 的影响范围也随之减小,并在泄漏流的推动下向相邻叶片压力面迁移。T_3 时刻,强度过低的泄漏涡未发生破碎,BIV-P 从破碎区彻底分裂开来。$T_4 \sim T_5$ 时刻泄漏流涡强度仍处于低位,流场中未发生泄漏涡破碎。T_6 时刻,泄漏流流量升至高位,对应涡强度较强,涡破碎发生,新的 BIV-P 在破碎区出现。如此便形成了一个 BIV-P 的自诱导周期性变化。

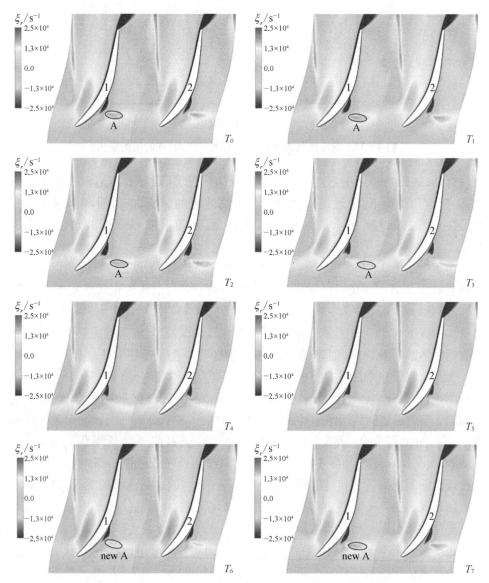

图 3-38　一个波动周期内过泄漏涡涡轴 B2B 截面的径向涡量分布

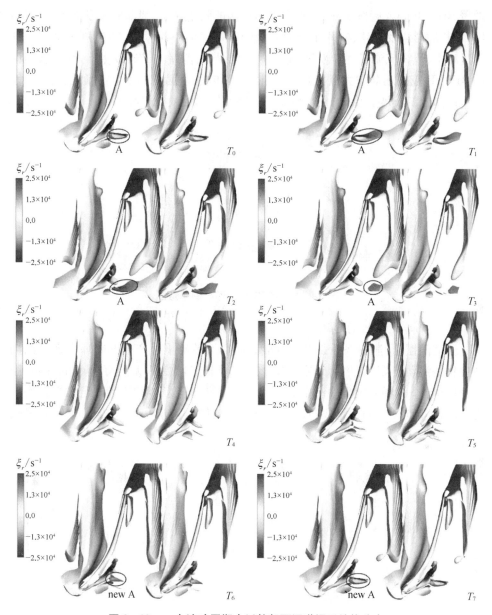

图 3 - 39　一个波动周期内近轮毂面通道涡系结构分布

　　综上,9.5°攻角的流场非定常波动机制归纳如图 3 - 40:首先通道涡的起始位置存在周期性的前后波动,在其向上游推进的过程中,阻塞叶片前缘的近压力面流动,削弱泄漏涡强度;这导致涡破碎现象逐渐衰减以至消失,破碎区内的 BIV - P 逐渐从破碎区中脱离开来,并在泄漏流的推动下向相邻叶片压力面发展。在 BIV - P 沿周向迁移并逐渐靠近压力面前缘的过程中,通道涡起始位置向上游推进。之后,随着 BIV-P 融入后段泄漏涡,加之受通道涡的阻塞作用,泄漏涡未发生破碎,无新 BIV-P 的形成及迁移;叶片压力面前缘的通道涡向下游移动,强度逐渐减弱。这个过程中,泄漏流流量逐步恢复,泄漏涡强度提高,泄漏涡破碎发生。此时,破碎区的 BIV-P 范围逐渐增大至与通道涡相连并影响通道涡的起始位置,通道涡的起始点再次向上游发展。由此,便形成了一个闭环周期性变化过程。

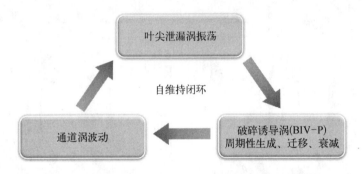

图 3-40 非定常性起源机制示意图

4. 流场非定常性的起源

通道涡摆动、泄漏涡振荡以及泄漏涡周期性破碎耦合产生的闭环自诱导周期性变化是流动非定常性的成因。为分析流场非定常性从无到有的产生机制,图 3-41 对比了流场非定常性产生前最后一个工况(9°攻角)和流场非定常性首次出现工况(9.5°攻角)的近轮毂涡系。其中图 3-41(b)对应 9.5°攻角下 BIV-P 最强的时刻(T_2 时刻)流动。

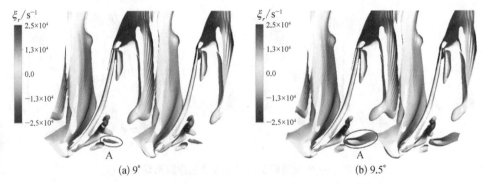

图 3-41 9°和 9.5°攻角工况近轮毂面通道涡系结构对比

两个工况的涡系区别最大之处在于 BIV-P 的影响范围。在 9.5°攻角工况,BIV-P 沿周向扩展并与通道涡相连;而在 9°攻角工况,BIV-P 的影响范围极小。这是由于攻角增大使得吸力面流动分离点前移,吸力面反流增强。此时,泄漏涡破碎点向上游移动;泄漏涡破碎后形成的涡量集中区范围增大。

诱发流场非定常性的关键因素即：泄漏涡破碎后形成的 BIV - P 是否能影响到通道涡。一旦该涡影响到了通道涡,就会触发整个流动系统产生上节中描述的自诱导周期性流场波动。

3.3 环形叶栅流场旋转不稳定性机理

环形叶栅流场旋转不稳定性(RI)的数值模拟基于图 3 - 42 所示的五通道网格开展。该叶栅 RI 现象的实验测量数据来自柏林工业大学航空发动机中心,考虑到 RI 的周向传播特性,实验分别在叶片前缘 -5 mm 及 -33 mm 位置各布置了 28 个周向均匀分布的动态压力传感器,如图 3 - 43 所示。

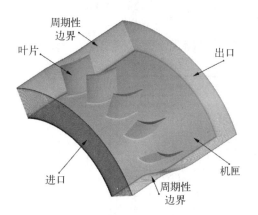

图 3 - 42 多通道网格配置

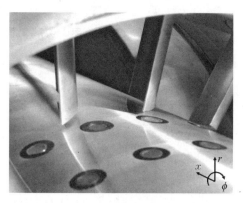

图 3 - 43 实验动态压力传感器布置[2]

由于实验中叶栅前缘 33 mm 处的探针监测到的 RI 信号较弱,因此在数值模拟中仅设置了叶栅前缘 5 mm 处的探针。为了提高信号的周向分辨率,数值模拟中对数值探针周向加密,单个通道内布置 5 个探针,相邻数值探针的周向夹角为 3°。此外,为了研究 RI 的径向影响范围,在 1%、10%、30%、60% 和 90% 叶高位置布置了周向探针。数值探针的布置方案见图 3 - 44。

3.3.1 典型工况下环形叶栅叶尖旋转不稳定性特征

图 3 - 45 给出了 11°攻角各通道叶片前缘探针静压脉动随时间的变化。不同通道的监测结果均呈现出周期性波动,且各通道的静压波动周期相同,为 62τ,这反映了流场的非定常性。横向对比各通道的探针监测结果,不同通道的静压波动存在一个固定相位差,为 50τ。相位差说明,通道内存在周向行波。为了进一步确认该周向行波是否为实验中的 RI,下面将结合实验测量结果对其物性参数进行验证,验证的主要目标为周向行波的传播方向和传播速度。

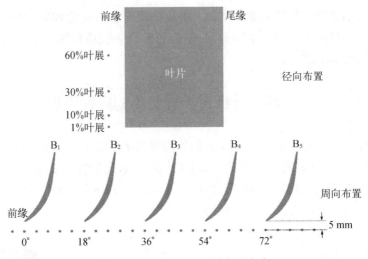

图 3-44　数值模拟探针布置方案

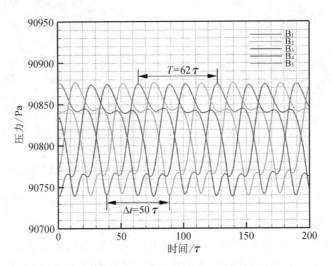

图 3-45　11°攻角各通道探针静压脉动

图 3-46 给出了各探针静压监测结果的互相关性分析,图中 1-X 表示对通道 1 与通道 X 信号取互相关。图中横坐标表示信号在时域的相位,正值表示相位提前,幅值表示相位迟滞;纵坐标表示无量纲的信号互相关系数,其绝对值越大表示两个信号的相关性越强。将相关性最高点连接起来就可以得到周向行波的传播轨迹。从图中给出的信息可以推断,周向行波的传播存在两种可能的方向和速度。虚线所示周向行波的传播方向为通道 1 至通道 5,通过一个通道的时间为 50τ;点划线所示周向行波的传播方向为通道 5 至通道 1,通过一个通道的时间为 13τ。该图的结果进一步证实了周向行波的存在,给出了周向行波可能的传播模式。但关

于周向行波确切的传播方向和速度还需结合流场细节来做进一步的判定。

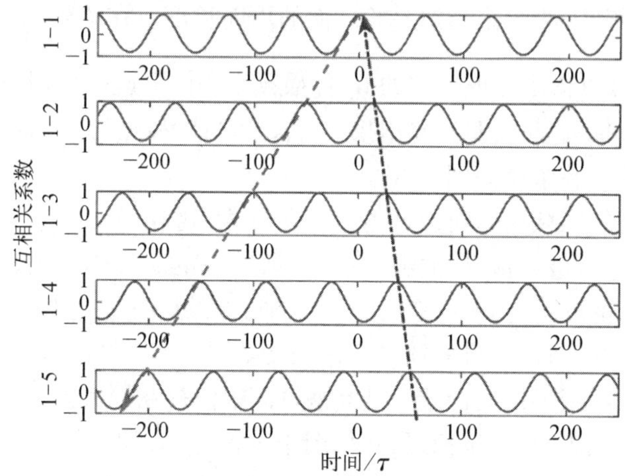

图 3 - 46　各通道前缘探针静压相关系数

为了进一步明确 RI 的传播方向,图 3 - 47 给出了周向不同相位、叶片前缘 1%叶高处探针监测的涡量及静压偏差随时间的变化。图 3 - 47 中横坐标表示物理时间步,纵坐标表示叶栅环面周向相位角,其中 0、18、36、54、72 相位值分别代表叶片 1 - 5 前缘位置,更多关于探针的相位分布详见图 3 - 44。静压偏差 $\tilde{p}$ 由以下公式给出:

$$\tilde{p} = p(\varphi, t) - \bar{p} \qquad (3-19)$$

式中,Φ 为相位角;t 为时间;θ 为计算域所占周向角度;$\bar{p}$ 为均值压力。

式(3 - 19)中均值压力 $\bar{p}$ 可以通过以下公式求得:

$$\bar{p} = \sum_{j=0}^{\theta} \sum_{i=0}^{t_{\max}} p(\varphi_j, t_i) \qquad (3-20)$$

从图 3 - 47 中可以看出,不同通道内的物理量波动在空间上存在一致性,但在时间上则存在固定的相位差,这说明叶栅各通道均处在同一周向行波的影响之下。

图 3 - 47(a)中清楚地描绘了该周向行波的传播轨迹,如箭头所示,其传播方向为通道 1 至通道 5,传播频率 $f_{\text{rot, CAL}}$ 和传播速度 $v_{\text{rot, CAL}}$ 分别由如下公式计算:

$$f_{\text{rot, CAL}} = \frac{\omega}{2\pi} = \frac{\Delta\varphi}{\Delta t 2\pi} \qquad (3-21)$$

$$v_{\text{rot, CAL}} = \frac{l}{\Delta t} \qquad (3-22)$$

以周向行波传播一个通道间距为例，$\Delta\varphi$ 为一个通道周向所占角度，Δt 为其经过一个通道的时间，l 为一个通道沿轮毂面的周向长度。在该叶栅中，$\Delta\varphi = \dfrac{1}{10}\pi$，$\Delta t = 50\tau$，由此可以得出数值模拟的 RI 传播频率和传播速度分别为 $f_{\text{rot, CAL}} = 50\ \text{Hz}$ 和 $v_{\text{rot, CAL}} = 27\ \text{m/s}$；这与实验测量结果 $f_{\text{rot, EXP}} = 52\ \text{Hz}$ 和 $v_{\text{rot, EXP}} = 28.1\ \text{m/s}^{[4]}$ 匹配，该周向行波即为实验中监测到的 RI。

图 3-47 高值区域在周向被低值区域所截断，这在静压偏差分布图中尤其明显。这说明，周向行波的流动结构在周向是非同一的。具体来说，在一个通道内，叶片前缘 0°~3° 范围内与 6°~18° 范围内周向行波的诱发源是不同的。

从图 3-47(a) 涡量分布来看，高涡量区在周向上随时间的变化基本上是呈现连续带状分布的。但不同周向位置处高涡量区幅值存在较大差别。大致可分为两部分：3°~10° 范围内，涡量幅值最高，如图中 1 区所示；10°~18° 范围内，涡量幅值较前者明显降低，如图中 2 区所示。导致这种涡量幅值呈阶梯分布的原因可能有两种：① 周向两个不同高涡量区由两种不同的流动结构导致；② 某高涡量的流动结构在周向传播过程中发生衰减。考虑到上述两个高涡量区内均存在涡量由低到高再降低的连续过程，即每个区域内均存在高涡量流动独立发展的过程，因此原因②可排除。从时间分布上来讲，3°~18° 范围内的任一周向固定位置处的涡量随时间存在较大波动，通道中存在高涡量流动的周期性扫略。

图 3-47(b) 中虚线区域标明了高涡量区的范围。时域上来看，在 3°~18° 范围内任一周向固定位置处，高涡量区经过造成压力降低；高涡量区通过后，局部压力再次回升。这说明，流场中高涡量区扫略影响局部压力分布。

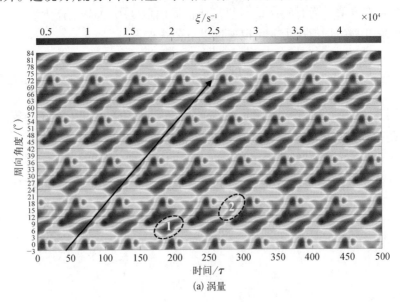

(a) 涡量

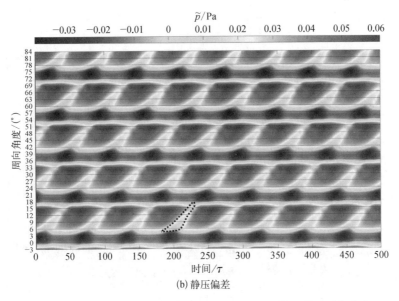

图 3-47　不同通道内叶片前缘 1%叶高探针监测物理量随时间分布

　　综上可知,流场中存在两种不同高涡量流动结构的周期性周向扫略,二者分别占据不同的周向范围,且在周向传播过程中伴随着各自不同的发展演变过程,这影响局部压力分布,形成低压区。

　　为完整揭示 RI 的物理机制,需要借助旋涡提取手段对瞬态流场中 3°~18°范围内对应的两个高涡量区进行深入分析,探究其背后的物理机制。

3.3.2　各攻角条件下环形叶栅旋转不稳定性触发机制对比

1. 11°攻角工况旋转不稳定性产生机制

首先确定 RI 的主要影响范围,以进一步从流场中提取其结构。

图 3-48 给出了不同叶高位置,叶片前-1 mm 处涡量的时空分布。可以看到,RI 的影响区域主要在叶根附近,近轮毂面处其强度最高;沿叶展方向,其影响严重衰退,在 60%叶高位置处已经无法观测到周向行波。

考虑到高涡量区域为高熵区,且存在周期性周向传播的特性,因而在其传播轨迹上必存在较高静熵波动。图 3-49 给出了轮毂静熵标准偏差分布,时域样本空间为 500,约 10 个波动周期。高静熵波动区主要分布在通道内上游及叶片前缘两个区域:通道内,高静熵波动来源于泄漏涡波动及破碎形成的高径向涡量涡段的周向迁移和通道涡波动,其为通道内非定常波动的主要诱因;叶片前缘处,沿周向延展的高静熵波动源自图 3-47 中高涡量区域的周向传播。

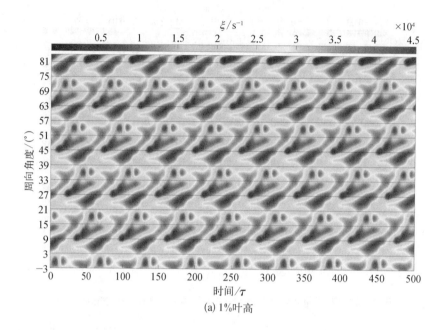

(a) 1%叶高

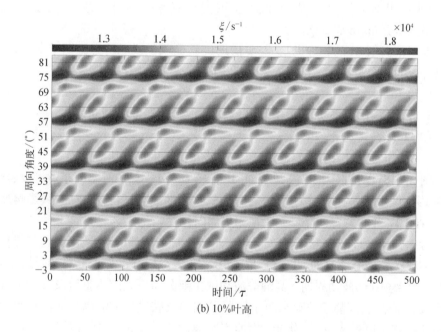

(b) 10%叶高

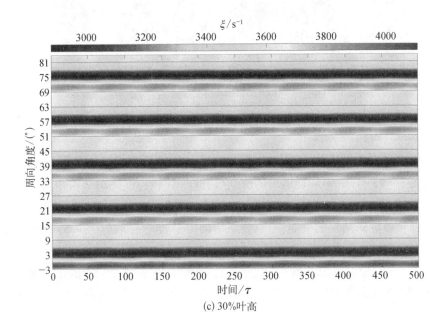

(c) 30%叶高

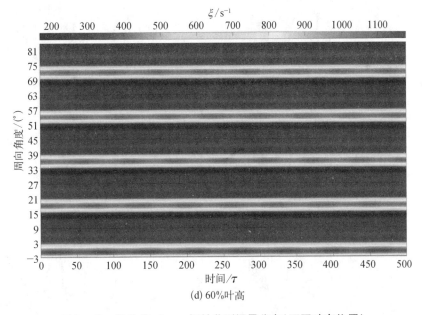

(d) 60%叶高

图 3-48　叶片前-1 mm 探针监测涡量分布(不同叶高位置)

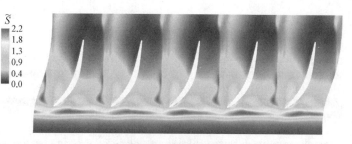

图 3 - 49 轮毂面静熵波动

下面将结合旋涡提取来揭示叶片前缘周向传播的高涡量区的结构与发展演变。由图 3 - 47 可知,不同通道中的流动虽存在相位差,但流动结构相同。为简化分析过程,以下的分析中把视角锁定在通道 3。图 3 - 50 给出了一个周期内 6 个特征时刻近轮毂旋涡结构的发展变化,旋涡结构由 Q 准则提取($Q = 1.83 \times 10^7$),图中圆点示意周向分布的数值探针位置。

从图 3 - 50 中可以观察到泄漏涡破碎后形成的高径向涡量破碎诱导涡(BIV - P)涡段及其周向传播的过程。在 BIV - P 的上游,存在一个周向传播的涡段(圆圈表

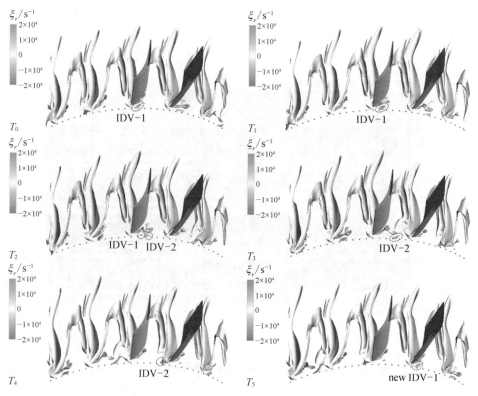

图 3 - 50 一个周期内近轮毂旋涡结构的发展变化

示)。T_0 时刻旋涡 1(IDV-1)位于叶片 3 前缘+3°处,该涡段形成后沿周向传播。T_2 时刻,新产生的旋涡 2(IDV-2)继续沿周向传播。T_5 时刻,旋涡 2(IDV-2)传播至相邻通道近叶片前缘位置;新旋涡 1(new IDV-1)又在叶片 4 前缘+3°位置出现。结合图 3-47 可知,两个高涡量区分别对应图 3-47 的旋涡 1 以及旋涡 2。其中旋涡 1 强度较旋涡 2 高。

　　基于 3.2 节中对流场旋涡结构的分析,可以判断旋涡 1 为诱导涡(IDV);该诱导涡沿周向传播,处于非稳定状态(图 3-50)。为进一步分析旋涡 1 的成因,图 3-51 展示了两个代表性时刻 T_1(有旋涡 1)以及 T_4(无旋涡 1),垂直于涡轴的截面速度矢量分布。T_1 时刻,叶片吸力面前缘处的附面层厚度远大于 T_4 时刻,更多的低能流体被泄漏涡诱导沿顺时针旋起,产生与泄漏涡旋向相反的诱导涡。$T_1 \sim T_4$,附面层厚度减小,近壁面低能流体减少,IDV 的诱发条件逐步丧失;IDV 无法维持其形态并在主流的推动下向相邻叶片传播。

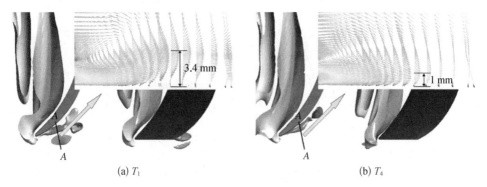

(a) T_1　　　　　　　　　　　　(b) T_4

图 3-51　不同时刻垂直于旋涡 1 涡轴的截面速度矢量分布

　　图 3-52 给出了 T_3 时刻垂直于旋涡 2 涡轴的截面 A-A 流线分布。对比图 3-50,图 3-52 中左侧旋涡为破碎诱导涡(BIV-P),中下部旋涡为旋涡 2。旋涡 2 的形成机制与诱导涡类似,即附面层内的低能流体受 BIV-P 的诱导作用沿顺时针方向卷起形成一个与 BIV-P 旋向相反的诱导旋涡。因此,为进行区分,将泄漏涡诱导产生的旋涡 1 命名为 IDV-1,将 BIV-P 诱导产生的旋涡 2 命名为 IDV-2。

　　综上,11°攻角下诱发叶片前缘 RI 的流动机制可以简单归纳为诱导涡的周向传

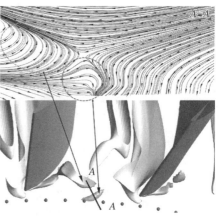

图 3-52　T_3 时刻,垂直于旋涡 2 涡轴的截面流线分布

播。具体来说,RI 在通道内的传播过程由两个在机制上存在延续性的过程组合而成:其一,由泄漏涡诱导产生的 IDV-1 由于当地附面层厚度的变化导致其不能维持在固定位置,在主流的推动作用下沿周向迁移;其二,当 IDV-1 移至近通道中部时遭遇 BIV-P,受其阻塞,IDV-1 强度减弱并逐渐耗散;此时,在 BIV-P 的另一侧,受其诱导作用产生一个新诱导涡——IDV-2;IDV-2 在 BIV-P 的推动下依然表现出周期性传播的特性。

2. 9.5°攻角工况流场非定常性及其诱发旋转不稳定性的机制

图 3-53 给出 9.5°攻角工况下各通道前缘探针测得的静压脉动。该工况下,RI 与流动非定常性同步出现。结合图 3-54 给出的静压监测结果互相关系数,流场波动周期为 62τ,通道间相位差为 49τ。

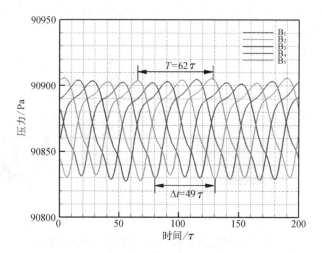

图 3-53   9.5°攻角各通道前缘探针静压脉动

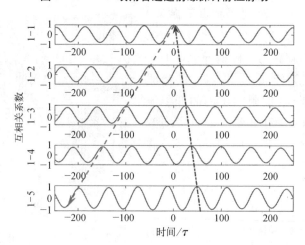

图 3-54   9.5°攻角各通道前缘探针静压互相关系数

图 3-55 展示了 9.5° 攻角下一个周期内流场旋涡结构的变化。T_1 时刻,BIV-P 在泄漏涡破碎区形成。$T_2 \sim T_3$ 时刻,BIV-P 沿周向迁移并与通道涡前缘关联,致使通道涡向上游发展。$T_4 \sim T_5$ 时刻,由于失去 BIV-P 的诱导作用,通道涡向下游移动。T_6 时刻,新的 BIV-P 出现。整个波动周期历时 62τ,与静压监测结果吻合。

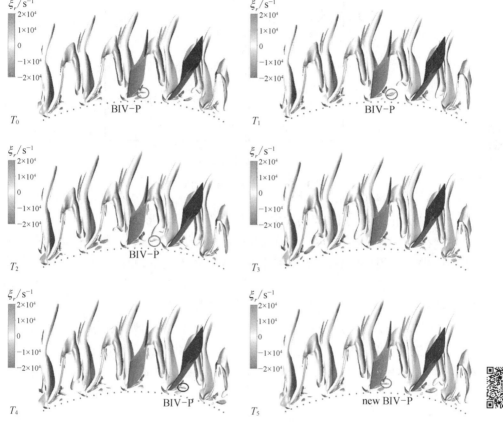

图 3-55　9.5° 攻角工况一个非定常周期内流场旋涡结构

进一步分析 BIV-P 在整个环面上的周向传播特性。BIV-P 的周向传播分两个阶段:① 单通道内传播,表现为 BIV-P 产生、周向迁移并与通道涡前缘关联的过程;② 扰动跨通道传播,但从流场结构上来看,该旋涡并无明显的传播行为。

为分析 BIV-P 的跨通道传播,以叶片 3 为例,图 3-56 给出了一个周期内叶片载荷随时间的变化。叶片载荷波动主要存在于前 10% 区域;$T_0 \sim T_2$ 时刻,受 BIV-P 诱导作用,通道涡向上游发展,叶片压差减小。之后,BIV-P 逐渐衰退,PV 向通道下游迁移,叶片压差逐渐恢复。T_5 时刻,叶片压差恢复至最大值,泄漏涡破碎现象重新发生。图 3-55 的 T_5 时刻流场也可以观察到通道 4 中吸力面新 BIV-P 的产生。BIV-P 的跨通道传播的关键为:与通道涡关联,影响相邻叶片载荷分

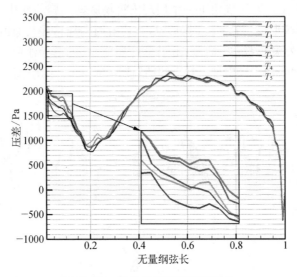

图 3-56　叶片 3 载荷随时间变化

布,动态调控相邻通道涡破碎的发生,诱发新 BIV-P 的形成。

　　11°和 9.5°两个工况的 RI 流动机制存在相似性和差异性。相似性体现在二者均存在 BIV-P 周向传播,差异性则体现在大攻角工况下,叶栅中还存在诱导涡周向传播现象。9.5°攻角工况下,泄漏涡诱导产生的 IDV-1 形成条件稳定,不表现周向传播特性;BIV-P 也没有诱导出沿周向传播的 IDV-2。

　　对于该叶栅来说,小攻角工况诱发流场非定常性的物理机制与诱发 RI 的机制相同。在整个叶栅环面上,旋转不稳定现象的通道内传播和跨通道传播分别对应不同的物理机制:① 在通道内,BIV-P 的迁移被视为通道内扰动周向传播的扰动源;② 跨通道传播时,BIV-P 与 PV 相互关联作用,引起相邻叶片前缘载荷波动,进一步导致泄漏涡间歇性破碎,借此形成跨通道传播。

　　在大攻角工况,RI 的机制则更为复杂,不仅存在小攻角工况下 BIV-P 的周向传播,也存在诱导涡的周向传播。由于进气攻角增大,IDV-1 的形成位置被推出通道外;受当地附面层厚度影响,IDV-1 不稳定在诱发位置,而是在主流推动下呈现出周向传播特性。BIV-P 也在另一侧诱导出一个新诱导涡 IDV-2;IDV-2 形成后在 BIV-P 的推动下沿周向传播。综上,大攻角工况下 RI 为 BIV-P 的周向传播及双诱导涡周向传播耦合作用的结果。

3.4　本 章 小 结

　　本章以高负荷悬臂环形叶栅为研究对象,对变攻角下流场中旋涡结构系统梳理,总结了间隙的引入对传统无轮毂间隙叶栅流场的旋涡分布影响。基于此,讨论了不同数据挖掘方法对流场特征的分辨能力,并结合数据挖掘方法对流场自激非定常流动机制及触发机理进行研究。最后,对流场中的 RI 进行了深入研究,意在澄清 RI 的诱发原因及传播机制,并揭示流场自激非定常性与 RI 的关联。

针对自激非定常性的研究总结如下。

(1) 悬臂叶栅流场中旋涡结构与无间隙叶栅流场不同:悬臂叶栅流场中的泄漏涡存在两种形成机制:前段泄漏涡源自泄漏流和主流的相互作用,随攻角增大发生破碎;后段泄漏涡则源自泄漏流和横向二次流的相互作用,其在通道内的发展对于通道涡有很强的抑制作用。变攻角情况下通道内旋涡类型未发生明显变化。

(2) POD 与 DMD 方法在流场特征提取中的对比:POD 分解后,每个 POD 模态携带的流场信息是由多个不同样本的流场构成,即不同空间的流场结构相互叠加来构成某一特殊的流场结构。而 DMD 方法则可以实现将原始瞬态的流动结构按照不同的时间频率特征进行分解,分解后的每一个 DMD 模态都包含各自对应时间频率的流场结构,进而认为每个模态在时间层面上是相互无关的。

虽然 POD 能将各模态按照能量排序,但 POD 模态包含多个流动频率,不适用于物理现象解释;DMD 模态的单倍频率特征更便于进行流动机理分析。POD 方法无法得到模态稳定性特征,而 DMD 方法则可得到各模态对应特征值、特征频率和稳定性参数。

(3) 基于 DMD 的流场非定常性诱发机制分析:流场中存在三个主模态,其能量之和占流场总能量的 90%。其中模态 1 为流场的主导模态,其表征流场的主导流动结构,模态 2 和模态 3 分别表征流场中部分次要流动结构。对模态 1 的流场重构显示流场非定常性源自流场中通道涡摆动、泄漏涡振荡和泄漏涡周期性破碎耦合产生的闭环自诱导周期性变化。泄漏涡破碎后形成的破碎诱导涡(BIV - P)与通道涡的关联作用为流场非定常性产生的关键;只有当涡破碎形成的 BIV - P 范围较大影响通道涡时,才会诱发流场非定常性。

(4) DMD 对比传统流场分析方法的优势:在输入端给定一定数量的流场快照,DMD 方法就可以在输出端获取流场的主导流动信息;借助流场重构可以快速复现主导流动结构随时间的演变过程。与传统方法相比,DMD 方法可以大幅降低在复杂的流场中筛选主导流动成分所消耗的时间成本,从而提高了分析效率。

针对 RI 机理的研究结论总结如下。

(1) 环形叶栅 RI 特征:采用与实验中相同探针布置策略,准确地捕捉到了流场中的周向行波的出现。借助探针监测结果推导了周向行波的传播参数与实验测量结果相符,证实了该周向行波即为 RI。

(2) 环形叶栅 RI 与流场非定常性的关联:该叶栅中 RI 与流场非定常性同步出现;破碎诱导涡(BIV - P)的周向传播及其与通道涡的相互作用构成了一个诱发

流场非定常性的自维持系统。BIV-P与通道涡关联会影响相邻通道涡破碎现象并诱发相邻通道 BIV-P 形成,这构成了 BIV-P 跨通道传播的模式。BIV-P 的通道内周向传播以及跨通道传播共同导致 RI 产生。

(3)泄漏涡破碎诱发 RI 的流动机制:不同攻角下,RI 的诱发机制存在差异。在流场非定常性首次出现的工况(9.5°攻角工况),RI 的诱因为泄漏涡破碎后形成的高径向涡量涡段(BIV-P)在通道内的周向传播。在 11°攻角工况,通道内存在 BIV-P 的周向传播;叶片前缘区域同时存在双诱导涡的周向传播,该工况下旋转不稳定现象为二者耦合作用的结果。

参考文献

[1] Weidenfeller J, Lawerenz M. Time resolved measurements in an annular compressor cascade with high aerodynamic loading[C]. Amsterdam:ASME Turbo Expo 2002:Power for Land, Sea, and Air, 2002.

[2] Pardowitz B, Tapken U, Enghardt L. Time-resolved rotating instability waves in an annular cascade[C]. Colorado Springs:18th AIAA/CEAS Aeroacoustics Conference (33rd AIAA Aeroacoustics Conference), 2012.

[3] Beselt C, van Rennings R, Thiele F, et al. Experimental and numerical investigation of rotating instability phenomenon in an axial compressor stator[C]. New Orleans:42nd AIAA Fluid Dynamics Conference and Exhibit, 2012.

[4] Beselt C, Peitsch D. Influence of Mach number and aerodynamic loading on rotating instability in an annular compressor cascade[C]. Copenhagen:ASME Turbo Expo:Power for Land, Sea, and Air, 2012.

[5] Beselt C, Pardowitz B, Rennings R V, et al. Influence of the clearance size on rotating instability in an axial compressor stator[C]. Lappeenranta:10th European Conference on Turbomachinery Fluid Dynamics and Thermodynamics, 2013.

[6] Pardowitz B, Tapken U, Sorge R, et al. Rotating instability in an annular cascade:Detailed analysis of the instationary flow phenomena[J]. Journal of Turbomachinery, 2014, 136 (6):061017.

[7] Lumley J L. The structure of inhomogeneous turbulent flows[C]. Moscow:Atmospheric Turbulence and Radio Wave Propagation, 1967.

[8] Willcox K E, Paduano J D, Peraire J, et al. Low order aerodynamic models for aeroelastic control of turbomachines[C]. St. Louis:40th Structures, Structural Dynamics, and Materials Conference and Exhibit, 1999.

[9] Ekici K, Hall K C. Fast estimation of unsteady flows in turbomachinery at multiple interblade phase angles[J]. AIAA Journal, 2006, 44(9):2136-2142.

[10] Cizmas P G A, Palacios A. Proper orthogonal decomposition of turbine rotor-stator interaction [J]. Journal of Propulsion and Power, 2003, 19(2):268-281.

[11] Luo J Q, Tang X, Duan Y H, et al. An iterative inverse design method of turbomachinery blades by using proper orthogonal decomposition[C]. Montreal:ASME Turbo Expo:Turbine

Technical Conference and Exposition, 2015.

[12] 杨晓建,胡晨星,竺晓程,等.离心压气机无叶扩压器非定常流动本征正交分解法[J].上海交通大学学报,2020,53(12):1450-1458.

[13] Xu H, Liu B, Cai L, et al. Influence of oscillating boundary layer suction on aerodynamic performance in highly-loaded compressor cascades[C]. Oslo: ASME Turbo Expo: Power for Land, Sea, and Air, 2018.

[14] Meng Q, Chen S, Ding S, et al. Large eddy simulation of pulsed blowing in a supersonic compressor cascade[J]. Journal of Applied Fluid Mechanics, 2020, 13(2): 479-490.

[15] 刘震雄.跨声速轴流压气机失速机理探究及失速过程的模态分解[J].动力工程学报,2020,40(1):23-30.

[16] Schmid P J, Sesterhenn J. Dynamic mode decomposition of numerical and experimental data [C]. San Antonio: 61st Annual Meeting of the APS Division of Fluid Dynamics, 2008.

[17] Sundstrm E, Semlitsch B, Mihaescu M. Assessment of the 3D flow in a centrifugal compressor using steady-state and unsteady flow solvers [C]. Birmingham: SAE 2014 International Powertrain, Fuels and Lubricants Meeting, 2014.

[18] 丁杰,胡晨星,刘鹏寅,等.无叶扩压器中非定常流动的 DMD 模态分析[J].动力工程学报,2017,37(6):447-453.

[19] Li F, Hu C X, Yang C, et al. Vortex trajectory prediction and mode analysis of compressor stall with strong non-uniformity[J]. Aerospace Science and Technology, 2020, 105: 106031.

[20] 吴亚东,李涛,赖生智.POD 和 DMD 方法分析不同间隙压气机旋转不稳定性特性[J].航空动力学报,2019,34(9):167-175.

[21] 胡佳伟,王掩刚,刘汉儒,等.压气机叶栅非定常分离流动的模态分解方法对比研究[J].西北工业大学学报,2020,38(1):121-129.

[22] An G Y, Wu Y H, Lang J H, et al. Investigation of flow unsteadiness in a highly-loaded compressor cascade using a dynamic mode decomposition method[J]. Chinese Journal of Aeronautics, 2022, 35(5): 275-290.

[23] Jeong J, Hussain F. On the identification of a vortex[J]. Journal of Fluid Mechanics, 1995, 285: 69-94.

[24] van Zante D E, Strazisar A J, Wood J R, et al. Recommendations for achieving accurate numerical simulation of tip clearance flows in transonic compressor rotors[J]. Journal of Turbomachinery, 2000, 122(4): 733-742.

[25] Gupta A, Khalid S A, McNulty G S, et al. Prediction of low speed compressor rotor flowfields with large tip clearances[C]. Atlanta: ASME Turbo Expo 2003, collocated with the 2003 International Joint Power Generation Conference, 2003.

[26] Williams R, Gregory-Smith D, He L. A study of large tip clearance flows in an axial compressor blade row[C]. Barcelona: ASME Turbo Expo 2006: Power for Land, Sea, and Air, 2006.

[27] Zhou J, Adrian R J, Balachandar S, et al. Mechanisms for generating coherent packets of hairpin vortices in channel flow[J]. Journal of Fluid Mechanics, 1999, 387: 353-396.

[28] Perry A E, Fairlie B D. Critical points in flow patterns[M]. Amsterdam: Elsevier, 1975.

[29] Vo H D. Role of tip clearance flow on axial compressor stability [D]. Cambridge:

Massachusetts Institute of Technology, 2001.

[30] Chen K K, Tu J H, Rowley C W. Variants of dynamic mode decomposition: Boundary condition, Koopman, and Fourier analyses[J]. Journal of Nonlinear Science, 2012, 22(6): 887 – 915.

[31] Li R Y, Gao L M, Zhao L, et al. Dominating unsteadiness flow structures in corner separation under high Mach number[J]. AIAA Journal, 2019, 57(7): 2923 – 2932.

[32] 寇家庆,张伟伟. 动力学模态分解及其在流体力学中的应用[J]. 空气动力学学报,2018, 36(2): 163 – 179.

[33] Sarpkaya T. On stationary and travelling vortex breakdowns[J]. Journal of Fluid Mechanics, 1971, 45(3): 545 – 559.

[34] Leibovich S. The structure of vortex breakdown[J]. Annual Review of Fluid Mechanics, 2003, 10(10): 221 – 246.

第4章

跨声速压气机转子叶尖泄漏涡破碎诱发
叶尖流动非定常性机理

在亚声速轴流压气机中,通道扩张产生的流向压升是叶尖泄漏涡破碎的主要诱因。第2章和第3章分别以平面叶栅和环形叶栅为研究对象对亚声速情况下的叶尖泄漏涡动态破碎及其导致的流动非定常性机理进行了深入探讨。

现代涡扇发动机中的风扇和核心压气机的前面级均采用跨声速设计,叶尖流道中存在很强的激波,在此种环境下激波产生的强逆压梯度是导致泄漏涡破碎的主要原因。现有研究表明,泄漏涡和激波干涉导致的涡破碎类型呈现多样性[1-2],但尚未有人对泄漏涡的不同破碎类型导致的流动非定常特性进行详细研究,对于跨声速情况下泄漏涡破碎诱发流场非定常性的细节过程同样缺乏认知。

本章选择业内具有代表性的跨声速压气机转子 Rotor 35 为例,首先通过单通道 RANS 和 URANS 数值模拟分析泄漏涡/激波相互作用后其内部流动特性的变化,总结跨声速压气机流场中典型的涡破碎特性,从泄漏涡破碎的角度出发,揭示了流场自激非定常性的起源机制,澄清了不同工况中流场自激非定常特性演变背后的流动机制。然后采用多通道 URANS 数值模拟方法进一步从泄漏涡破碎的角度揭示跨声速压气机转子中 RI 的诱发机制和传播特性,及其与流场非定常性之间的关联。

4.1 跨声速压气机转子叶尖流场自激非定常性特征

NASA Lewis 研究中心的公开算例-跨声速轴流压气机转子 Rotor 35 [3] 取自 Lewis 研究中心先进轴流风扇/压气机设计项目中某8级压气机的前面级,叶片数为36,转速 171 88.7 r/min,更多几何参数详见表 4-1。

图 4-1 展示了计算域拓扑划分及单通道网格示意图,网格量为238万。进口段与出口段分别延伸4倍叶顶轴向弦长,以消除边界反射对流场的影响。进口轴向进气给定总压和总温,出口给定面平均静压。通过增大出口背压来模拟压气机节流向失速边界点推进。所有固壁均给定绝热无滑移边界条件。RANS 和 URANS 数值模拟的湍流模型选择 $k-\varepsilon$ low $-Re$ 模型。数值模拟检验见文献[4]。

表 4 - 1　Rotor 35 主要几何参数

参　数	数　值
设计转速/(r/min)	17 188.7
叶尖线速度/(m/s)	454.5
轴向弦长/mm	27.2(叶尖)
	41.2(轮毂)
叶顶间隙/mm	0.356
叶片数	36
轮毂比	0.7
叶尖稠度	1.3
展弦比	1.19

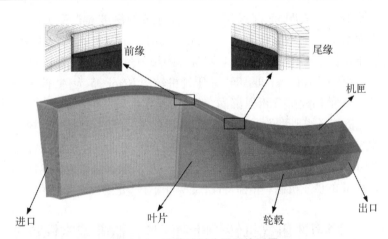

图 4 - 1　计算域划分及网格配置

4.1.1　流场非定常性总览

图 4 - 2 给出了非定常模拟的总压比特性图,其中 $U_1 \sim U_{10}$ 代表从中间工况至失速边界点的 10 个工况。图中实心方块代表非定常流场时均总压比,圆圈上的每一个点代表不同时刻下流场的瞬时总压比,总统计时长为 200 个物理时间步。可以看到, $U_1 \sim U_6$ 工况,瞬时总压比随时间基本保持不变;而 $U_7 \sim U_{10}$ 工况,瞬时总压比呈周期性变化,即这些工况的流场表现出全局非定常波动特性。

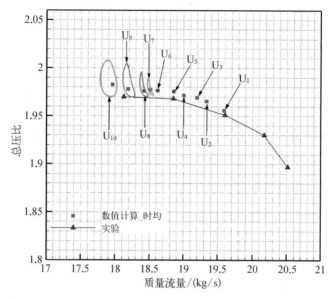

图 4－2　非定常模拟总压比特性

选取出口流量波动作为流场全局非定常性的一个参考量,图 4－3 给出了 10 个不同工况出口流量的波动频谱特性。图中可以观察到 3 个主要特征:

(1) 伴随着压气机向稳定边界的推进,出口流量的非定常波动最早出现在 U_5 工况,该 U_5 工况下流场波动幅值非常弱,故在图 4－2 中很难被观测到;

(2) 压气机向稳定边界迫近时,流场非定常性逐步增强;

(3) 总体来说,不同工况的出口流量波动可以按频率分为 3 类:第一类为 U_5 及 U_6 工况所呈现的特征频率为 0.96 BPF 的高频低振幅流量波动;第二类为 $U_7 \sim U_9$ 工况呈现的特征频率为 0.53 BPF 及其倍频的低频高振幅流量波动;第三类为 U_{10} 工况呈现的兼具 0.53 BPF、0.96 BPF 及其倍频、差频的流量波动[图 4－3(b)]。

上述特性进一步引出以下研究内容:

(1) $U_4 \sim U_5$ 工况非定常波动从无到有背后的流动机制;

(2) $U_5 \sim U_6$ 工况和 $U_7 \sim U_9$ 工况两种非定常波动频率所表征的流动机制;

(3) U_6 向 U_7 工况转变过程中,流场非定常特征频率及幅值突变的原因;

(4) U_{10} 工况,流场特征频率由单频变为双频的原因。

后面将围绕上述 4 个方面结合信号与流场数据展开分析。

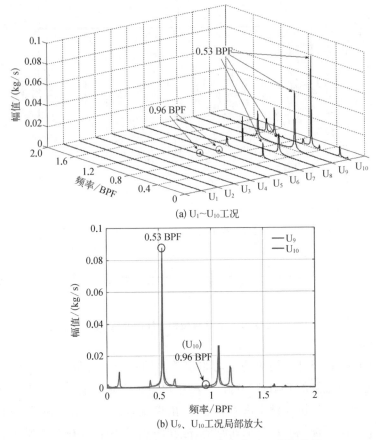

(a) $U_1 \sim U_{10}$ 工况

(b) U_9、U_{10} 工况局部放大

图 4 - 3　$U_1 \sim U_{10}$ 工况出口流量波动 FFT 分解结果

4.1.2　非定常波动最强区域分析

下面将以 U_5 和 U_7 两个工况为例,探究上述两种不同特征频率所表征的非定常波动在流场中的最强作用区域。图 4 - 4 和图 4 - 5 分别给出了 U_5 和 U_7 工况叶片表面静压标准差分布。静压标准差由以下公式计算所得:

$$p_{\mathrm{STD}} = \sqrt{\frac{1}{N} \sum_{i=1}^{N} (p_i - \bar{p})^2} \big/ (0.5\rho U_{\mathrm{t}}^2) \qquad (4-1)$$

式中,$\bar{p}$ 为时均静压值;N 为采样时刻数;ρ 为密度;U_{t} 为叶尖线速度。

静压标准差用来量化局部静压随时间的波动程度。如图 4 - 4 和图 4 - 5 所示,两个工况中,静压波动最强烈的区域均位于叶片压力面侧近叶顶前缘位置;U_7 工况中该区域面积大于 U_5 工况,如图中圆圈标注。此外,该处静压波动在 U_7 工况要明显强于 U_5 工况,二者相差一个量级以上,这与两个工况下出口流量波动幅值的对比保持一致。

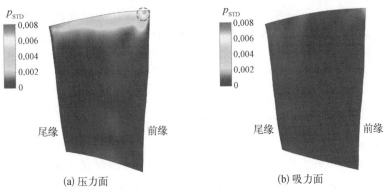

(a) 压力面　　　　　　　　　　　　　　(b) 吸力面

图 4-4　U₅ 工况叶片静压标准差分布

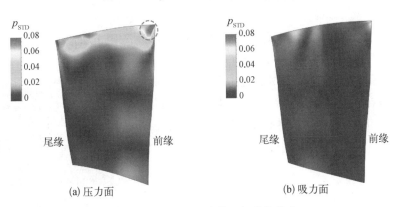

(a) 压力面　　　　　　　　　　　　　　(b) 吸力面

图 4-5　U₇ 工况叶片静压标准差分布

　　为了进一步量化压力波动最强区域的非定常频率特性,图 4-6 给出了位于该区域压力探针的 FFT 频谱图。可以看到,压力波动频率与各工况出口流量波动频

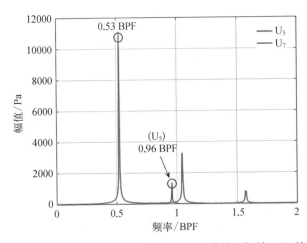

图 4-6　U₅ 和 U₇ 工况压力波动最强区域内静压探针 FFT 结果

率及幅值对比吻合。这说明,诱发压力面近叶顶前缘压力波动的流动机制与诱发出口流量波动的机制相同。考虑到该位置压力波动最为明显,可认为该位置为流场非定常波动的诱发位置。下面将从此处出发,分析流场非定常性的起源机制。

4.2 叶尖泄漏涡/激波相互作用机制及典型涡破碎机理分析

业内已有的研究表明,在跨声速环境中,激波与泄漏涡相互作用诱发的泄漏涡破碎与流场非定常性的产生具有紧密关联[1]。在本小节中将对泄漏涡与激波的相互作用机制及泄漏涡破碎特性进行深入分析。

4.2.1 典型叶尖泄漏涡破碎特性及自维持动态调节机制

1. 泄漏涡/激波相互作用机制研究

图4-7给出了特征向量法提取的流场泄漏涡涡核形态及垂直于涡轴截面的无量纲涡量分布,涡核通过标准螺旋度渲染。无量纲涡量的定义如下:

$$\xi_n = \frac{|\xi|}{2\Omega} \qquad (4-2)$$

式中,ξ 为涡量;Ω 为角速度。

螺旋度表征涡量与相对速度的夹角,其定义如下:

$$H = \frac{\xi \cdot W}{|\xi| \cdot |W|} \qquad (4-3)$$

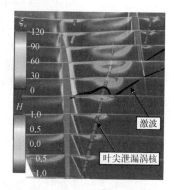

图4-7 U_1 工况泄漏涡形态

式中,W 为相对速度。

不同流向截面上的无量纲涡量分布清楚地显示了泄漏涡的影响区域及其向下游的发展演变。特征向量法提取的涡核轨迹正好位于高涡量区域的核心位置,这也证实了特征向量法提取涡核的有效性。

从截面涡量分布来看,在激波上游,泄漏涡为一个涡量集中区。经过激波后,受泄漏涡/激波干涉作用,涡核内轴向速度大幅减小。根据流量守恒定律,这势必导致径向和周向速度增加。涡核内的流体沿径向和周向迁移,涡核半径增大。因此,泄漏涡的集中涡量区消失,涡核膨胀;涡核膨胀程度在向下游发展的过程中逐渐增加,并逐步靠近叶片压力面。但 U_1 工况中,泄漏涡涡核轨迹并未由正至负,涡核轴线上有限体积的反流区未形成,涡破碎未发生。

图4-8给出了 U_1 工况98%叶高处B2B截面的流向涡量分布,该截面为过泄漏涡涡核中心截面。激波前,泄漏涡涡核为流向涡量集中区;经过激波后,如图

4－7 所示,泄漏涡涡核明显膨胀,根据角动量守恒定律,涡核直径的增大会导致旋涡角速度减小,进而导致流向涡量减小。故图 4－8 中集中涡量区消失。

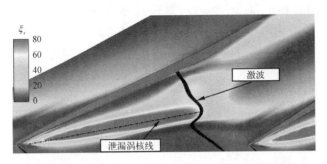

图 4－8　U₁ 工况 98％叶高 B2B 截面无量纲流向涡量分布

　　为了对激波后的泄漏涡膨胀区有一个更深认识,图 4－9 给出了 U₁ 工况中,涡核膨胀区内垂直于涡轴截面的径向及切向涡量分布。图 4－9(a)中,涡核被两个径向涡量集中区所包围。图 4－9(b)中也存在类似现象:正、负切向涡量集中区分别分布于泄漏涡涡核的上方与下方。结合图 4－8 分析,泄漏涡在经过激波后会发生涡量的重新分配,流向涡量急剧下降并向径向涡量与切向涡量转变。

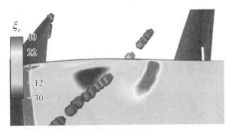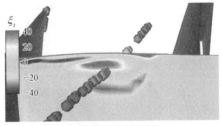

(a) 无量纲径向涡量　　　　　　　　　　　(b) 无量纲切向涡量

图 4－9　U₁ 工况涡核膨胀区内垂直于涡轴截面无量纲径向及切向涡量分布

2. 泄漏涡气泡式破碎特性研究

　　图 4－10 给出了 U₅ 工况泄漏涡涡核形态及垂直于涡轴截面的无量纲涡量分布,图中白色泡体为涡核轴线上相对流向速度小于 0 的区域。U₁ 工况中泄漏涡集中涡量区的消失、涡核的膨胀现象在 U₅ 工况中同样存在。不同的是,涡轴上螺旋度小于零的部分以及相对流向速度小于 0 的区域表明:U₅ 工况,涡核轴线上出现了反流区。上述特性充分满足了 Sarpkaya[5]、Leibovich[6]提出的涡破碎判定准则,证明泄漏涡在 U₅ 工况发生了破碎。

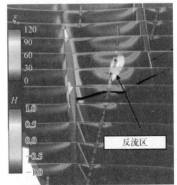

图 4－10　U₅ 工况泄漏涡形态

图 4-11 给出了 U_5 工况过泄漏涡涡核的 B2B 截面流线,图中使用相对速度绝对值渲染流线。结合图 4-10 可看出,破碎区流动呈现 4 个特性:① 破碎区在中心线上近似呈轴对称分布;② 涡轴两侧近似对称分布两旋向相反的旋涡区域;③ 破碎区内流体流速较低,其形态类似于被周围高速流体包裹的低能流体泡;④ 在低能流体泡的上下游分别存在一个速度滞止点,二者的连线与中心线平行。综合 Leibovich[6]、Brücker 和 Althaus[7] 的实验结果可以判断,U_5 工况下泄漏涡发生气泡式破碎。

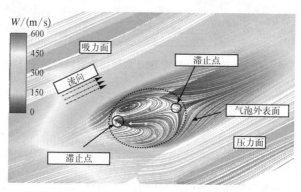

图 4-11　U_5 工况过泄漏涡涡核 B2B 截面流线

图 4-12 给出了 U_5 工况涡破碎区内垂直于涡轴截面无量纲径向及切向涡量分布。图 4-13 给出了气泡式破碎的结构示意图。径向与切向涡量集中区可以看作是包裹在反流区外的涡环,图 4-11 中的流线即涡环在 B2B 平面上的投影。

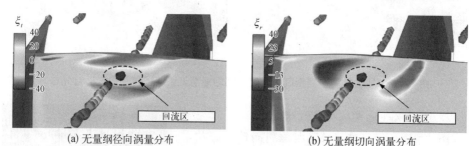

(a) 无量纲径向涡量分布　　　(b) 无量纲切向涡量分布

图 4-12　U_5 工况涡破碎区内垂直于涡轴截面无量纲径向及切向涡量分布

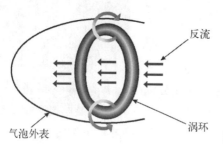

图 4-13　气泡式破碎结构示意图

3. 泄漏涡螺旋式破碎特性研究

图 4-14 给出了 U_7 工况泄漏涡涡核形态及垂直于涡轴截面的无量纲涡量分布。图中涡核膨胀、集中涡量的消失及反流区等特征清晰可见，即 U_7 工况下泄漏涡同样发生了破碎。不同于 U_5 工况，U_7 工况下泄漏涡的涡核线并不是平直的。激波后，涡核偏转并缠绕反流区向下游发展，最终在反流区末端恢复平直形态。

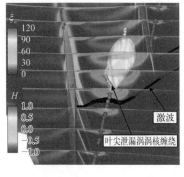

图 4-14 U_7 工况泄漏涡涡核形态

图 4-15 给出了 U_7 工况过泄漏涡涡核的 B2B 截面流线分布。两个涡量集中区不再对称分布于

中心线两侧而是产生了扭转。结合图 4-14 中的涡轴形态可知，泄漏涡在经过激波后向吸力面偏转并从图 4-15 中 A 点沿径向向下穿出，之后再次沿径向向叶顶转折并从 B 点向上穿出，从而在空间上呈现一个螺旋形态。结合 Brücker 和 Althaus[8] 的实验结果可判断，U_7 工况泄漏涡发生螺旋式破碎。

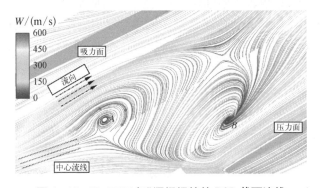

图 4-15 U_7 工况过泄漏涡涡核的 B2B 截面流线

为更好地展示螺旋式破碎的空间扭转，图 4-16 给出使用 Lambda2 方法提取的涡结构，图中可以清楚地观察到破碎区在空间扭转所形成的螺旋状涡段。

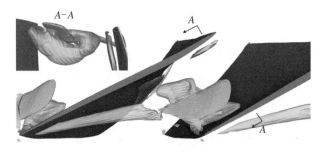

图 4-16 U_7 工况，Lambda2 方法提取叶顶旋涡结构图

4. 气泡式破碎自维持动态调节特性研究

在涡破碎发生工况,受破碎区内多种元素耦合作用影响,破碎区呈现出自维持动态变化的特性,如图 4-17 所示。

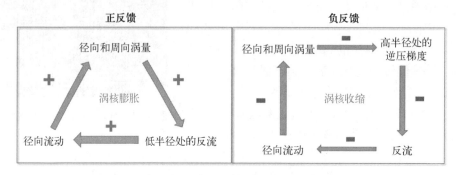

图 4-17 气泡式破碎自维持动态变化示意图

在激波/泄漏涡干涉作用下,涡核内部存在涡量从流向至径向、切向的重新分配。在涡破碎工况,以涡轴为中轴线,随着涡量从流向至径向、切向的转化,低半径处反流得以增强;反流的增强会导致更多流体沿径向扩张,造成涡核膨胀,加速涡量从流向至径向、切向的转化,进一步加强反流;由此,便形成了一个正反馈机制。在该机制作用下,破碎区尺度会无限膨胀。

为了维持系统平衡,破碎区内同样存在一个负反馈机制:径向、切向涡量的增强不仅加剧低半径处反流,而且会削弱高半径处逆压梯度;反流受到削弱,流体的径向移动减弱,涡核收缩,从而涡量从流向至径向和切向的转化进一步减少。伴随着负反馈的调节作用,涡核呈现收缩状态。

结合 Hall[9] 提出的准柱涡核理论,如果将涡环包裹的气泡状破碎区看作一个整体的话,其稳定性取决于两个方面:① 源自气泡外边界所施加的扰动;② 气泡内部正负反馈调节机制的耦合作用。当外部条件不变时,在气泡内部两种反馈机制的共同作用下,破碎区尺寸将维持在一个平衡点,气泡式破碎呈现出准稳态特性。当外部条件改变时,系统的平衡点被打破,气泡内部正负反馈机制将重新耦合以对抗外部条件,最后维持在一个新的平衡位置。

4.2.2 典型工况下泄漏涡破碎诱导叶尖流场自激非定常性演化机制

1. 泄漏涡破碎诱发流场自激非定常性机制研究

为了澄清流场非定常性的起源机制,揭示 $U_4 \sim U_5$ 工况流场非定常波动从无到有背后的主导流动结构,需要对 U_4(非定常波动出现前最后一个工况)以及 U_5(首先出现非定常波动的工况)两个工况的流场进行详细比对。

图 4-18 分别对比了 U_4、U_5 工况垂直于泄漏涡涡轴截面的无量纲涡量分布。

U_4 及 U_5 工况下,泄漏涡均发生了破碎。结合图 4 - 19 中的过泄漏涡涡核 B2B 截面的流线可知,两个工况下泄漏涡均发生气泡式破碎,仅破碎区大小有所不同。

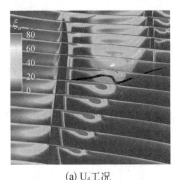
(a) U_4工况

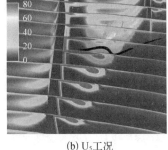
(b) U_5工况

图 4 - 18　U_4 和 U_5 工况垂直于泄漏涡涡轴截面的无量纲涡量分布对比

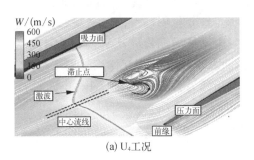
(a) U_4工况

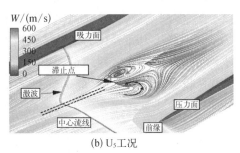
(b) U_5工况

图 4 - 19　U_4 和 U_5 工况过泄漏涡涡核 B2B 截面流线分布

　　有/无非定常波动的流场中均发生了泄漏涡破碎,泄漏涡破碎并不是导致流场非定常性出现的直接原因。故接下来对非定常流场进行分析,探究导致流场非定常波动的关键因素。

　　从非定常波动最强区域入手,对比 U_4 及 U_5 工况中该区域的静压监测结果。如图 4 - 20 所示,U_5 工况的静压波动呈现出周期性,且波动周期为 31.5τ,对应 0.96 BPF,与图 4 - 2 及图 4 - 6 中的非定常特征频率保持一致;而 U_4 工况中静压无波动。故该处对应静压波动的流动结构是造成流场非定常性的关键因素。

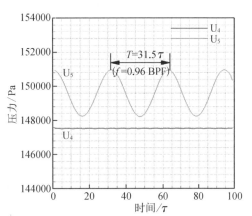

图 4 - 20　U_4 和 U_5 工况探针静压波动

5%弦长,99%叶高

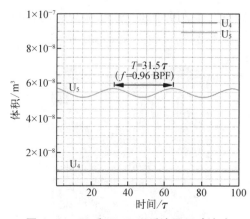

图 4-21 U$_4$ 和 U$_5$ 工况反流区尺寸波动

图 4-21 对比了两工况反流区尺寸随时间的变化。可以观察到两个主要特征：① U$_5$ 工况的反流区尺寸呈周期性波动，且周期与静压波动周期一致，而 U$_4$ 工况的反流区尺寸保持不变；② U$_5$ 工况的反流区尺寸远大于 U$_4$ 工况，U$_5$ 工况下破碎区已经发展成为流道中不可忽视的流动阻碍，其周期性的膨胀和收缩会影响到相邻叶片叶顶压力面前缘处的压力分布。相比之下，在 U$_4$ 工况，反流区体积过小不足以对该区域的压力分布造成影响。

图 4-22 给出了 U$_5$ 工况前 30% 轴向弦长部分泄漏流量随时间的变化。可以看到，泄漏流量同样随时间呈现周期性变化，且变化周期与静压波动相同。这是叶顶前缘压力面静压周期性波动诱发泄漏流流量周期性波动所致。泄漏流流量决定泄漏涡的旋度和环量大小，进而影响泄漏涡和激波相互作用强度[5]，导致破碎区振荡。最后，破碎区的振荡又会影响相邻叶片压力面的静压分布，形成循环。

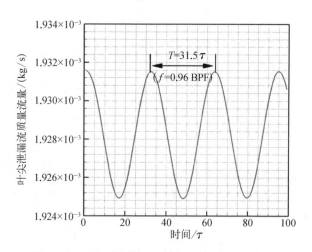

图 4-22 U$_5$ 工况前 30% 轴向弦长泄漏流量波动

考虑到泄漏涡靠近机匣，其与马蹄涡压力面分支间是否存在相互作用也是一个需要被讨论的问题。图 4-23 给出了 U$_5$ 工况近叶顶压力面前缘不同截面上相对速度的等值线分布，等值线范围为 0~500 m/s，间隔为 50 m/s。马蹄涡压力面分支轨迹用箭头注明。马蹄涡压力面分支自叶片前缘起始，至第四个截面时便已在通道中消散,其影响范围远离泄漏涡。即该工况下不存在泄漏涡与马蹄涡压力面分支的相互作用。

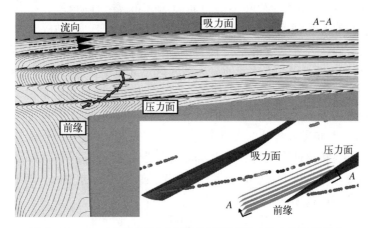

图 4 - 23　U_5 工况叶顶近压力面前缘截面相对速度等值线分布

至此,气泡式破碎与流场非定常性之间的关联机制已明确。图 4 - 24 给出了气泡式破碎诱发流场非定常性机制的示意图。

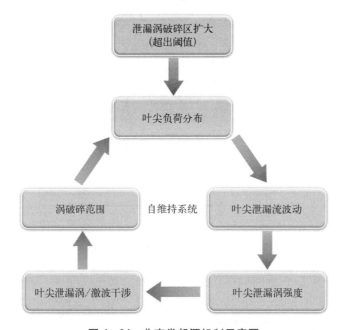

图 4 - 24　非定常起源机制示意图

流场中破碎区的大小存在一个阈值,该对象中为 9.15×10^{-9} m³,一旦超出该值,破碎区将对相邻叶片叶顶压力面的压力分布造成影响。U_4 工况中,破碎区尺度低于阈值,不足以影响相邻叶片叶顶压力面的压力分布,破碎区与外界系统处于近似各自独立的运行状态,破碎区尺寸维持在一近稳定状态。U_5工况,破碎区尺度超出阈值,并影响相邻叶片叶顶压力面静压分布,导致叶顶压差变化,影响泄漏流流量;进而,泄漏涡强度变化,波/涡相互作用强度改变。对破碎区来说,外界条件改变导致破碎区外界系统的平衡被打破,气泡内正负反馈机制重新耦合以抵抗外界压力,形成新平衡点;该过程外显为破碎区尺寸改变。破碎区尺寸变化将影响相邻叶片叶顶压力面的压力分布。由此,一个自维持周期性非定常波动系统形成。相应触发条件为破碎区尺寸超出阈值。

2. 流场自激非定常特性演变研究

本部分主要解决两个问题:① U_5 向 U_7 工况过渡的过程中,特征频率与幅值突变的原因,即 U_7 工况 0.53 BPF 特征频率背后的流动机制(图 4-2);② U_{10} 工况流场出现两种特征频率的原因。

1) $U_5 \sim U_7$ 工况特征频率与幅值突变原因

以一个波动周期为例,图 4-25 对比了不同特征时刻的瞬时流场特性。图 4-26 给出了瞬时旋涡结构及叶片压力面静压系数分布。

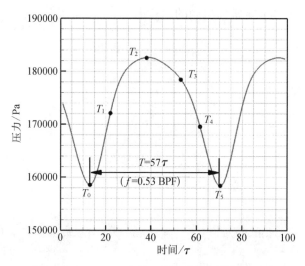

图 4-25 U_7 工况叶顶压力面前缘探针静压波动

以 T_0 时刻为基准,随时间推移,螺旋形扭曲的涡核线绕中心轴沿顺时针旋转;涡核在下游发展时向反方向扭转,这与 Leibovich[6] 的实验现象相同。作为一种强烈非定常流动,扭转的涡核造成叶顶流场严重阻塞。$T_0 \sim T_5$ 时刻,涡核旋转周期与流场的全局波动周期吻合,即涡核旋转是流动非定常性的诱因。

从图 4-26 还可以发现,随着涡核旋转,反流区尺寸随时间波动。图 4-26 中的静压系数分布表明,$T_0 \sim T_2$ 时刻,反流区逐渐缩小,压力面前缘静压值升高;$T_3 \sim$

T_5 时刻,反流区尺寸显著增大,压力面前缘出现一个大尺度低压区。该过程与 U_5 工况中反流区对相邻叶片压力面静压分布的影响过程相似,不同的是 FFT 结果中 U_7 工况下该位置的静压波动幅值远大于 U_5 工况。

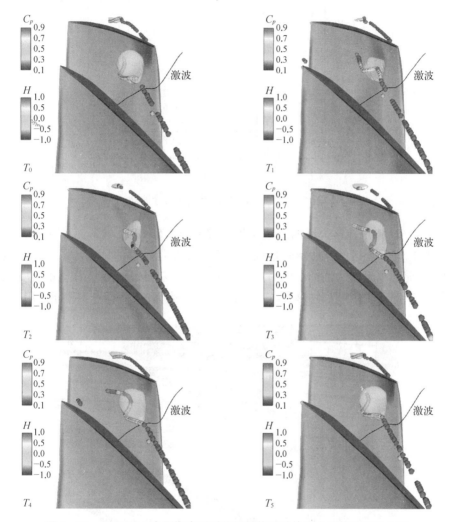

图 4-26　U_7 工况一个周期内瞬时旋涡结构及叶片压力面静压系数分布

　　为了解释该现象,图 4-27 对比了两个工况中反流区尺寸波动。U_7 工况下反流区尺寸波动振幅约为 U_5 工况的 14 倍,大振幅的反流区波动势必会导致相邻叶片压力面上更强烈的静压波动。压力面静压波动导致泄漏流强度随时间变化,而泄漏流的强度又决定了泄漏涡的环量。由 Faler 和 Leibovich[10] 的研究可知,旋涡环量的改变影响螺旋式涡核缠绕频谱,导致螺旋式扭曲涡核的瞬时转动速度不同。

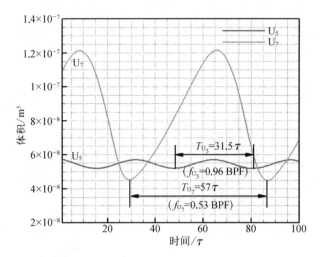

图 4-27 U₅、U₇ 工况反流区尺寸波动

图 4-27 中反流区大小的波动周期为 57τ,即 0.53 BPF,与 U₇ 工况流场的特征频率吻合,即反流区的波动同样是该工况下流场非定常性的诱因。图 4-28 展示了 U₇ 工况叶顶近压力面前缘相对速度等值线。U₇ 工况下马蹄涡压力面分支强度高于 U₅ 工况;当螺旋形涡核尾部转至相邻叶片压力面时,两者发生相互作用。

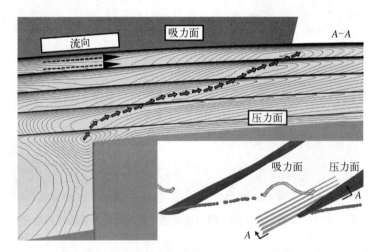

图 4-28 U₇ 工况叶顶近压力面前缘相对速度等值线

图 4-29 给出了二者相互作用的示意图。根据两个旋涡的自身旋转方向可知,泄漏涡为正流向涡聚集区,而马蹄涡为负流向涡聚集区。二者相互作用时,二者的旋涡强度均受到削弱,这导致压力面静压升高;当螺旋形涡核转至吸力面时,二者不再产生相互作用,旋涡强度回升,压力面静压降低。

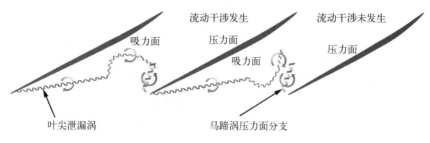

图 4 - 29 泄漏涡与马蹄涡压力面分支相互作用示意图

综上，U_7 工况下泄漏涡发生了螺旋式破碎，泄漏涡破碎类型从气泡式向螺旋式的转变是流场特征频率由 0.96 BPF 至 0.53 BPF 转变的主要原因。不同于 U_5 工况，诱发 U_7 工况流场非定常性的机制有三种，即螺旋形涡核的旋转、反流区尺寸波动、泄漏涡与马蹄涡压力面分支的周期性相互作用。前两种属于螺旋式破碎的自身固有非定常特性。三种流动机制耦合导致 U_7 工况流场的非定常性产生。

对于 U_5 至 U_7 工况流场波动幅值的突变，可认为是 U_7 工况中更强烈的反流区波动以及上述三种非定常流动机制的耦合作用结果。此时流场非定常性不仅取决于泄漏涡破碎，还与整个系统的流动特性息息相关。

2）U_{10} 工况流场双特征频率的流动机制

在气泡式破碎主导的流场中，特征频率为 0.96 BPF；在螺旋式破碎主导的流场中，特征频率为 0.53 BPF。U_{10} 工况同时存在以上两种特征频率；即不同于 U_5 和 U_7 工况，U_{10} 工况中泄漏涡经历了兼有气泡式和螺旋式的混合破碎形式。

为进一步直观地进行解释，图 4 - 30 给出了 U_{10} 工况一个周期内特征向量法提取的泄漏涡结构。T_0、T_1、T_4 及 T_5 时刻可以清楚地看到泄漏涡涡核的扭曲，即泄漏涡在这些特征时刻发生了螺旋式破碎。而在 T_3 和 T_4 时刻，泄漏涡涡轴始终平直，即发生气泡式破碎。

为了更清楚地展现泄漏涡破碎类型的转变过程，图 4 - 31 给出了气泡式破碎向螺旋式破碎转变过程中过泄漏涡涡核截面的流线。如图所示，T_2 时刻，涡破碎区域呈近似轴对称的气泡形态。之后，反流区逐渐增大，破碎区逐渐膨胀。在 T_3 时刻，两个涡量集中区仍可看作近似对称地分布于涡轴两侧，但较 T_2 时刻，靠近压力面一侧的涡量集中区已向下游移动。这一现象在 T_4 和 T_5 时刻变得更为明显。随着近压力面涡量集中区向下游移动，整个破碎区开始由轴对称形态向非轴对称形态转变，泄漏涡的破碎类型由气泡式转变为螺旋式。

下面将讨论分析 U_9~U_{10} 工况的非定常波动幅值剧烈增加的原因。图 4 - 32 对比了两个工况反流区体积随时间的变化。U_{10} 工况下反流区呈现与流场全局特征频率相同的周期性波动，其波动幅值远大于 U_7 工况，这表明随着压气机节流，泄漏涡破碎程度加剧。故 U_{10} 工况下较 U_7 工况更大幅度的反流区波动是导致 U_{10} 工况流场波动幅值剧增的主要原因。

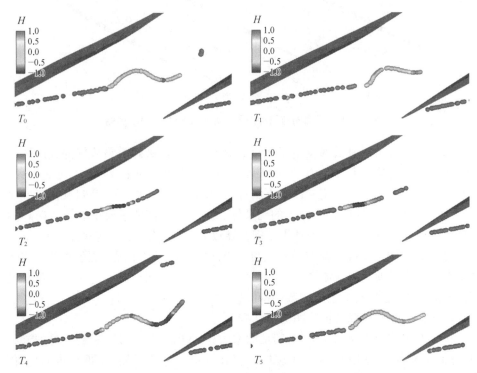

图 4-30　U_{10} 工况一个周期内特征向量法提取的泄漏涡结构

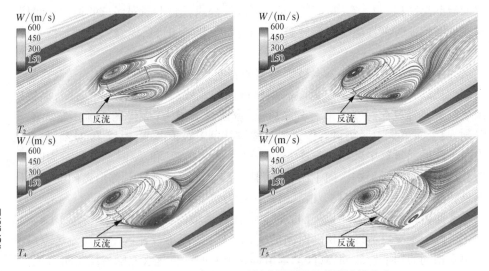

图 4-31　U_{10} 工况，$T_2 \sim T_5$ 时刻泄漏涡涡核截面流线分布

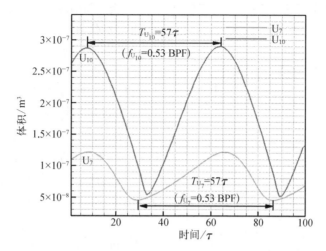

图 4-32　U_7 与 U_{10} 工况反流区波动对比

总之,U_{10} 工况下泄漏涡气泡式破碎与螺旋式破碎间歇性出现,其流场兼具两种破碎的特性,从而较 U_5 和 U_7 工况中的单一破碎形式更加复杂。其流场非定常性的诱发源来自两种涡破碎形式的耦合作用。且由于压气机的进一步节流,U_{10} 工况的涡破碎程度较 U_7 工况强烈,导致破碎区尺度与波动程度增强,表现在幅频分析中即为波动幅值的剧增。

4.3　跨声速压气机转子旋转不稳定性机理分析

本节基于 NASA Rotor 35 的 6 通道网格进行研究。6 通道网格周向尺度为旋转不稳定现象最大波长的两倍,可完整捕捉到 RI。图 4-33 给出了叶顶 B2B 截面数值探针布置示意图;六个叶片分别命名为 $B_1 \sim B_6$,相应的通道命名为 $P_1 \sim P_6$。

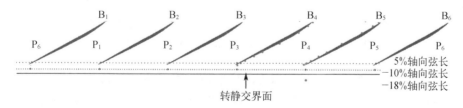

图 4-33　叶顶数值探针布置方案

4.3.1　旋转不稳定性总览

本次全工况非定常数值模拟包含从阻塞点至失速边界共 12 个工况点,即 $U_1 \sim$

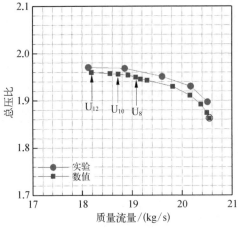

图 4-34　非定常计算总压比特性

U_{12} 工况。如图 4-34 所示,数值模拟结果与实验值在趋势上吻合度很高,失速边界点流量差为 0.1 kg/s,在实验测量误差范围内。

图 4-35 给出了 U_8、U_{10} 以及 U_{12} 工况相对和绝对坐标系下的探针静压监测结果;相对坐标系下的探针位于 5% 轴向弦长、90% 叶高处;绝对坐标系下的探针位于 -10% 轴向弦长处。如图所示,相对坐标系下 U_8 工况流场的特征频率为 0.57 BPF 及其倍频;$U_8 \sim U_{10}$ 工况,特征频率小幅衰减(-5%);$U_{10} \sim U_{12}$ 工况,特征频率则出现较大幅度的降低(-17%)。在绝对坐标系下,流场的主导频率为 1 BPF;此外,U_8 及 U_{10} 工况还存在与相对坐标系下相同的特征频率 0.57 BPF 及 0.54 BPF,以及这些特征频率与 1 BPF 的差频,这说明两个工况流场中的非定常扰动不存在周向传播特性。U_{12} 工况,相对坐标系中 0.43 BPF 的特征频率信号在绝对坐标系下发生了频散消失;根据多普勒原理可以判断,U_{12} 工况中存在周向行波。RI 并非伴随流场非定常性出现,二者流动机制存在差异。

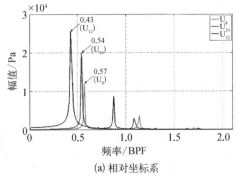

(a) 相对坐标系

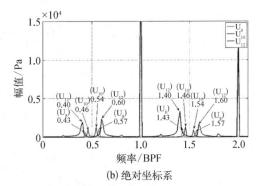

(b) 绝对坐标系

图 4-35　三个特征工况探针静压监测结果 FFT 对比

为了更形象地展示扰动的周向传播特性,以 U_{10} 和 U_{12} 工况为例,图 4-36 对比了不同通道监测点静压,监测点位于 $B_1 \sim B_6$ 压力面 90% 叶高,5% 轴向弦长处。U_{10} 工况不同通道静压波动波形一致且各通道同步波动;而 U_{12} 工况中相邻通道间的波形存在一个固定相位差,即 U_{12} 工况中存在周向行波。

为了定量地研究周向行波的传播特性,以下将借助失速颤振领域的模态分解手段[11]对 U_{12} 工况的行波的特性参数进行分析。

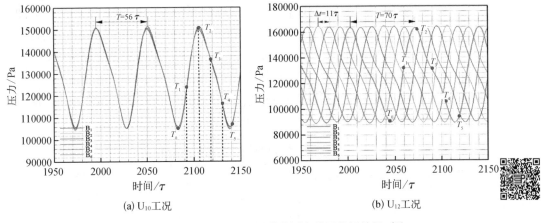

图 4 - 36　U_{10} 及 U_{12} 工况不同通道监测点静压监测结果对比

周向旋转扰动的模态数可由以下公式计算：

$$k_{mn} = n + mN_b \qquad (4-4)$$

式中，m 为谐波数；N_b 为叶片数；n 为节径。节径 n 可由以下公式得出：

$$n = \frac{\phi}{\Delta\theta} \qquad (4-5)$$

式中，ϕ 为相邻通道信号相位差；$\Delta\theta$ 为相邻监测点间周向相位角。

模态数确定后，周向行波在相对坐标系及绝对坐标系下的传播速度分别可以通过以下公式得出：

$$N_{rel} = \frac{2\pi}{k_{mn}T} \qquad (4-6)$$

$$N_{abs} = N_{rel} - N_0 \qquad (4-7)$$

式中，T 为相对坐标系下静压波动周期；N_0 为转子转速。

对于周期及节径固定的周向行波，其相对坐标系下的频率可由以下公式转换至绝对坐标系中：

$$f_{abs} = |k_{mn} \cdot N_{abs}| = \left| \frac{2\pi}{N_0 T N_b} - \frac{k_{mn}}{N_b} \right| \mathrm{BPF} \qquad (4-8)$$

周向行波的波长可以由以下公式得出：

$$l_r = \left| \frac{N_b}{k_{mn}} \right| \qquad (4-9)$$

　　表4-2给出了U_{12}工况低阶模态周向行波的传播参数,每个模态都对应图4-35(b)中的一个特征信号突尖。模态数为正的周向行波其相对坐标系下的传播方向为逆转子方向,模态数为负则表征传播方向为顺转子方向。参照图4-35(b),流场的主导频率为1.4 BPF,对应模态数为11的旋转扰动,其周向尺度为0.55倍栅距,绝对坐标系下的传播速度为0.23倍转速,这与实验测量的RI波长及传播速度范围[12]相匹配,该周向行波即为RI的主导模态。

表4-2　U12工况低阶模态周向行波传播参数

	k_{mn}	N_{rel}/N_0	N_{abs}/N_0	f_{abs}/BPF	l_c
$m=0$	−1	−2.5	−3.5	0.6	6
$m=1$	5	0.52	−0.48	0.4	1.2
$m=2$	11	0.23	−0.77	1.4	0.55
$m=-1$	−7	−0.36	−1.36	1.6	0.86

4.3.2　近失速工况流动非定常性产生机理

　　锁定U_{12}工况的P_4通道,对其静压波动的产生机理进行深入分析,为揭示旋转不稳定性的产生机理铺垫。如图4-36所示,以压力波动波谷为起点,在一个波动周期内取6个特征时刻进行分析。

　　图4-37给出了一个静压波动周期内P_4通道内的瞬时流动结构分布。该工况下泄漏涡发生了破碎,且破碎区内形成了一个新的旋涡结构。此旋涡与文献[13]、[14]在高负荷亚声速转子中发现的叶尖二次涡(TSV)有相似的特性,沿用之前研究结论将其称为叶尖二次涡。按照T_2、T_3、T_4、T_5、T_0、T_1、T_2的顺序观察流场,可发现通道中叶尖二次涡存在周期性波动。T_2、T_3、T_4时刻的叶尖二次涡属于当前周期内的叶尖二次涡,称为new TSV,并通过实线椭圆标注。其他用虚线椭圆标注的二次涡来自上一个周期,称为old TSV。

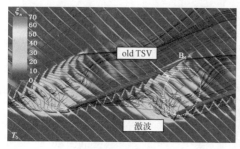
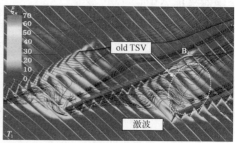

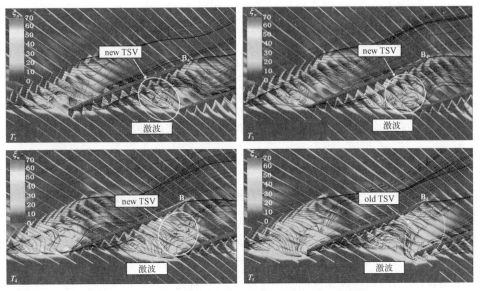

图 4-37　一个静压波动周期内 P_4 通道内瞬时流动结构

图 4-38 给出了一个静压波动周期内 B_5 叶片压力面静压分布,图中红点示意图 4-36 的静压探针所在位置。结合图 4-37 分析该工况下的静压扰动机制。T_0

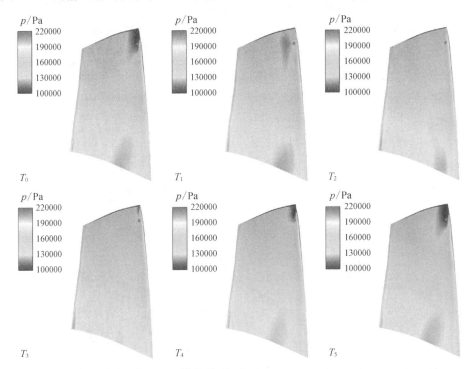

图 4-38　一个静压波动周期内 B_5 叶片压力面静压分布

时刻,如图 4 - 37 和图 4 - 38 所示,old TSV 影响到了 B_5 叶片压力面的静压分布,在叶顶前缘区域诱导产生了一个大面积的低压区,对应图 4 - 36 中静压波谷。

随着 old TSV 迁移,叶顶前缘低静压区也向下游移动,探针所在位置静压升高,并在 T_2 时刻达到峰值。T_2 时刻,new TSV 在通道中生成,但此刻的 new TSV 远离压力面前缘,还不足以影响其静压分布。随着 new TSV 在通道中发展,T_3 时刻,一个小的低压区出现在叶顶前缘;new TSV 影响压力面前缘静压,导致探针静压值下降。

随着 new TSV 进一步向下游移动,new TSV 转化为 old TSV(图 4 - 37,$T_4 \sim T_5$ 时刻),压力面前缘的低静压区也向下游移动,探针静压值下降(图 4 - 38,$T_4 \sim T_5$ 时刻)。最终,T_5 时刻流场与 T_0 时刻流场近似一致,一个新的循环又由此开始。

从图 4 - 39 可以看到,泄漏涡涡核在通道中扭曲缠绕,参考 B2B 截面上速度矢量的分布可知,泄漏涡发生了螺旋式破碎。该工况下螺旋扭转的涡核在叶片前缘发生断裂,断裂的涡段随主流向通道下游发展。对比图 4 - 37 可知,叶尖二次涡源自泄漏涡螺旋式破碎的断裂尾段。

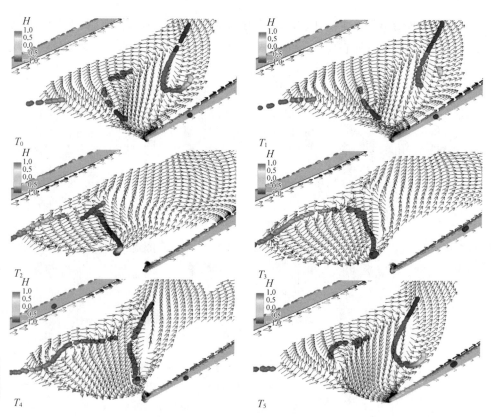

图 4 - 39   一个静压波动周期(T_{ref})内 96.8% 叶高相对速度矢量分布及涡核结构

为了进一步解释涡核断裂的原因,图 4-40 给出了一个静压波动周期(T_{ref})内 B_4 叶片叶顶压差波动。跨声速环境中,涡旋度及激波强度是决定涡破碎尺度的两个关键因素[15]。对于泄漏涡来说,驱动泄漏流的叶顶压差可以表征泄漏涡旋度的大小。而激波导致的叶片压差突变可以用来表征激波的强弱。该工况下,上述两个参数均随时间周期性变化;其中压差变化剧烈,激波的变化相对较弱。结合图 4-37 与图 4-39,对通道中的周期性流动结构变化解释如下。

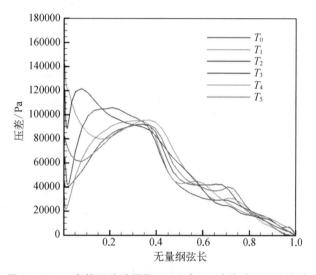

图 4-40　一个静压波动周期(T_{ref})内 B_4 叶片叶顶压差波动

T_2 和 T_3 时刻,P_3 通道中叶尖二次涡强度减弱甚至消失,B_4 叶片叶顶前 40% 部分的压差升高,P_4 通道中泄漏涡强度上升。此时,泄漏涡与激波的强相互作用导致泄漏涡发生大尺度的螺旋式破碎。$T_3 \sim T_4$ 时刻,图 4-37 中标注的叶尖二次涡对应图 4-39 中垂直于叶片压力面的涡段。

T_4、T_5 和 T_0 时刻,叶尖二次涡撞击 P_3 通道中 B_4 叶片的压力面(图 4-37),导致 B_4 叶片叶顶前 40% 部分压差降低,P_4 通道中泄漏涡强度变弱。此时,泄漏涡与激波的弱相互作用导致泄漏涡螺旋式破碎尺度缩小。$T_1 \sim T_2$ 时刻,泄漏涡突然由大尺度破碎转变为小尺度破碎,通道中的叶尖二次涡与泄漏涡分离开来,其强度衰退并随即向通道下游移动。

综上,对固定通道中静压波动的产生机理总结如下:通道内叶尖二次涡影响叶片压力面的压差分布,导致相邻通道泄漏涡与激波相互作用强度改变,引发泄漏涡螺旋式破碎尺度的转变;因此,相邻通道叶尖二次涡发生周期性波动。在计算域的每个通道中均产生了周期和振幅一致的流动非定常性。

4.3.3　旋转不稳定性产生机理

RI 为以一定模态数传播的周向行波,本节选取 U_{10} 和 U_{12} 工况,对比分析其近叶顶环面流动阻塞变化情况对 RI 的产生机理进行揭示。

结合图 4-41 来看,P_4 通道中叶尖二次涡的周期性波动诱发一个沿逆转动方向传播的高熵区,以黑色椭圆标注。T_0 时刻其在通道中部形成,T_4 时刻其传播至相邻叶片前缘,用时 64 个物理时间步,相对坐标系中速度为 $0.23N_0$。

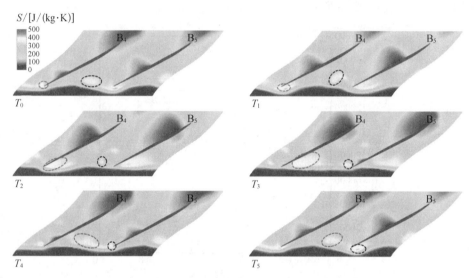

图 4-41　U_{12} 工况一个波动周期(T_{ref})叶顶 B2B 面熵分布图

同时,P_3 通道的叶尖二次涡与 B_4 叶尖泄漏流相互作用,诱导产生另一个沿周向传播的高熵区,以红色椭圆标注。从 T_0 时刻其在相邻叶片前缘形成至 T_4 时刻其传播至通道中部,用时 64 个物理时间步,相对坐标系下速度为 $0.23N_0$。两高熵区的周向间隔约为 0.5 叶尖栅距,换算到整个计算域的对应模态数为 10~11。

由此可见,在两个高熵区的"接力"传播作用下,叶尖环面上形成了相对速度为 $0.23N_0$,模态数为 10~11 的周向行波,近似对应流场中主导模态数为 11 旋转波(表 4-2)。而在 U_{10} 工况,如图 4-42 所示,未观察到周向传播的高熵区,故该工况无旋转不稳定性发生。

综上,在 RI 出现的工况,特定时刻下螺旋形涡段会在叶片前缘断裂,并在主流的推动下沿通道周向传播。可断定,旋转不稳定性产生的必要条件是叶尖二次涡形成、断裂、脱落导致的流动阻塞的周向传播。一方面,叶尖二次涡在通道内存在周向迁移;另一方面,其通过改变叶片压力面的静压分布将扰动扩散至相邻通道。一旦该流动现象产生,整个转子环面上相邻通道间就会形成跨通道传播的周向扰动。

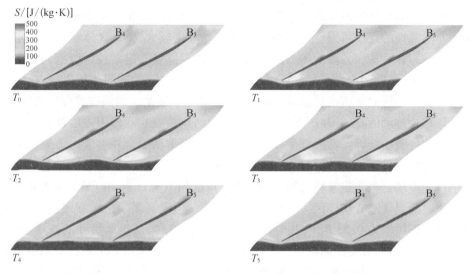

图 4-42　U_{10} 工况一个周期内叶顶 B2B 面熵分布图

4.4　本 章 小 结

在本章中,以跨声速压气机转子 Rotor 35 为例,对泄漏涡与激波的相互作用及泄漏涡破碎特性进行了分析。之后以流场自激非定常性的发展演变过程为主线,从泄漏涡破碎的角度对流场自激非定常性起源机制、流场自激非定常性发展演变背后的流动机制进行了详尽分析。通过多通道 URANS 数值模拟对 Rotor 35 中的旋转不稳定性进行了深入研究,澄清了 RI 的诱发原因及传播机制,揭示了流场非定常性与 RI 的关联,总结如下。

（1）泄漏涡与激波相互作用机制:泄漏涡经过激波后,涡核区域发生涡量的重新分配,具体表现为轴向涡量的径向、切向分量转变。但波/涡相互作用并不一定导致涡破碎,判断其破碎的关键因素在于涡核轴线上是否存在有限体积的反流区。除反流区外,泄漏涡破碎还存在两个明显的流场特征,即破碎区集中涡量区的消失和突然膨大的涡核区,这些特征与水动力学中的实验结果吻合。

（2）流场中典型的涡破碎特性:跨声速压气机转子内存在三种泄漏涡破碎形式:气泡式、螺旋式和混合式。随着节流的进行,泄漏涡首先发生气泡式破碎,进而发生螺旋式破碎;近稳定边界工况,流场中往往出现混合式破碎现象,即气泡式破碎与螺旋式破碎的动态转化。气泡式与螺旋式破碎的主要区别在于,气泡式破碎的径向、切向涡量集中区近似对称地分布在涡轴外,包裹反流区形成一个涡环结构;螺旋式破碎中,两个涡量集中区不再对称分布于中心线两侧而是产生了扭转,在空间上呈现出螺旋形态。

（3）泄漏涡破碎诱发流场自激非定常性起源的机制：泄漏涡破碎并不是诱发流场非定常性的直接原因。只有当泄漏涡破碎尺度较大，反流区体积超过一定阈值并影响相邻叶片压力面的压力分布时，才会诱发流场非定常性。泄漏涡发生气泡式破碎时，破碎区内存在两种反馈机制；在这两种机制的共同作用下，破碎区大小维持在一个近似平衡的状态，流场内不存在非定常波动。当涡破碎程度加剧，反流区体积超过阈值时，叶片压差变化导致泄漏涡与激波相互作用强度加剧。外部条件变化打破了破碎区的内部平衡，正负反馈作用重新耦合并形成一个流场周期性动态变化的过程，即流场自激非定常性出现。

（4）流场自激非定常特性的演变：流场特征频率为 0.96 BPF 时，流场非定常性源于泄漏涡气泡式破碎区大小的周期性变化。当泄漏涡发生螺旋式破碎时，对应流场特征频率为 0.53 BPF；此时，螺旋形涡核的旋转、反流区尺寸的波动、泄漏涡/马蹄涡压力面分支的周期性相互作用，三者耦合导致流场非定常波动幅值显著增强。同时兼具两种特征频率的流场中，气泡式破碎与螺旋式破碎周期性转换，加剧的泄漏涡破碎会引起更强烈的流场非定常波动。

（5）RI 与流场非定常性的关联：RI 与流场非定常性非同步出现。RI 发生时，流场非定常性的产生机理可表述如下：泄漏涡破碎后，在破碎区形成叶尖二次涡；叶尖二次涡在通道中的迁移会周期性地影响相邻叶片的压差分布，导致激波与泄漏涡干涉作用强度周期性变化；这再次造成相邻通道叶尖二次涡的周期性波动。该过程在整个叶尖环面上发展开来，导致每个通道中周期和振幅一致的流动非定常性。

（6）泄漏涡破碎诱发 RI 的机制：RI 产生的关键在于周向行波的形成。该对象中 RI 晚于流场非定常性出现，原因在于二者的诱发机制不同。RI 发生工况中，泄漏涡破碎形成的叶尖二次涡会发生周期性的形成、断裂及迁移，从而诱发周向行波；通过影响相邻叶片压差分布，该扰动会扩散至整个环面。在有流场非定常性而RI 的工况，无论泄漏涡发生何种破碎形式，其破碎区均保持了完整的流动结构，不存在涡核的断裂及传播过程，无法诱导周向扰动的产生。

参考文献

[1]   Yamada K, Furukawa M, Nakano T, et al. Unsteady three-dimensional flow phenomena due to breakdown of tip leakage vortex in a transonic axial compressor rotor[C]. Vienna：ASME Turbo Expo 2004：Power for Land, Sea, and Air, 2004.

[2]   Wu Y H, An G Y, Chen Z Y, et al. Computational analysis of vortices near casing in a transonic axial compressor rotor[J]. Proceedings of the Institution of Mechanical Engineers, Part G：Journal of Aerospace Engineering, 2019, 233(2)：710 – 724.

[3]   Reid L, Moore R D. Design and overall performance of four highly-loaded, high speed inlet stages for an advanced high pressure ratio core compressor[R]. NASA TP-1337, 1978.

［4］ Wu Y H, An G Y, Wang B. Numerical investigation into the underlying mechanism connecting the vortex breakdown to the flow unsteadiness in a transonic compressor rotor［J］. Aerospace Science and Technology, 2019, 86: 106 - 118.

［5］ Sarpkaya T. On stationary and travelling vortex breakdowns［J］. Journal of Fluid Mechanics, 1971, 45(3): 545 - 559.

［6］ Leibovich S. The structure of vortex breakdown［J］. Annual Review of Fluid Mechanics, 2003, 10(10): 221 - 246.

［7］ Brücker C, Althaus W. Study of vortex breakdown by particle tracking velocimetry(PTV)［J］. Experiments in Fluids, 1992, 13(5): 339 - 349.

［8］ Brücker C, Althaus W. Study of vortex breakdown by particle tracking velocimetry. Part 2: Spiral-type vortex breakdown［J］. Experiments in Fluids, 1993(14): 133 - 139.

［9］ Hall M. A new approach to vortex breakdown［M］. San Diego: University of California, 1967.

［10］ Faler J H, Leibovich S. Disrupted states of vortex flow and vortex breakdown［J］. Physics of Fluids, 1977, 20(9): 1385 - 1400.

［11］ Jutras R, Fost R, Chi R, et al. Subsonic/transonic stall flutter investigation of a rotating rig ［R］. NASA-CR-174625, 1981.

［12］ Mailach R, Lehmann I, Vogeler K. Rotating instabilities in an axial compressor originating from the fluctuating blade tip vortex［J］. Journal of Turbomachinery, 2001, 123(3): 453 - 463.

［13］ Wu Y H, Wu J F, Zhang G G, et al. Experimental and numerical investigation of flow characteristics near casing in an axial flow compressor rotor at stable and stall inception conditions［J］. Journal of Fluids Engineering, 2014, 136(11): 111106.

［14］ Wu Y G, Li Q P, Tian J T, et al. Investigation of pre-stall behavior in an axial compressor rotor — Part I: Unsteadiness of tip clearance flow［J］. Journal of Turbomachinery, 2012, 134 (5): 051027.

［15］ Kalkhoran I M, Smart M K. Aspects of shock wave-induced vortex breakdown［J］. Progress in Aerospace Sciences, 2000, 36(1): 63 - 95.

第5章
低亚声速压气机转子叶尖泄漏流
与相邻叶片流动相互作用
诱发旋转不稳定性机理

旋转不稳定性(RI)是沿周向传播的模态阶数可变的行波族,因而其在动态压力信号的频谱分析图上表现为一个频率驼峰而非频率突尖[1]。第3章与第4章对环形叶栅和跨声速压气机转子内部 RI 产生机理的数值模拟表明: URANS 方法对湍流的脉动特性进行了时均处理,在精确捕获以大尺度旋涡流动为主导的压气机叶尖复杂流场时存在局限性;多通道 URANS 数值模拟往往只能捕捉到与 RI 主导模态行波传播速度相近的单一模态行波,对应动态信号频谱图中的频率突尖;这在文献[2]、[3]中同样有所体现。为了更精确揭示 RI 的多模态行波族沿圆周方向自然发展的物理机制,有必要采用大涡模拟(large eddy simulation, LES)对 RI 现象的主要旋涡结构进行解析。

然而,大涡模拟(LES)虽然提高了数值计算精度,能较准确地捕捉多尺度湍流旋涡结构,但其完全捕捉近壁流动需要消耗的资源与直接数值模拟(direct numerical simulation, DNS)相当。考虑计算代价,LES 在当前条件下不适合用于研究 RI 的产生机理。

DES 类方法是一种混合 RANS‐LES 方法。它的基本思想为在近壁面附面层区域采用 RANS 方法,用湍流模型模化小尺度湍流脉动;在远离壁面区域,采用大涡模拟方法模拟大尺度的分离流动。这样既能在附面层内发挥前者计算量小的优点,又可以较好捕捉远离物面区域的大尺度分离湍流流动。因此,它是当前最适合于 RI 机理研究的数值模拟手段。

本章以德累斯顿工业大学的低速轴流压气机为例,介绍结合实验数据和 DES 类方法已完成的 RI 特性研究和机理揭示工作,具体内容如下:

(1)比较不同机匣结构(实壁机匣和周向槽机匣)和转子间隙下的 RI 特性并探索 RI 的物理机制;在数据挖掘分析工具 DMD 的帮助下,将 RI 的特征可视化,并建立流动特征和 RI 频率的定量关系;

(2)探讨影响 RI 特性的因素,归纳总结 RI 的机理及其发生准则。

5.1　低速轴流压气机转子实验台简介

5.1.1　实验系统

德累斯顿工业大学的低速轴流压气机（low speed research compressor, LSRC）如图 5-1 所示。

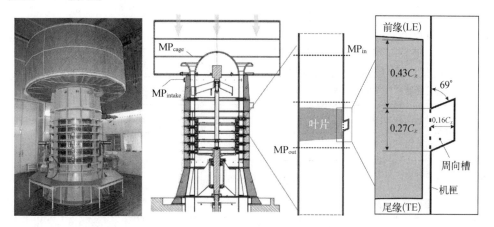

图 5-1　德累斯顿工业大学低速轴流压气机

该压气机垂直布置,进口气流较均匀,垂直结构也降低转子偏转影响。空气经顶部过滤网进入压气机,并最终排放到地下室。其中,压气机的流量由位于地下室出口的节流阀控制。

完整的压气机试验台由一排进口导叶和四级动静叶排构成,Künzelmann 等[4]曾对该结构进行了全面的测量和分析。为了避免转/静叶片干涉影响,集中研究 RI,在完整试验台基础上,研究对象只保留第一级动叶排,而移除进口导叶和其他叶片排。该单转子叶片排轴流压气机中的动叶排叶型设计基于某高压压气机中间级。更多关于该试验台的信息,可参见 Boos 等[5]的论文。

表 5-1 给出了该单转子的主要结构参数及设计点工况下的一些工作条件。其中,压气机工况点由平均轴向速度与叶尖速度之比得到的无量纲流量系数 ϕ 来确定。压气机对应的设计点（design point, DP）位于 $\phi = 0.57$。本书选择了三种叶顶间隙尺寸,即小间隙、中等间隙、大间隙,具体参数见表 5-1。

针对上述单转子压气机结构,本书对实壁机匣结构（solid casing, SC）和带周向槽机匣处理结构（casing treatment, CT）同时进行研究。本书中所使用的周向槽,如图 5-1 所示,最初由 Rolfes 等[6]设计,旨在提高 1.5 级轴流压气机的失速裕度和效率。该周向槽前后平面向上游倾斜,与机匣内壁面成 69°夹角。周向槽的起始位置位于叶片前缘下游 0.43 倍轴向弦长（C_x）处,其暴露在主流通道内的轴向尺寸为 $0.27C_x$,槽径向深度为 $0.16C_x$。

表 5-1　单转子压气机的主要参数

参　　数	数　　值
转速/(r/min)	1 000
机匣直径/mm	1 500
轮毂比	0.84
叶片数	63
叶尖稠度	1.55
叶尖弦长(C)/mm	116
叶顶间隙/叶尖弦长比(h/C)	1.3%,2.6%,4.3%
设计点质量流量/(kg/s)	27.89
设计点流量系数	0.57
设计点进口雷诺数,叶中	6.2×10^5
设计点进口马赫数,叶中	0.24

5.1.2　实验测量方法

针对本章所研究的单转子压气机,首先对其进行实验测量,并获得例如特性线、平均流场和时序数据等结果。关于测量方法的详细信息可以参考文献[7]、[8],本小节只对本章所涉及的测量方法进行简单介绍。

压升测量时,在两个测量平面,$\mathrm{MP_{in}}$ 和 $\mathrm{MP_{out}}$(图 5-1),利用压力耙测量径向压力分布并通过面积平均获得平面总压,计算叶排总压比。单转子结构总压升相对较小,测量过程中扭矩存在不确定性,且本章的研究重点和效率没有直接关联。因此,该单转子效率不做重点阐述。

压气机质量流量由过滤网 $\mathrm{MP_{cage}}$ 中的总压($p_{\mathrm{t,\,cage}}$)和入口段 $\mathrm{MP_{intake}}$ 的壁面静压(p_{intake})校准得到。校准系数是关于 $p_{\mathrm{t,\,cage}}/p_{\mathrm{intake}}$ 的函数,质量流量计算如下:

$$\dot{m}=\frac{p_{\mathrm{t,\,cage}}}{\sqrt{T_{\mathrm{t,\,cage}}}}\cdot f\left(\frac{p_{\mathrm{t,\,cage}}}{p_{\mathrm{intake}}}\right) \qquad (5-1)$$

实际测量过程中,测量一般需要持续较长的时间,实验的大气环境(如温度、压力)会不可避免地发生改变。为了使测量结果具有可比性,最终的实验结果皆基于标准大气环境(以入口过滤网 $\mathrm{MP_{cage}}$ 处为基准)进行修正处理。其中,$T_{\mathrm{t,\,cage}}=$

288.15 K, $p_{t, cage}$ = 101 325 Pa。如果没有特别指出,下面给出的实验测量结果都表示修正过后的数据。

对于转子叶片前缘上游平面 MP_{in} 和尾缘下游平面 MP_{out},径向分布的时间平均流动参数是由曲柄五孔探针测量所得(图 5 - 2)。测量时,绕轴旋转探针来平衡 4 号和 5 号孔压力,使探头轴向对准来流方向并结合事先在风洞中完成的校准数据确定总压、流速及气流角。本章中气流角定义如图 5 - 3 所示。

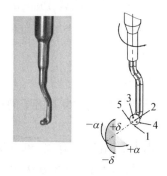

图 5 - 2　五孔探针

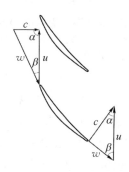

图 5 - 3　速度三角形示意图

叶片尾缘下游平面 MP_{out},使用单孔压力探针测量锁相平均流场。通过绕轴线旋转不同角度,该探针可被用作准三孔探针。经计算推导,可得流动方向、压力、速度大小等参数。

高频压力传感器安装于内机匣以测量叶顶附近的机匣壁面压力时间序列。如图 5 - 4 所示,机匣处理限制了传感器的安装,CT 的传感器数量较 SC 有所减少。

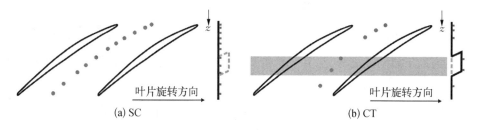

(a) SC　　　　　　　　　　　　(b) CT

图 5 - 4　动态传感器位置分布

5.2　DES 方法简介

本章采用的 DES 类方法被称为分区大涡模拟方法(zonal LES, ZLES)[9]。它在关键流域保留了 LES 功能,而其他区域则继续使用 RANS 方法求解。为了进一步减少计算代价,关键流域采用带壁面模拟 LES(wall-modeled LES,

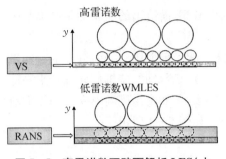

图 5 - 5   高雷诺数下壁面解析 LES(上图)、壁面模拟 LES(下图)方法示意图[11]

WMLES)方法求解,其他计算域采用 RANS 方法求解。

WMLES 使用 RANS 模型覆盖黏性底层 (viscous sublayer, VS)及黏性底层之外的近壁面区域;在其他区域则切换到 LES(图 5 - 5)。当前求解器中的 WMLES 基于 Shur 等[10]的方法,通过耦合 Prandtl-van Driest RANS 和 Smagorinsky SGS 模型,得到了涡黏性表达式:

$$\nu_{sgs} = f_D \min\left[(\kappa y)^2, (C_{SMAG}\Delta_{sgs})^2 \right] S \qquad (5-2)$$

式中,f_D 为阻尼函数;κ 为冯·卡门常数;y 为壁面距离;Δ_{sgs} 为亚格子网格长度尺度,该长度取决于网格空间和壁面距离。

WMLES 方法中,RANS 和 LES 之间的切换既与网格尺寸有关,也取决于该位置到壁面的距离。这一点与经典 DES 方法有所差异。经典 DES 方法中,RANS 与 LES 之间的切换仅仅是基于网格尺寸大小,因而在特殊情况下甚至可能发生网格尺寸诱导分离[12],导致模拟结果与真实物理值大相径庭。

数值模拟计算时,上游 RANS 和下游 WMLES 交界面处的人工湍流通过 Kraichnan[13]提出的谐流发生器(harmonic flow generator, HFG)产生。湍流脉动对应的速度波动 u' 由具有随机振幅和相位的傅里叶模态叠加而来:

$$u' = 2\sum_{n=1}^{N} \hat{u}_n \cos(\kappa_n \cdot x + \omega t + \psi_n)\sigma_n \qquad (5-3)$$

式中,$\hat{u}_n$ 为模态振幅;κ_n 为随机波矢量;σ_n 为随机速度矢量;ψ_n 为随机模态相位;$\sum_{n=1}^{N} \hat{u}_n$ 为人工湍动能之和,与 RANS 和 LES 中模拟湍动能之差关联,且湍动能分布满足冯·卡门能谱[14]。

对于各项非均匀流动,由于人工湍流并不能完全捕捉真实物理状态,在选择 RANS/LES 的交界面位置时需特别注意。交界面需设置在离 LES 区域 3~5 个附面层长度位置,以使生成的人工湍流能尽量根据实际流动状况充分发展。

5.3   大叶顶间隙下旋转不稳定性产生机制

图 5 - 6 描述了模拟单转子压气机流场所对应的单通道计算域。叶片区域采用 O4H 拓扑结构,并通过 OH 拓扑结构来构造叶顶间隙。此外,H 拓扑结构的网格

块被用作叶片上下游的延伸段。在主流通道计算域中,所有相邻网格块以及周期性边界之间的网格节点都完全匹配。周向槽计算域为一 H 型网格块,该网格块与叶片位于同一参考系内(绝对转速: 1 000 r/min)。周向槽和主流通道交界面采用完全非匹配交界面。计算域壁面第一层网格尺寸为 2×10^{-6} m,以满足 $\Delta y^{+} < 1$ 要求。沿轴向,计算域分为 3 部分(区域 1、区域 2、区域 3);位于叶片上游 $0.85C_x$ 和叶片下游 $1.71C_x$ 的两平面之间的区域 2 为 ZLES 方法的 WMLES 区。

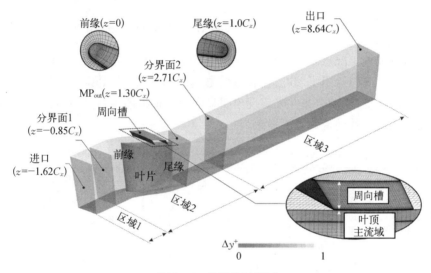

图 5-6　单叶片计算域

进口边界位于叶片前缘上游 $1.62C_x$ 处,该界面与实验中的测量平面 MP_{in} 的轴向位置相同;进口边界条件为实验测量数值。计算域出口边界位于叶片尾缘下游 $8.64C_x$ $MP_{out}(z=1.3C_x)$ 处,对数值模拟结果采集并与实验测量结果进行对比。

5.3.1　网格通道数对数值模拟结果影响的评估

单通道计算的网格无关性验证和时间无关性验证见文献[15]。为了评估网格通道数对模拟结果的影响,基于叶顶间隙为 $4.3\%C$ 的实壁机匣结构,对多通道网格进行模拟。多通道网格由单通道网格复制得到,并以"PSG+叶片通道数"命名。

图 5-7 分别给出了 PSG1、PSG3 和 PSG6 的模拟结果。由于 PSG3 和 PSG6 所需的计算资源太高,只给出了三个工况点。通过与实验的对比可以看出,每个算例都很好地捕捉到了实验测得的近失速点,叶片通道数对特性线预测的影响有限。

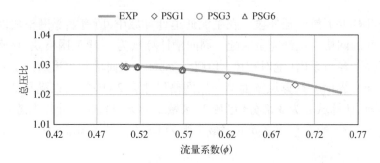

图 5-7　叶顶间隙为 4.3%C, 原型压气机特性线对比

针对近失速工况点 $\phi = 0.52$, 对通道内部的流动分布进一步对比。基于这一工况点, 图 5-8 中给出了 MP_{out} 处流动参数的径向分布。可以看出, 随着网格叶片通道数量的增加, 流动分布并未表现出明显变化。根据图中信息所示, 平均后的流场分布对网格叶片通道数并不敏感。

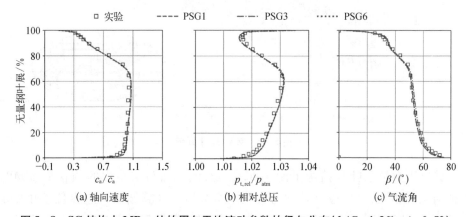

图 5-8　SC 结构中 MP_{out} 处的周向平均流动参数的径向分布(h/C=4.3%, ϕ=0.52)

在 $\phi = 0.52$ 的具有大叶顶间隙(h/C=4.3%)的实壁机匣压气机中, 通过对两个周向排列的动态压力传感器(图 5-9)测得的机匣壁面压力进行谱相关性分析,

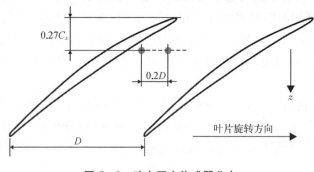

图 5-9　动态压力传感器分布

可得到流场中扰动的传播特性。为了评估网格叶片通道数对预测流场扰动动态特性的影响,数值探针被放置在与实验中相同的轴向位置,并最终获得了采用网格通道的数量分别为 1、3、6、7、9 和 21 的 6 个方案对应的结果。

图 5-10 给出了不同算例中的壁面压力的谱相关性分析。在实验和数值模拟

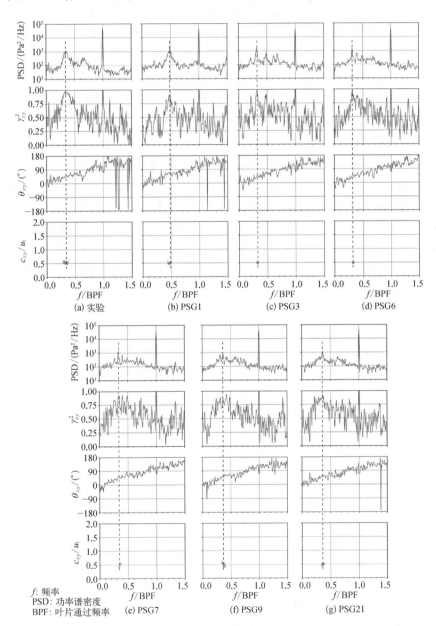

图 5-10　SC 结构,绝对坐标系下机匣壁面压力的谱相关性分析
($h/C=4.3\%$, $\phi=0.52$,用于网格叶片通道数评估)

中,数据都是在静止参考系下进行处理和表示的。每个子图提供了壁面压力的
PSD 分布、相干性(γ_{xy}^2)、相位角(θ_{xy})和通过叶尖速度(u_t)无量纲化后的扰动传
播速度(c_{xy})。具体而言,θ_{xy} 和 c_{xy} 中的符号代表着扰动的传播方向,其中正号代
表与叶片旋转方向同向。而对于 c_{xy}/u_t,为了较为清楚地展示关键的特征,图中用
散点给出了低于 BPF 的主导频率(用虚线标记)对应的数值。如图所示,对于使用
不同网格通道的模拟结果而言,BPF 对应的 PSD 水平皆都得到了很好的预测。而
不同算例结果,主要区别体现在对低于 BPF 的频谱分布的捕捉。

实验测量中,1/3 BPF 的频率对应的 γ_{xy}^2 接近于 1。这意味着来自不同压力传
感器的两组信号在该频率处表现出明显相关性(本质上对应 RI,见后续的分析讨
论)。此外,根据计算出的速度可知,在绝对坐标系下,该频率下的扰动以约 0.5 倍
转速沿叶片旋转方向传播。

对于模拟结果而言,在 PSG1 中,低于 1 BPF 的主导频率大约位于 1/2 BPF,这
与实验数据中的 1/3 BPF 相去甚远。当网格的叶片通道数增加到 3 个时(PSG3),
在低于 BPF 的频段中,1/3 BPF 处相关较为明显。虽然这一频率与实验中对应的
主导频率一致,然而,此时,1/2 BPF 附近仍然存在一个较为高能的扰动,并偏离了
实验结果。随着网格的叶片通道数进一步增加,可以看到频谱分布的离散程度降
低,且逐渐呈现出与实验愈发接近的特征。考虑到模拟准确性和计算资源之间的
平衡,最终选择了 9 个叶片通道的网格(PSG9)作为模拟流场动态特征以及 RI 的
方案。由于转子叶片数目为 63,该多通道网格的周向尺寸相当于 1/7 个圆周。

5.3.2　总体性能

首先以带有大叶顶间隙($h/C=4.3\%$)的单转子压气机为典型对象,图 5 - 11
展示了大叶顶间隙($h/C=4.3\%$)情形下单转子压气机的特性线。实验测量结果用
线条表示;数值模拟结果用离散点表示。

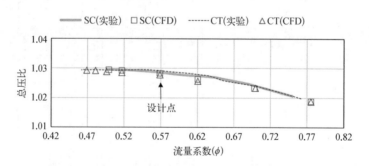

图 5 - 11　特性线($h/C=4.3\%$)

从数值模拟结果可以看出,数值模拟对 SC 和 CT 都表现出合理的预测。周向
槽提升了压气机失速裕度($\Delta\phi \approx 0.03$)。

为了研究不同结构中 RI 特性随工作点的变化情况,通过动态压力传感器(图 5-12)记录机匣壁面压力,并对压力信号进行处理。PSD 随着流量系数的变化如图 5-13 所示。图左侧给出 SC 的结果,右侧展示 CT 的结果。频谱从上至下表示不同工况,且流量系数逐渐降低。通过对同一轴向位置的两组传感器信号进行谱相关性分析,可以获得 RI 的动态特性。

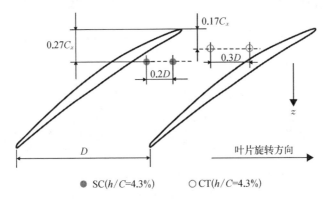

图 5-12　动态压力传感器分布

如图 5-13 所示,大流量工况时($\phi = 0.78$),SC 和 CT 的压力频谱在 0.8 BPF 附近形成一个明显驼峰。当流量减小至 $\phi = 0.62$ 时,驼峰迁移至约 0.6 BPF 处。所有工况点,0.1 BPF 时的 PSD 水平也较高。考虑到实验台机械振动的干扰,除了使用动态压力传感器测量外,机匣外壁还安有一测量机械振动的加速度传感器。图 5-14 对比了动态压力传感器和加速度传感器测量的电压信号频谱。上述工况点时,动态压力传感器信号驼峰与对应机械振动信号相关联。即壁面压力频谱受到了机械振动的干扰,监测结果中出现了与流动无关的信号。随着压气机的节流,机械振动对应频带向低频率转移,其对应振幅相应降低。

结合图 5-13 和图 5-14 来看,当工况位于 $\phi = 0.78$ 和 $\phi = 0.62$ 时,小于 1 BPF 的频段内,机械振动占据主导地位。随着流量系数的降低,机械振动的影响逐渐减小。当 ϕ 降低到 0.57(设计点)时,SC 的频谱图在约 1/3 BPF 处出现一驼峰(虚线圈出);根据图 5-14 可知该驼峰与机械振动无关。这表明,当压气机被节流到该工况点,叶顶附近已监测到了 RI 信号的出现。同一工况下,CT 中小于 1 BPF 频段的信号能量仍处于低水平,没有证据表明 RI 存在。

当流量减小至 $\phi = 0.52$(SC 近失速点)时,除 SC 中明显 RI 信号外,CT 中亦出现 RI 驼峰(虚线圆圈出)。随着节流进行,SC 和 CT 的 RI 信号能量愈发明显。相同工况下($\phi = 0.52$),CT 的 RI 对应 PSD 水平较 SC 低;即使在近失速点($\phi = 0.48$),CT 的 RI 信号强度略低于 $\phi = 0.52$ 时 SC 的 RI 信号强度。这表明,大叶顶间隙时,周向槽构型处理机匣的引入显著推迟了 RI 的出现。

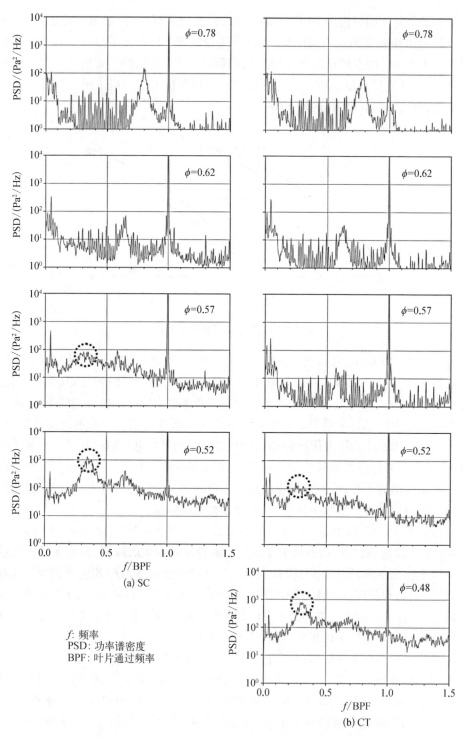

f: 频率
PSD: 功率谱密度
BPF: 叶片通过频率

(a) SC

(b) CT

图 5-13   绝对坐标系下机匣壁面压力频谱随流量系数的变化,实验($h/C=4.3\%$)

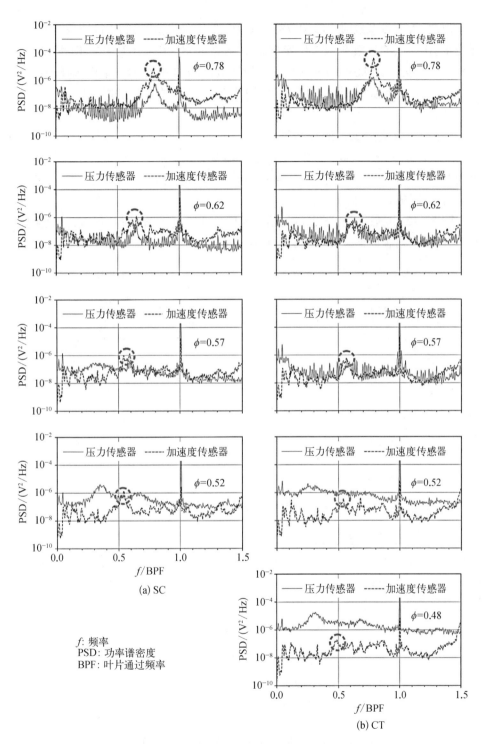

(a) SC

(b) CT

f: 频率
PSD: 功率谱密度
BPF: 叶片通过频率

图 5-14　动态压力传感器和加速度传感器测量的电压信号频谱对比,实验(h/C=4.3%)

总之,大流量系数时($\phi = 0.78$),SC 和 CT 中均未监测到 RI 特征。$\phi = 0.62$ 工况处于 RI 形成的过渡阶段;SC 实验监测出微弱 RI 信号,CT 中无 RI 特征。$\phi = 0.52$ 时,SC 处于近失速点;SC 和 CT 中皆实验监测到 RI 信号。下面选择上述三个流量系数点分析流动细节和动态特性,厘清 RI 机理及周向槽的影响机制。

5.3.3　大流量工况流场特征

在大流量工况点($\phi = 0.78$),两不同构型的低速轴流压气机转子流场中并未出现 RI;但为了便于后续对 RI 机制的分析,本节初步分析大流量工况点流场特征,以对转子流场有一个整体认识。

图 5-15 中描述了转子出口的轴向速度 c_a 和气流角 β 的径向分布。大流量工况下,周向槽对径向流动分布的影响可以忽略不计。

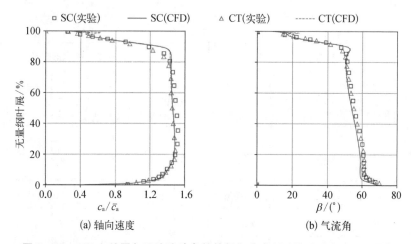

(a) 轴向速度　　　　　　　　(b) 气流角

图 5-15　MP_{out} 处周向平均流动参数的径向分布($h/C = 4.3\%$, $\phi = 0.78$)

95%叶高处叶片表面无量纲压力差 $\Delta p/p_{\text{atm}}$ 的轴向分布如图 5-16(a)所示,图中灰色标记为周向槽覆盖区域($z = 0.43C_x \sim 0.7C_x$)。此时,叶尖最大 Δp 位置向下游转移到了 $z = 0.7C_x \sim 0.8C_x$,叶尖气动载荷形式为尾缘加载。由于该工况进口气流角呈负攻角,叶片前缘 Δp 呈现负值。

通过叶顶间隙或周向槽的单位长度质量流量 $\text{d}\dot{m}_{\text{gap}}$:

$$\text{d}\dot{m}_{\text{gap}} = \rho w_t h_{\text{gap}} C_x \text{d}(z/C_x) \tag{5-4}$$

式中,w_t 为相对圆周速度;h_{gap} 为叶顶间隙或周向槽的径向尺寸。

则有通过叶顶间隙或周向槽的质量流量 $\dot{m}_{\text{gap}}$:

$$\dot{m}_{\text{gap}} = \int_{\text{LE}}^{\text{TE}} \text{d}\dot{m}_{\text{gap}} = \int_0^1 \rho w_t h_{\text{gap}} C_x \text{d}(z/C_x) \tag{5-5}$$

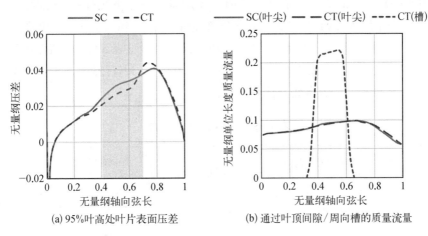

图 5-16 数值模拟结果沿轴向的分布($h/C=4.3\%$, $\phi=0.78$)

图 5-16(b)展示了以设计点质量流量($\dot{m}_{DP}$)无量纲化后的 $d\dot{m}_{gap}$ 轴向分布。曲线下面积即通过叶顶间隙或周向槽的无量纲质量流量。与图 5-16(a)相似,间隙处的单位长度质量流量最大值在 $z=0.7C_x\sim0.8C_x$ 位置出现。在 SC 和 CT 中,通过叶顶间隙的质量流量几乎相同;当前工况下,主流和周向槽内流动之间的相互作用并不强烈,周向槽对主流的影响较小。

进一步分析叶尖流动,图 5-17 展示了基于数值模拟的叶尖时均流场及机匣壁面压力的标准差。图中央所示的总体流场中,彩色云图为机匣壁面压力标准差 σ_p(由大气压力 p_{atm} 无量纲化)分布,黑色实线为等静压线;等静压线的低压槽连线(虚线)即叶尖泄漏涡的时均轨迹。为便于讨论,近壁面区域沿轴向被分为三部分:周向槽上游区域(区域Ⅰ)、周向槽覆盖区域(区域Ⅱ)和周向槽下游区域(区域Ⅲ);源自上述区域的叶尖泄漏流流线用不同颜色区分(坐标及颜色划分详见表 5-2)。局部放大图 A 显示了等压线(细实线)、叶尖泄漏涡轨迹(粗虚线)、σ_p 在特定值下的等值面和流线投影;子图 B 则展示了叶尖泄漏流的发展。为了更好地区分周向位置,叶片被分别命名为 B_1、B_2 和 B_3。

表 5-2 叶顶区域划分及对应颜色

区域划分	轴向位置,z/C_x	B_1 叶尖发出流线颜色
Ⅰ	0~0.43	蓝
Ⅱ	0.43~0.7	黄
Ⅲ	0.7~1	紫

图 5-18 展示了瞬态 Q 准则等值面及叶片表面极限流线分布;Q 准则等值面从 $z=-0.08C_x$ 位置开始显示,并以无量纲静压标准差 σ_p 渲染。图 5-19 展示了不同轴向位置的机匣壁面压力频谱(PSD),数值探针位置见表 5-3,数值探针位置标记在频谱图的 Z 轴上。数值模拟的采样率控制在 10.5 kHz;每个方案收集 1 万个样本,采样和展示结果基于绝对坐标系。

表 5-3　数值探针位置分布

径　向　位　置	轴向位置,z/C_x
100%叶高(机匣壁面)	0
	0.13
	0.27
	0.49
	0.67
	0.97
110.4%叶高(周向槽壁面)	0.47
	0.64

如图 5-17 所示,在 SC 和 CT 中,无论是叶尖泄漏流流线还是静压标准差分布,皆表现出相似结果。叶尖泄漏涡的起始转移到了周向槽下游(区域Ⅲ),该位置与图 5-16(b)所表现的 Δp 最大值位置对应。

由子图 A 可知,源自区域Ⅰ和部分区域Ⅲ的叶尖泄漏流共同形成叶尖泄漏涡。周向槽仅对区域Ⅱ的叶尖泄漏流发展产生细微影响。近叶片尾缘,部分来自 B_1 区域Ⅲ的流线横穿叶尖通道到达 B_2 尾缘。

如果将叶尖流动看作一个动态系统,如子图 A 所示,该工况下叶片尾缘处存在叶尖通道间的信息传递,即满足了形成自激振荡的条件。但尾缘处传递流场信息的载体对应流量较小,当前流量系数下压力非定常性波动(σ_p)不明显。这一点在图 5-18 所示的 Q 准则等值面及图 5-19 所示的轴向压力频谱分布亦有显示。此外,如图 5-19 所示,在低于 1 BPF 的频带中,最高 PSD 水平(大小仅为 1×10^1 量级)出现在尾缘附近;故总体上流动非定常性较低。因此,从动态系统的角度讲,即使叶尖区域存在诱导自激振荡的流动,也未必表现出 RI。RI 与叶尖泄漏流量及自身的非定常性属性等方面有关。

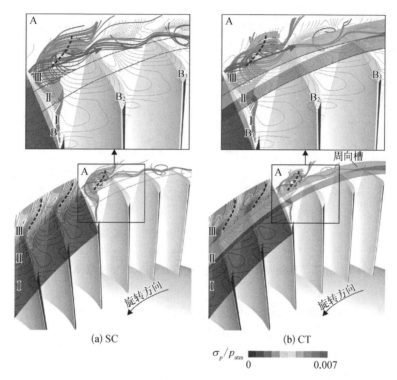

(a) SC　　　　　　　　　(b) CT

σ_p/p_{atm}
0　　　　　0.007

图 5 - 17　叶顶附近时均流场及静压标准差分布,数值模拟
（$h/C=4.3\%$, $\phi=0.78$）

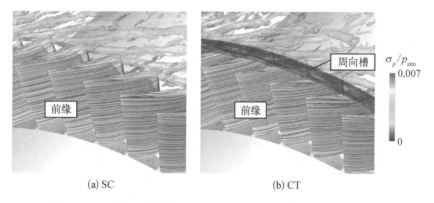

(a) SC　　　　　　　　　(b) CT

图 5 - 18　瞬态 Q 判据等值面及叶片表面极限流线分布,数值模拟
（$Q=5\times10^6\ s^{-2}$, $h/C=4.3\%$, $\phi=0.78$）

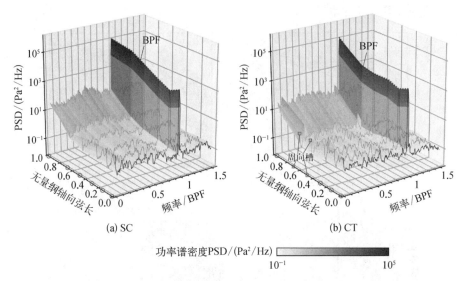

图 5 - 19　绝对坐标系下不同轴向位置处机匣壁面压力频谱,数值模拟($h/C=4.3\%$, $\phi=0.78$)

5.3.4　中等流量工况旋转不稳定性机理

1. 中等流量工况旋转不稳定性流动现象

中等流量系数 $\phi=0.62$ 时,转子出口($\mathrm{MP}_{\mathrm{out}}$)$c_{\mathrm{a}}$ 和 β 的径向分布如图 5 - 20 所示。周向槽重新分配了 70% 叶高以上的流动,而对其他区域的影响有限。与 SC 结果相比,CT 中的通流能力在 90% 叶高以上有所下降,且相对气流角减小。在 70%~90% 叶高,CT 的 c_{a} 和 β 较 SC 结果更大。

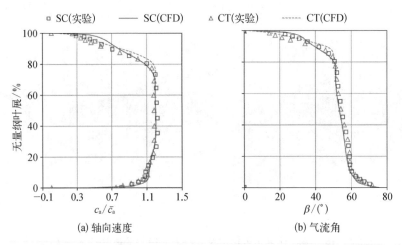

图 5 - 20　$\mathrm{MP}_{\mathrm{out}}$ 处,周向平均流动参数的径向分布($h/C=4.3\%$, $\phi=0.62$)

由图 5 - 21(a)可知,95% 叶高的 Δp 分布变化明显。对 SC 结构而言,叶片表面压力差的峰值由叶片前端转移到约 $0.4C_x \sim 0.5C_x$ 位置。此时,周向槽对整个叶尖区域的 Δp 影响显著。对于叶片前半部分,CT 使得 Δp 减小;对于叶片后半部分,周向槽增加了叶尖压差。引入周向槽后,叶尖气动载荷形式由前加载转变为后加载。

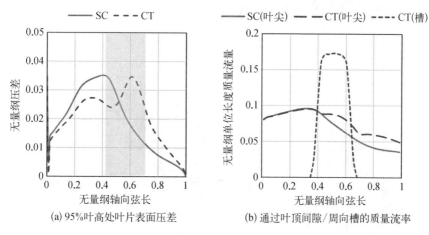

(a) 95%叶高处叶片表面压差　　(b) 通过叶顶间隙/周向槽的质量流率

图 5-21　数值模拟结果沿轴向的分布($h/C = 4.3\%$, $\phi = 0.62$)

图 5-21(b)给出了通过叶顶间隙和周向槽的质量流量分布。当前工况,周向槽影响了叶尖泄漏流质量流量。从叶片前缘到槽的起始位置($z = 0 \sim 0.43C_x$),在 SC 和 CT 中,通过叶顶间隙的质量流量几乎相同。相比之下,从 $0.43C_x$ 到叶片尾缘,CT 结构中叶尖泄漏流的质量流量明显增加。由于叶尖泄漏流的增强,CT 结构中的叶尖区主流受到阻滞,CT 中 90%叶高以上 c_a 相对降低(图 5-20)。该工况下周向槽内流量处于较高水平,随着压气机流量系数的增大,周向槽可容纳更多流体通过。

进一步分析叶顶流动。图 5-22 展示了近叶尖时均流场及壁面静压的标准差分布。与大流量系数($\phi = 0.78$)相比,叶片载荷的变化使得该工况下叶尖泄漏涡的起源位置向上游迁移,且 SC 和 CT 中的叶尖泄漏涡轨迹发展偏差明显。在 SC 中,叶尖泄漏涡轨迹附近出现高 σ_p 区域,而 CT 中 σ_p 整体较低。这表明,$\phi = 0.62$ 时,周向槽有效抑制了近叶尖流动非定常性。

SC 结构中,当前工况的近叶顶流动非定常性较近失速工况有所降低;但其壁面静压标准差依旧较为明显。为了揭示其对应物理特性,子图 A 展示了 $\sigma_p / p_{atm} = 0.0055$ 的对应等值面;叶尖泄漏涡轨迹以虚线标出。当前工作点,流动非定常性主要源自叶尖泄漏涡。等值面横跨叶尖通道,叶尖非定常流动扰动从一个叶片传到相邻叶片,影响相邻叶片叶尖泄漏涡的形成和发展。

图 5-22 的子图 B 的叶尖泄漏流流线表征了流动信息的传播路径。在 SC 结构中,从 B_1 区域Ⅰ和区域Ⅱ发出的流线形成叶尖泄漏涡后,向下游延伸并流出通道,并不参与跨通道流动。源自 B_1 区域Ⅲ的流线一部分汇入叶尖泄漏涡并向下游

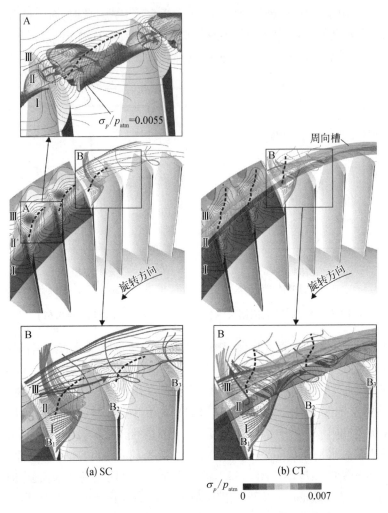

图 5-22　叶顶附近时均流场及静压标准差分布,数值模拟
($h/C = 4.3\%$, $\phi = 0.62$)

传播,另一部分流线则横穿叶片通道并到达 B_2 的区域 II。如图 5-23 的 Q 准则等值面所示(Q 判据等值面从 $z = -0.08C_x$ 位置开始显示),叶尖泄漏涡区域存在大量的小涡结构,即非定常大尺度扰动。结合图 5-22 的子图 B 可知,叶尖泄漏涡诱导的非定常扰动可以沿 B_1 区域 III 的流动传播到 B_2 区域 II,改变当地瞬态压力分布。由于当前叶尖泄漏涡的一部分由区域 II 流动构成,当 B_2 区域 II 受到非定常扰动时,叶尖泄漏涡强度和发展亦会受到影响,并随时间变化。上述动态过程从一个通道延续到下一个通道,最终使整个叶尖流动进入自激振荡状态。

在 CT 结构中,来自 B_1 区域 I 的流动可以分为两组:一组流向下游,参与 B_1 叶尖泄漏涡的形成;另一组流向 B_2 区域 II,汇入相邻通道叶尖泄漏涡。周向槽有

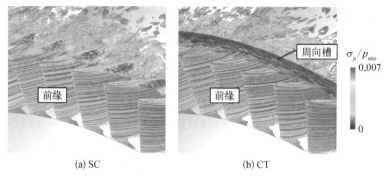

(a) SC　　　　　　　　　　(b) CT

图 5‑23　瞬态 Q 判据等值面以及叶片表面极限流线分布,数值模拟
($Q = 5 \times 10^6 \ \text{s}^{-2}$, $h/C = 4.3\%$, $\phi = 0.62$)

效地改变了 B_1 区域 Ⅱ 的流动路径,使流体向下游迁移而不影响相邻叶片。B_1 区域 Ⅲ 流动,则始终被限制在区域 Ⅲ 内;即该流动几乎不影响邻近通道中叶尖泄漏涡的形成。如果区域 Ⅰ 的流动是非定常的,那么扰动可以影响 B_1 和 B_2 的区域 Ⅱ。然而,受周向槽驱使,区域 Ⅱ(B_1 和 B_2)流动不影响 B_3 只向下游传播。因此,CT 结构中,相邻叶片通道间无法形成可持续的扰动传播路径。该流动状况表现为动态系统的内部不连续;叶尖流动不满足自激振荡条件,因而 σ_p 较低。

在当前工作点($\phi = 0.62$),实验测量信号会受到机械振动的干扰(见 5.3.2 节),不能完全真实地反映空气动力学特性。因此,下面对当前工作点的动态特征分析只依据数值结果展开。

图 5‑24 给出了机匣壁面静压 PSD 的轴向分布。引入周向槽后,频谱分布发

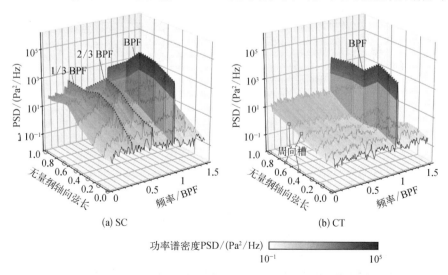

(a) SC　　　　　　　　　　(b) CT

功率谱密度PSD/(Pa²/Hz)

图 5‑24　绝对坐标系下不同轴向位置处机匣壁面压力频谱,数值模拟
($h/C = 4.3\%$, $\phi = 0.62$)

生明显变化。SC 对应子图中,RI 频带在 1/3 BPF 附近以及 2/3 BPF 处的对应谐波较为明显,且其强度沿流向逐渐增大。CT 结构的频谱则未显示任何明显特征频率;在不同轴向位置处,0~1 BPF 区间的频率分布表现出近似白噪声特征。但 CT 的 PSD 水平沿流向逐渐增大,这与 SC 类似。

　　为进一步挖掘 RI 的特征信息,在 $z=0.27C_x$ 轴向位置处,对两个周向排列且距离为 $0.1P$ 的数值探针记录的壁面静压进行谱相关性分析。图 5-25 展示了绝对

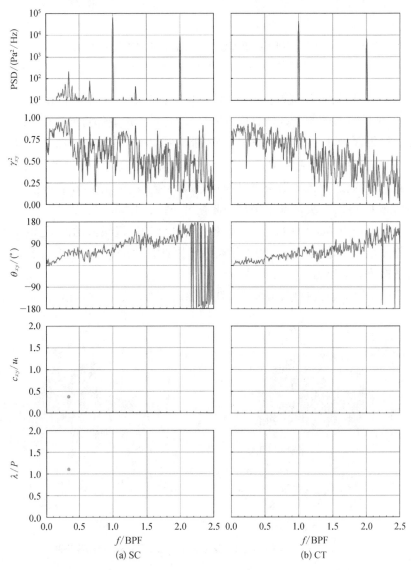

(a) SC　　　　　　　　　(b) CT

图 5-25　绝对坐标系下 $z=0.27C_x$ 处机匣壁面压力的谱相关性分析,
数值模拟($h/C=4.3\%$, $\phi=0.62$)

坐标系下的分析结果,包括两组信号的 PSD 值,相干性 γ_{xy}^2、相位角 θ_{xy}、扰动传播速度 c_{xy}(由叶尖速度 u_t 无量纲化)以及对应波长 λ(由栅距 D 无量纲化)。为了过滤噪声及次要信息,显示 RI 对应结果,此处人为地设定一个阈值。该阈值之下的 c_{xy} 和 λ 以离散点的形式给出。阈值设置如下:PSD$>1\times10^2$、$\gamma_{xy}^2 > 0.75$、$f<$BPF。

如图 5-25(a)所示,1/3 BPF 附近的特征频率对应 γ_{xy}^2 的较高,对应的扰动传播速度在静止坐标系中接近 0.4 倍叶片转速,其相应的周向波长约为 1.1D。相比之下,CT 结构中所表现的低于 1 BPF 的频率所对应的 PSD 水平小于 1×10^1,且在定义的阈值内不显示任何散点,即无 RI 特征。因此,下面不再对当前工况下 CT 流场的动态特征展开分析。表 5-4 只给出了绝对坐标系下 SC 结构中 RI 的特征参数。

表 5-4 绝对坐标系下 SC 结构中 RI 对应的波特征参数,数值模拟($h/C=4.3\%$, $\phi=0.62$)

结　　构	f/BPF	c_{xy}/u_t	λ/D
SC	约 0.33	约 0.4	约 1.1

2. 中等流量工况下旋转不稳定性特征频率对应物理机制

为了阐明 SC 条件下 RI 主导频率(1/3 BPF)对应物理机制,以动态模态分解(DMD)方法对非定常数值模拟数据进行处理。DMD 分析以叶片排附近的静压场为快照收集区,收集 2 700 个快照作为数据库;这相当于叶片通过 270 倍栅距或将 9 通道网格遍历 30 次所需的物理时间。

图 5-26 展示了对应 DMD 频谱。如图所示,其中,以对数尺度显示的 DMD 振幅 α_j 表征每个模态在整个动态演化中的重要性。相对坐标系下,对应高 α_j 的 DMD 模态频率集中分布在 0.5 BPF~0.6 BPF 范围内。以下选择其中的主导模态(约 0.56 BPF)进行分析。

图 5-27 展示了对应 DMD 主导模态的三维空间可视化云图;图中展示无量纲压力 p_{DMD} 对应的等值面来反映压力波动,正值代表局部膨胀,负值代表局部收缩。无量纲压力 p_{DMD} 的等值面交替出现于叶尖附近,即模态扰动与叶尖流动的非定常性相关。$\phi = 0.62$ 时,模态所对应的空间流动结构发生了改变。当前工况下,p_{DMD} 等值面并不集中分布于近叶片前缘处。交替压力模态主要位于近叶尖泄漏涡轨迹的叶片中段到后缘区域。由实线和虚线分别描绘的波峰波谷表明,压力行波几乎与弦线平行;其周向波长约为 1.1D。

图 5-28 给出了 95% 叶高时均压力场和 DMD 主导模态的演变。右侧云图给出了时均压力 ψ_0 云图以及一个周期内 DMD 主导模态的 $\tilde{\psi}_1(t)$ 云图;$\tilde{\psi}_1(t)$ 云图中 p 表征叶尖瞬态压力较时均压力的偏差。为方便讨论,叶片分别被标记为 B$_1$、B$_2$、

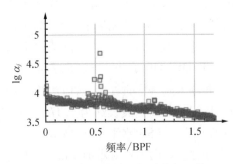 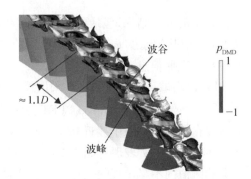

图 5 - 26　SC 结构中基于相对坐标系的 DMD　　图 5 - 27　SC 结构中 DMD 主导模态的空间
　　　　　频谱(h/C=4.3%, ϕ=0.62)　　　　　　　　　　可视化(h/C=4.3%, ϕ=0.62)

B_3 和 B_4。在 ψ_0 和 $\tilde{\psi}_1(t)$ 云图中,虚线均为时均叶尖泄漏涡轨迹。ψ_0 云图左侧给出了叶尖表面时均压差(Δp)的轴向分布(通过 p_{atm} 无量纲化)。$\tilde{\psi}_1(t)$ 云图左侧,Δp 表征 B_2 叶尖瞬态表面压差较时均工况的偏差;此处 Δp 的物理含义与时均工况中不同。

当前工况下,叶尖压力差的最大值出现在中间弦长附近;时均叶尖泄漏涡轨迹亦可体现。在 $\tilde{\psi}_1(t)$ 云图中,时均叶尖泄漏涡轨迹总被一正/负压力偏差对包围,泄漏涡轨迹附近压力交替现象显著。以 B_2 为例,初始 t_0 时刻,B_2 压力面侧存在一负压力偏差区。整体上,压力偏差对导致叶片中间弦长处 Δp 为负值。这意味着当前 DMD 模态贡献下,该时刻的叶尖瞬态压差降低,叶尖泄漏涡强度较时均结果减弱。随着时间的推移,B_2 压力面侧的负压力偏差区向下游传播,压力偏差对离开 B_2 向 B_3 移动。$t=0.6t_D$ 时,叶片中间弦长处,一个正压偏差区到达了 B_2 的压力面侧。B_2 叶片中间弦长处的 Δp 上升,当前 DMD 模态作用下的叶尖泄漏涡增强。如此往复,叶尖压力发生周期性变化;其周期为 $1.8t_D$。

由图 5 - 28 中窗口标记的压力行波波谷(压力极小值)可知,该行波的周向波长为 1.1D,其周向速度在相对坐标系中约为 0.61 倍叶片转速。由 Δp 分布可推断,叶片前缘处的行波振幅几乎为 0。当前工况下,由于叶尖泄漏流的起始位置向上游迁移,DMD 模态中 Δp 的最大振幅转移到了叶片中间弦长附近。表 5 - 5 中所示数据与表 5 - 4 所示的 RI 主要特征几乎一致。这意味着,上述 DMD 主导模态揭示了 RI 特征频率所对应的流动机制。

表 5 - 5　SC 结构中 DMD 主导模态对应的波特征(h/C=4.3%, ϕ=0.62)

坐　　标　　系	λ/D	f/BPF	v_t/u_t
相对坐标系	1.1	0.56	-0.61
绝对坐标系		0.35	+0.39

注:v_t/u_t 中+/-表示与叶片旋转方向相同或相反。

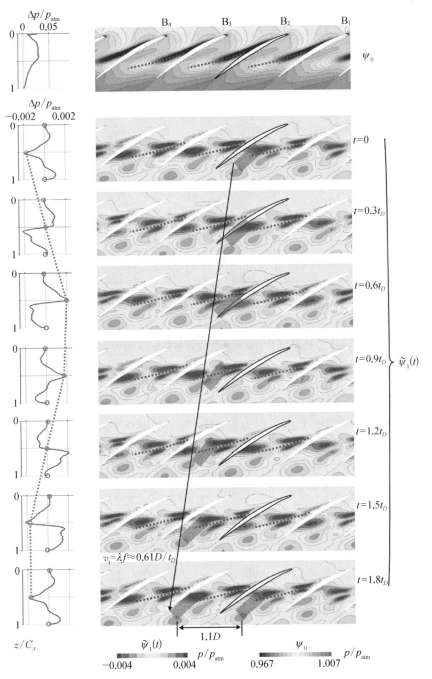

图 5-28　SC 结构,95%叶高处的时均压力分布和 DMD 主导模态的时间演变
及对应压力差($h/C=4.3\%$, $\phi=0.62$)

5.3.5 近失速工况旋转不稳定性机理

1. 近视失速工况下旋转不稳定性流动现象

$\phi = 0.52$ 时,转子叶片下游出口 MP_{out} 平面处的轴向速度 c_a 和相对气流角 β 展向分布如图 5-29 所示。SC 和 CT 的流场差异位于叶尖附近(尤其是 90%叶展以上);CT 的出口 c_a 和 β 较 SC 而言都有小幅下降。

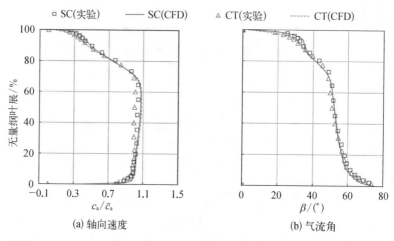

图 5-29 **MP_{out} 处周向平均流动参数的展向分布($h/C = 4.3\%$, $\phi = 0.52$)**

图 5-30(a)展示了转子叶尖(95%叶高)无量纲压力差 $\Delta p/p_{atm}$ 的轴向分布,灰色标记为周向槽覆盖区域($z = 0.43C_x \sim 0.7C_x$)。如图 5-30 所示,叶片前缘的压力差最大,在 $0.1C_x \sim 0.2C_x$ 范围内压力差极大值出现;即该工况下,叶尖气动载荷形式为前加载。$0.2C_x$ 之后,两者叶尖压差均逐渐降低。SC 和 CT 转子的叶尖负荷分布在 $0.3C_x \sim 0.7C_x$ 范围内存在明显差异。总体而言,虽然周向槽的引入对叶片近

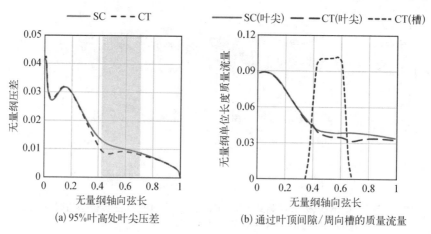

图 5-30 **叶尖流动参数的轴向分布($h/C = 4.3\%$, $\phi = 0.52$)**

前缘的压差分布影响有限;但其改变了周向槽附近的压力场,降低了局部气动载荷。

图 5-30(b)展示了无量纲 $\mathrm{d}\dot{m}_{\mathrm{gap}}$ 轴向分布。与图 5-30(a)相似,对于 SC 结构而言, $\mathrm{d}\dot{m}_{\mathrm{gap}}$ 在叶片前缘附近最高,此后沿弦长逐渐下降。在 CT 中, $\mathrm{d}\dot{m}_{\mathrm{gap}}$ 在周向槽上游($0 \sim 0.43C_x$)呈现与 SC 几乎相同的分布;从周向槽开始到叶片尾缘($0.43C_x \sim 1.0C_x$) $\mathrm{d}\dot{m}_{\mathrm{gap}}$ 表现轻微下降。这进一步表明周向槽对上游叶尖流场的影响微不足道。由于周向槽的径向尺寸(h_{gap})明显大于叶间间隙,通过槽的周向质量流量较高。

为了对叶尖流动开展进一步分析,基于数值模拟,图 5-31 展示了叶尖时均流场以及机匣壁面压力的标准差。在叶片前缘的区域 I 中,虽然 SC 和 CT 的静压分

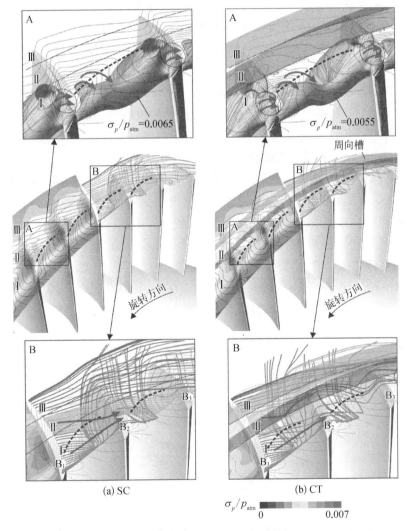

图 5-31　叶顶附近时均流场及静压标准差分布,数值模拟
($h/C = 4.3\%$, $\phi = 0.52$)

布相似,叶尖泄漏涡轨迹基本一致;但静压标准差 σ_p 分布显示不同构型的流场波动存在明显差异。对于 SC 结构而言,叶尖泄漏涡轨迹上游附近的 σ_p 较高,即流场非定常性显著;叶尖泄漏涡轨迹与相邻叶片压力面交点附近,流场非定常性亦较为强烈。CT 结构中存在相似的非定常扰动区域;然而, σ_p 云图表明,CT 结构中流场非定常性较小。子图 A 的 σ_p 等值面表明,周向槽有效削弱当地流场波动。

与叶尖泄漏涡的发展趋势一致,子图 A 的 σ_p 等值面贯穿整个叶尖通道;即强流动非定常性可能与叶尖泄漏涡有关。一旦非定常扰动到达相邻叶片压力面,部分扰动会跟随气流绕过叶尖,并最终影响叶尖泄漏涡的形成及发展。受非定常流动影响,叶尖存在瞬时压力波动,叶尖泄漏涡的强度及发展亦随时间变化。

更多的流场细节如子图 B 所示。叶片前缘区域 I 的叶尖泄漏流流线在 SC 和 CT 中几乎有着同样的分布。其中,源自叶片 B_1 叶顶间隙的部分流线直接参与 B_1 和 B_2 间通道叶尖泄漏涡的形成后向下游传播并离开通道;此时,另一部分流线则跨 B_2 叶尖,汇入 B_2 和 B_3 间的叶尖泄漏涡。

与区域 I 不同,周向槽对区域 II 和区域 III 中的流线分布有较为明显影响。如子图 B 中箭头所示,SC 情况中,来自 B_1 区域 II 和区域 III 的流线穿过叶顶间隙后,分别到达 B_2 区域 I 和 II。即叶片 B_1 中后部的信息可以传播到 B_2 前端。由于 B_2 前端压力分布对叶尖泄漏涡的形成起着决定性作用,B_1 中后部的流动扰动会显著影响 B_2 叶尖泄漏涡的生成。相比之下,CT 情况中,受周向槽影响,源自 B_1 区域 II 的流线被强行偏转至下游,而无法影响 B_2 区域 I。因此,在 CT 结构中,B_2 叶顶区域 I 只受到 B_1 区域 I 的流动影响。

如果将叶尖流动看作一个动态系统,那么当前工况下,该系统处于自激振荡状态。图 5-32 给出了瞬态 Q 准则等值面分布,Q 准则等值面从 $z=-0.08C_x$ 位置开始显示。瞬态流场中,叶尖泄漏涡包含众多小涡,这些小涡处于湍流状态并伴随着

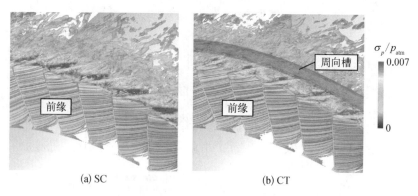

(a) SC   (b) CT

图 5-32　瞬态 Q 判据等值面及叶片表面极限流线分布,数值模拟
$(Q=5\times10^6\ \mathrm{s}^{-2},\ h/C=4.3\%,\ \phi=0.52)$

非定常扰动。对处于自激振荡系统的叶尖流动而言,当一个非定常扰动被引入至如图 5-31 所示的 B_1 叶尖区域时,由于能量耗散,该扰动发生自然衰减。随着流动进行,在传播到 B_2 区域 I 之前,若该扰动没有完全衰减,它将影响该区域的叶片压力分布,诱导叶尖载荷随时间波动,并引发叶尖泄漏涡的非定常行为。基于此,非定常叶尖泄漏涡继续影响 B_3 压力分布,使得源自 B_3 的叶尖泄漏涡进入非定常状态。如此一来,叶尖流动进入非定常状态,最终达到周期性动态平衡。

当前工况下,叶尖泄漏涡受叶顶区域 I 的流动主导。SC 结构中,B_2 区域 I 流动被来自 B_1 区域 I 和区域 II 的气流干扰;这共同影响 B_2 叶尖前端瞬时载荷及叶尖泄漏涡的演化。相比之下,CT 结构中,叶尖泄漏涡只受前端区域 I 的流动影响;较 SC 结构,CT 结构的跨通道扰动影响域面积减小。因此,CT 结构中近叶顶流场整体上表现出较低的 σ_p。

为了解 RI 的空间分布,对比分析不同轴向位置处的 RI 频谱。图 5-33 展示

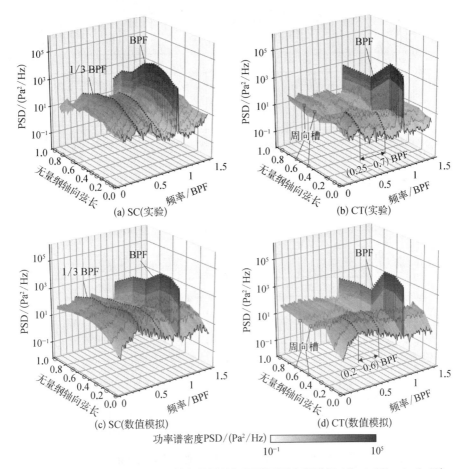

图 5-33　绝对坐标系下不同轴向位置处机匣壁面压力频谱($h/C=4.3\%$, $\phi=0.52$)

了不同轴向位置的壁面压力频谱(PSD),实验机匣壁面压力监测点布局见图5-4,数值探针位置见表5-3。为了使实验和数值模拟具有可比性,实验的采样率控制在10.4 kHz,数值模拟的采样率控制在10.5 kHz;每个方案收集1万个样本,所有采样和结果分析在绝对坐标系下展开。

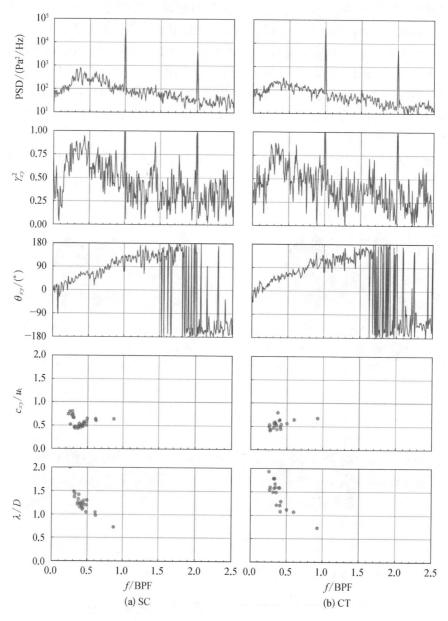

图5-34 绝对坐标系下 $z=0.27C_x$ 处机匣壁面压力的谱相关性分析,
数值模拟结果($h/C=4.3\%$, $\phi=0.52$)

就实验测量结果而言,SC 结构中 RI 主导频率位于约 1/3 BPF,且谐波在约 2/3 BPF 表现出局部高能。随着周向槽的引入,RI 特性显著改变。在 CT 结构中,小于 1 BPF 的频段内没有显著主导频率。在周向槽上游,0.25 BPF~0.7 BPF 频段内的 RI 表现出较高能量。在近周向槽区域,PSD 值显著下降,周向槽内流动波动较小。

就数值模拟结果而言,在 SC 结构中,约 1/3 BPF 处形成一低频驼峰,这与实验结果非常吻合。而在 CT 结构中,RI 表现出较宽的频带,并且该频带只在周向槽的上游才被监测到。与实验结果相比,数值模拟预测了 CT 的 RI 频率值,周向槽对 RI 的影响趋势能被数值模拟定性地捕捉。目前的模拟方法能较合理地反映周向槽对 RI 动态特征的影响。

为进一步挖掘 RI 的特征信息,图 5 - 34 展示了绝对坐标系下的壁面静压谱相关性分析结果,此处选取阈值如下: PSD>1×10^2Pa^2/Hz, $\gamma_{xy}^2 > 0.75$, f<BPF。

对于 SC 结构而言,0.2 BPF~0.5 BPF 范围内的频率展现了较高相关,主导频率位于 1/3 BPF 附近。即当前工况的数值模拟监测的 RI 位于 1/3 BPF 附近频段。与 RI 主导频率对应的离散点表明,传播速度 c_{xy} 存在特征范围,大部分离散点接近叶片转速的一半,周向波长 λ 在 D 和 $1.5D$ 之间。

在 CT 结构中,RI 对应于约 0.2 BPF~0.5 BPF 的频带。较 SC 工况,该频带更宽,但并没有表现出某一明显特征频率。整体上,PSD 水平下降,γ_{xy}^2 也有所减小,对应的 c_{xy} 位于以 $0.5u_t$ 为中心的范围内,λ 为 D~$2D$。根据上述分析,表 5 - 6 归纳了当前工作点 RI 的特征参数。

表 5 - 6　绝对坐标系下 RI 对应的波特征参数,
数值模拟(h/C=4.3%, ϕ=0.52)

结　　构	f/BPF	$c_{xy}u_t$	λ/D
SC	0.2~0.5	0.4~0.8	1~1.5
CT	0.2~0.5	0.4~0.8	1~2

2. 近失速工况下旋转不稳定性特征频率对应物理机制

图 5 - 35 给出了相对坐标系的 DMD 频谱。SC 情况下,对应高 α_j 的 DMD 模态频率集中在 0.42 BPF 左右。相比之下,CT 结构中的模态分布并不集中在单一频率,α_j 在 0.3 BPF 和 0.56 BPF 附近皆表现出了局部较高值。值得注意的是,此处的频谱是基于相对坐标的,而之前所讨论的 RI 特性是基于绝对坐标的。因此,图 5 - 35 的信息不能与图 5 - 34 的统计数据直接关联。

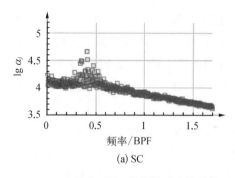

(a) SC

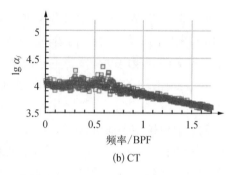

(b) CT

图 5-35　基于相对坐标系的 DMD 频谱($h/C=4.3\%$, $\phi=0.52$)

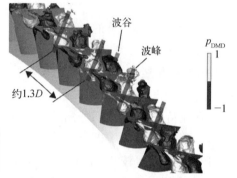

图 5-36　SC 结构中 DMD 主导模态的空间可视化($h/C=4.3\%$, $\phi=0.52$)

对 SC 结构中位于 0.42 BPF 附近的 DMD 主导模态进行详细分析。图 5-36 将该 DMD 模态投影至三维空间中。

根据可视化结果可知,DMD 主导模态对应的等值面分布于叶尖附近;该模态对应物理现象与叶尖流动的非定常性紧密相关。正、负等值面在叶尖通道内交替出现。如果近似连接 p_{DMD} 对应的极大值(实线,代表波峰)或极小值(虚线,代表波谷),该 DMD 模态可等价于一个波谷和波峰与叶片交错分布的压力行波。沿圆周方向,数值模拟预测的周向波长 λ 约为 1.3D。

进一步分析 95%叶高位置 DMD 主导模态的时空特性。与图 5-30(a)一致,图 5-37 所示的 Δp 的峰值点位于叶片前缘附近,这与叶尖泄漏涡轨迹的起点一致。

由 $\tilde{\psi}_1(t)$ 的演变可知,叶尖泄漏涡轨迹的上游可明显观察到瞬态压力偏差的变化。上述区域与图 5-31 中所示的高 σ_p 范围一致性,即高 σ_p 对应的非定常性与当前讨论的 DMD 模态紧密相关。在 t_0 时刻,叶尖泄漏涡轨迹上游靠近 B_2 吸力面处,可以观察到一个正压力偏差区域。此时,B_2 压力面形成一个负压力偏差区域。该时刻,$\tilde{\psi}_1(t)$ 对应的 Δp 在 B_2 前缘附近表现为负值;即该 DMD 模态下,叶片前缘瞬态压差较时均值下降。由于叶尖泄漏涡强度与叶尖压差密切相关,$\tilde{\psi}_1(t)$ 对应的负 Δp 表示叶尖泄漏涡的减弱。随着时间推移,负压力偏差区沿 B_2 压力面向下游传播;B_2 和 B_3 间的正压力偏差区从 B_2 脱落向 B_3 逐渐靠近。当 $t=0.8t_D$ 时,来自 B_1 的正压力偏差区到达 B_2 前缘,导致叶片前缘的 Δp 变为正值。在 DMD 模态的贡献下,B_2 叶片前端的瞬态载荷增加,这提供了增强叶尖泄漏涡的能量。$t=2.4t_D$ 时,流动回到 $t=0$ 时刻状态。DMD 模态对应的时间演变周期为 $2.4t_D$。

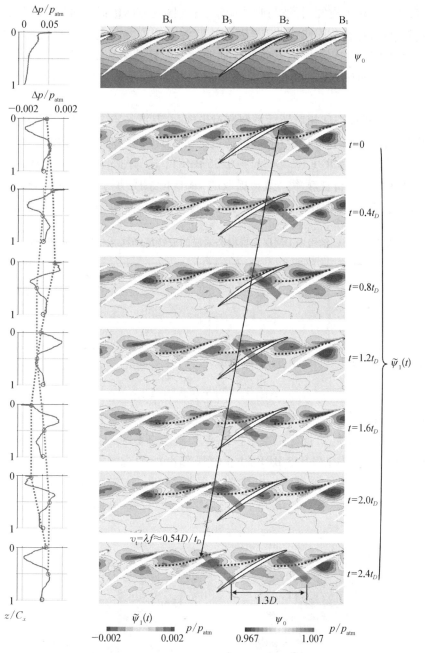

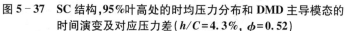

图 5 - 37　SC 结构,95%叶高处的时均压力分布和 DMD 主导模态的
时间演变及对应压力差($h/C = 4.3\%$, $\phi = 0.52$)

综合观察通道间压力偏差分布,相邻通道中正/负压力偏差区的同步运动构成
一个行波。为了更好地展示行波特性,在图 5 - 37 中用矩形窗口标记压力极小值

来代表波谷。由图可知,行波与叶片交错,并沿圆周方向传播。每当时间跨过一个周期($2.4t_D$),行波在周向移动 $1.3D$,即该行波在圆周方向上的对应波长为 $1.3D$。因此,相对坐标系中,沿圆周方向的传播速度可以计算为转子叶片转速的 0.54 倍($v_t = \lambda f \approx 0.54D/t_D$)。当前工况的非定常叶尖流动本质上是一种压力行波的表现。

上述压力行波,从相对坐标系到绝对坐标系,其波长不会改变。但坐标系转换后,绝对速度等于相对速度与坐标系速度之和,行波的绝对传播速度即 $0.46u_t$,绝对频率也变为 0.35 BPF($f = v_t/\lambda \approx 0.35$ BPF),这与图 5 - 34 所示的绝对坐标系中监测到的 RI 主特征频率一致。提取的 DMD 模态成功揭示了 RI 主导频率的物理特性。表 5 - 7 对 DMD 主导模态对应行波特征进行了总结。

表 5 - 7　SC 结构中 DMD 主导模态对应的波特征($h/C = 4.3\%, \phi = 0.52$)

坐　标　系	λ/D	f/BPF	v_t/u_t
相对坐标系	1.3	0.42	−0.54
绝对坐标系		0.35	+0.46

注:v_t/u_t 的+/−表示与叶片旋转方向相同或相反。

图 5 - 35 中 CT 对应的 DMD 频谱表明,在 0.3 BPF 和 0.56 BPF 两个频率附近,模态表现出局部高能。为了展示这两个模态的物理特性,图 5 - 38 给出了相应 DMD 模态的空间可视化结果。模态 1 和模态 2 分别对应振幅最高的主导模态(0.56 BPF 左右)和 0.3 BPF 附近的局部高能模态。与 SC 的情况相似,上述两个模态中,p_{DMD} 等值面在叶尖附近被监测到。这表明,模态对应的非定常特性只与叶尖流动有关。其中,模态 1 的圆周投影 λ 约为 $1D$,而模态 2 约为 $2D$。

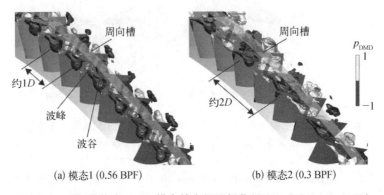

(a) 模态1 (0.56 BPF)　　(b) 模态2 (0.3 BPF)

图 5 - 38　CT 结构中 DMD 模态的空间可视化($h/C = 4.3\%, \phi = 0.52$)

　　选择主导模态,模态 1,并对图 5 - 39 进行讨论。在 ψ_0 云图中,叶片前端压力分布与 SC 中的表现几乎一致,且叶尖泄漏涡轨迹的起始点位于叶片前缘附近,这表明周向槽对叶尖泄漏涡轨迹的影响有限。

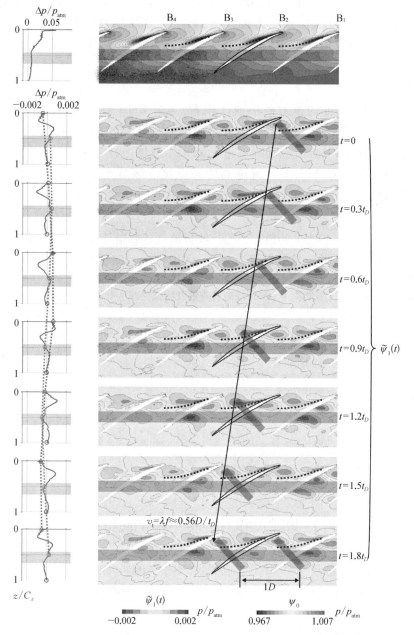

图 5 - 39　CT 结构,95%叶高处的时均压力分布和 DMD 主导模态的时间演变及对应压力差($h/C=4.3\%$, $\phi=0.52$)

根据 $\tilde{\psi}_1(t)$ 可知,$t=0$ 时,B_2 的吸力面侧出现一个正压力偏差区,该区域主要位于叶尖泄漏涡轨迹的上游。此时,一个负压力偏差区到达 B_2 压力面侧,导致叶片前部 Δp 为负值。在该时刻,DMD 模态反映了叶尖泄漏涡强度的减弱。随着时间的推移,负压力偏差区沿 B_2 压力面侧向下游移动,而正压力偏差区则离开 B_2。$t=0.6t_D$ 时,正压力偏差区到达 B_2 前缘压力面侧,B_2 叶片前端的 Δp 变为正值;该时刻下 DMD 模态对应着瞬态叶尖泄漏涡的增强。随着时间的变化,B_2 载荷在该模态发生周期性改变。总体而言,该 DMD 模态演变的周期为 $1.8t_D$。

由矩形窗口表征的压力极小值区来看,当前 DMD 模态对应的压力行波与 SC 的情况相似,即与叶片交错存在。然而,对应 CT 结构的周向波长下降到 $1D$ 左右;从叶片前缘到尾缘,波动强度逐渐减小。总体上,CT 中的波动较 SC 中要小得多;这是源自图 5-31 中讨论的跨通道扰动域减小。周向槽虽然不直接改变槽下的扰动,但它在影响与动态特性相关的叶尖泄漏流方面起着重要作用。

表 5-8 总结了模态 1 和模态 2 的行波特征。其数据与表 5-6 中对应的 RI 主导特征一致,也与实验测量结果相当。即:DMD 模态反映了 RI 的物理特性。

表 5-8　CT 结构中 DMD 模态对应的波特征($h/C=4.3\%$, $\phi=0.52$)

模　态	坐 标 系	λ/D	f/BPF	v_t/u_t
模态 1	相对坐标系	1	0.56	−0.56
	绝对坐标系		0.44	+0.44
模态 2	相对坐标系	2	0.3	−0.6
	绝对坐标系		0.2	+0.4

注:v_t/u_t 的 +/− 表示与叶片旋转方向相同或相反。

5.4　叶顶间隙尺寸对旋转不稳定性特征的影响

为揭示叶顶间隙尺寸对 RI 的影响机理,本小节的研究对象为带有中等叶顶间隙($h/C=2.6\%$)和小叶顶间隙($h/C=1.3\%$)的单转子轴流压气机。

5.4.1　总体性能变化

图 5-40 分别对比展示了叶顶间隙尺寸变化对压气机性能的影响。由于带有

小叶顶间隙的转子内部流场中没有观察到 RI 现象,此时不开展有关周向槽的研究工作。如图所示,$h/C=2.6\%$ 时,在同一工况点,SC 和 CT 的压升几乎一致;周向槽的引入扩大了压气机的稳定工作范围。

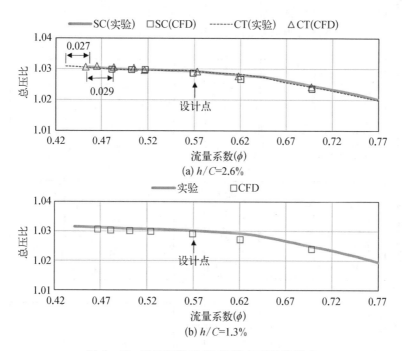

(a) $h/C=2.6\%$

(b) $h/C=1.3\%$

图 5-40 叶顶间隙尺寸对压气机特性的影响

$h/C=2.6\%$ 时,采用图 5-41 所示的动态压力传感器布局监测机匣壁面压力频谱,以获取 RI 动态特征信息;相关 PSD 频谱如图 5-42 所示。

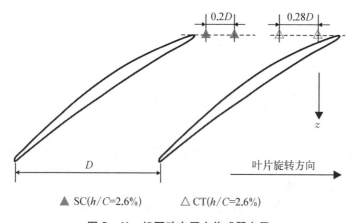

图 5-41 机匣动态压力传感器布局

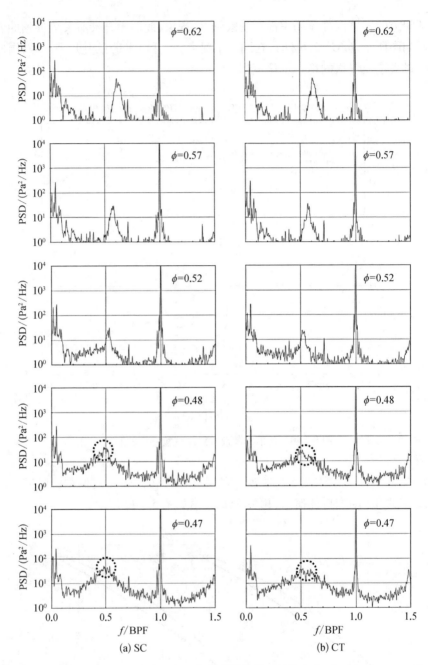

图 5-42　绝对坐标系下机匣壁面压力频谱随流量系数的变化，实验（$h/C=2.6\%$）

　　如 5.3.2 节中所述，当流量系数足够大时（$\phi=0.62$ 和 0.78），试验台振动会影响动态压力传感器的测量。由于机械振动的能量较非定常流动高，动态压力传感器信号的对应频谱中往往能观察到机械振动信号。当前中等叶顶间隙结构中，上述情形亦有体现。如图 5 - 42 所示,在 $\phi=0.62$ 和 0.57 时,在 SC 和 CT 频谱中,机械振动在 0.6 BPF 附近表现出较高能量。当流量系数减小至 0.52 时,在 0.5 BPF 附近的宽频带振幅增加;该工况点处,RI 已经初步显现。

SC 结构中,当压气机节流到 $\phi=0.48$,甚至 $\phi=0.47$ 时,0.5 BPF 附近可以观察到典型 RI 驼峰。在 CT 中,RI 位于 0.5 BPF~0.6 BPF 间的频带,周向槽影响了 RI 的特性。但不同于大叶顶间隙情形,当前间隙下,周向槽未能明显推迟 RI。

基于上述观察,在接下来的小节中,分别选取不同叶顶间隙时的近失速工况点和与 5.3.4 节中相同的中等流量工况点分析,以分析叶顶间隙尺寸对 RI 的影响。

5.4.2　近失速工况较小叶顶间隙尺寸压气机的旋转不稳定性机制

1. 中等叶顶间隙

图 5 - 43 展示了 $h/C=2.6\%$、$\phi=0.48$ 时转子出口($\mathrm{MP_{out}}$) c_{a} 和 β 的径向分布。由于缺少相关实验数据,图中仅对比数值模拟结果。对比 SC 和 CT 结果,$\phi=0.48$ 时,周向槽对径向流动分布的影响是有限的。

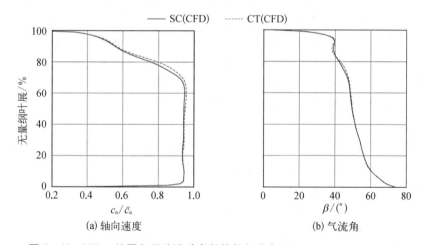

(a) 轴向速度　　(b) 气流角

图 5 - 43　$\mathrm{MP_{out}}$ 处周向平均流动参数的径向分布($h/C=2.6\%$,$\phi=0.48$)

叶尖压差 Δp 如图 5 - 44(a)所示。Δp 在叶片前缘附近达到最大值,然后逐渐下降。在 SC 和 CT 中,局部叶片载荷呈现前加载特性;周向槽对压力分布的影响很小。$0.05C_x$~$0.3C_x$,CT 结构的叶尖压差只表现轻微增加。周向槽影响区域也仅受到较小影响。总之,该工况下叶尖气动载荷受周向槽的影响有限。

图 5 - 44(b)展示了通过叶顶间隙或周向槽的质量流量分布。两种结构下,叶尖泄漏流流量峰值出现在前缘附近,这与图 5 - 44(a)中所讨论的 Δp 展现了相同的趋势。受周向槽影响,叶片前段 $\mathrm{d}\dot{m}_{\mathrm{gap}}$ 微小提升;$0.6C_x$~$0.7C_x$ 之间,$\mathrm{d}\dot{m}_{\mathrm{gap}}$ 表现

出轻微下降。由于周向槽的径向尺寸(10.5%C)大于叶顶间隙(2.6%C),通过周向槽的质量流量较同一位置叶尖泄漏流的质量流量增长两倍多。

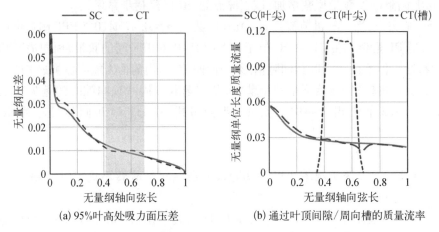

(a) 95%叶高处吸力面压差   (b) 通过叶顶间隙/周向槽的质量流率

图 5 - 44   数值模拟结果沿轴向的分布($h/C=2.6\%$, $\phi=0.48$)

图 5 - 45 给出了时均流场以及静压标准差分布。子图 A 中给出了 $\sigma_p/p_{atm}=0.0055$ 的等值面。由该等值面可知,高 σ_p 出现在叶尖泄漏涡轨迹上游,叶尖泄漏涡伴随着较高的非定常性(如图 5 - 46 所示,叶尖泄漏涡存在大尺度非定常扰动)。非定常叶尖泄漏涡产生的扰动随主流跨叶片通道向相邻叶片迁移,叶尖泄漏涡轨迹与相邻叶片压力面的交点也表现出大幅波动。对比大叶顶间隙时(图 5 - 31),中等叶顶间隙的 σ_p 水平总体上偏低,叶顶间隙尺寸显著影响叶尖流动非定常性。

对图 5 - 45 进一步分析,在 SC 和 CT 结构中,虽然叶尖泄漏涡轨迹都源于区域Ⅰ,但不同结构中的流线分布存在差异。SC 结构中,从 B_1 区域Ⅰ发出的流线主要分为两部分:第一部分流线穿过叶片通道后,跨过 B_2 叶顶间隙的区域Ⅰ,汇入源自 B_2 的叶尖泄漏涡;第二部分流线汇入叶尖泄漏涡后向下游延伸并离开叶片通道,该过程不干扰 B_2 的叶尖流动。至于发源于 B_1 区域Ⅱ的叶尖泄漏流,部分流线到达 B_2 区域Ⅰ后,参与了叶尖泄漏涡的形成。以上研究表明,B_2 叶尖泄漏涡的形成受 B_1 区域Ⅰ和Ⅱ的流动影响。换言之,来自上述两个区域的扰动可以影响相邻叶片叶尖泄漏涡的形成。

CT 结构中,如子图 B 所示,从 B_1 区域Ⅰ发出的流线与 SC 中情形相似。当前工况下,周向槽对上游流动分布的影响有限。然而,引入周向槽后,从 B_1 区域Ⅱ发出的叶尖泄漏流发生明显改变。当流线从区域Ⅱ发出后,受周向槽影响被迫转向下游,最终 B_2 区域Ⅰ只受到来自 B_1 区域Ⅰ的流动影响。由于跨通道扰动传播区域的面积减小,较 SC 而言,CT 的 σ_p 呈现整体下降态势。

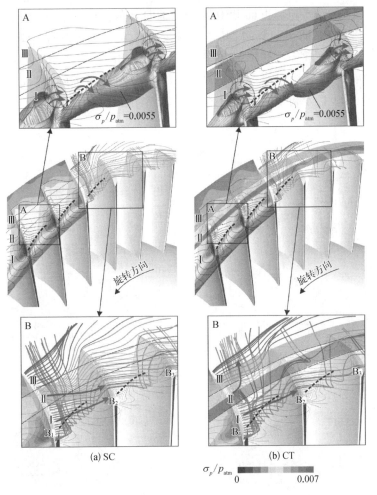

(a) SC　　　　　　　　　　　(b) CT

$\sigma_p / p_{\mathrm{atm}}$　0 ——————— 0.007

图 5−45　数值模拟结果中近叶顶时均流场及静压标准差分布,数值模拟
($h/C=2.6\%$, $\phi=0.48$)

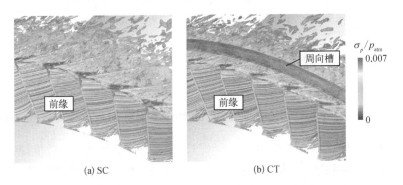

(a) SC　　　　　　　　　　　(b) CT

图 5−46　瞬态 Q 判据等值面以及叶片表面极限流线分布,数值模拟
($Q=5\times10^6\ \mathrm{s}^{-2}$, $h/C=2.6\%$, $\phi=0.48$)

图 5-47 展示了机匣壁面 PSD 频谱的轴向分布。SC 结构中,RI 的特征表现为一个小于 1 BPF 的突起频带,其主导频率位于 0.5 BPF 左右。CT 结构中,RI 则对应一个较宽的频带,其特征频率范围为 0.5 BPF~0.7 BPF。需要注意的是,CT 结构中,正对周向槽及其下游区域的 PSD 值显著下降,且没有表现出明显 RI 信号。以上分析表明,周向槽的引入对叶尖流动非定常性产生了重大影响。

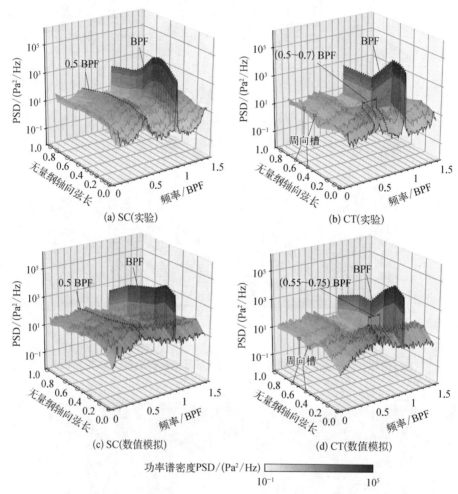

图 5-47   绝对坐标系下不同轴向位置处机匣壁面压力频谱($h/C = 2.6\%$, $\phi = 0.48$)

针对数值模拟结果,图 5-48 对 $z = 0.13 C_x$ 处周向排列的两个数值探针所记录的数据进行了谱相关性分析。其中为了强调 RI 的特性,通过设定以下阈值来确定对应的离散点:$PSD > 1 \times 10^{2.5} Pa^2/Hz$, $\gamma_{xy}^2 > 0.75$, $f < BPF$。

SC 结构中,在 0.5 BPF 附近的频带可观察到较高相关,即 RI 分布于 0.5 BPF

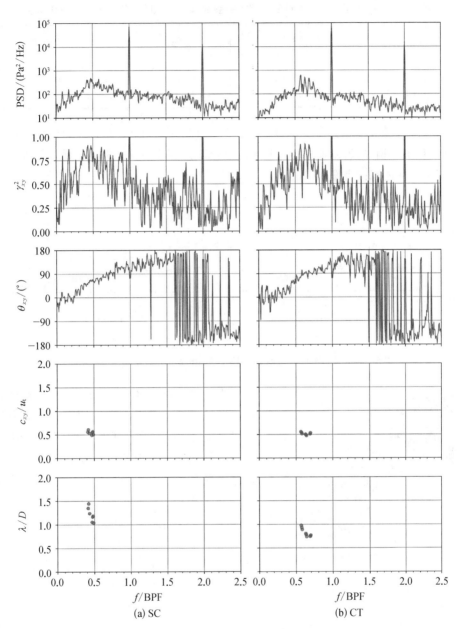

图 5 - 48　绝对坐标系下 $z=0.13C_x$ 处机匣壁面压力的谱相关性分析，
数值模拟（$h/C=2.6\%$，$\phi=0.48$）

左右。该频带下，扰动传播速度接近 $0.5u_t$，波长覆盖 $0.5D \sim 1.5D$。

CT 结构中，RI 在 0.55 BPF ~ 0.7 BPF 的宽频带内表现显著，对应传播速度为 $0.4u_t \sim 0.6u_t$，相应波长在 $0.6D \sim D$。RI 对应的波特性参数总结于表 5 - 9 中。

表 5-9　绝对坐标系下 RI 对应的波特征参数,数值模拟($h/C=2.6\%$, $\phi=0.48$)

结　　构	f/BPF	$c_{xy}u_t$	λ/D
SC	0.4~0.5	0.4~0.6	1~1.5
CT	0.5~0.75	0.4~0.6	0.7~1

非定常数值模拟的 DMD 频谱,如图 5-49 所示。在 SC 结构中,DMD 主导模态位于 0.56 BPF 附近。而对于 CT 结构,模态在 0.6 BPF~0.8 BPF 具有较大的能量,其中主导模态接近 0.71 BPF。

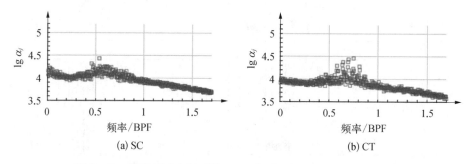

(a) SC　　　　　　　　　　　　　(b) CT

图 5-49　基于相对坐标系的 DMD 频谱($h/C=2.6\%$, $\phi=0.48$)

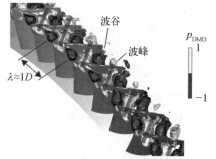

图 5-50　SC 结构中 DMD 主导模态的空间可视化($h/C=2.6\%$, $\phi=0.48$)

为了进一步分析 SC 结构中主导的动态特性所对应的物理现象,选取 DMD 频谱中具有最高 α_j 的模态进行研究。如图 5-50 所示,在每个通道中,正负等值面交替出现。通过标记局部极大值和局部极小值来显示波峰和波谷,DMD 模态被可视化为一个与叶片交错的波。且其周向投影的波长约为 D。

如图 5-51 所示,95%叶高处时均静压场(ψ_0)和所选 DMD 模态 $\tilde{\psi}_1(t)$ 的时间演变进行进一步分析。从 ψ_0 的压力差(Δp)分布可以看出,局部载荷的最大值位于叶片前缘附近,叶尖泄漏涡轨迹从此起始。

当前工况下,图 5-51 中 DMD 主导模态 $\tilde{\psi}_1(t)$ 的演变与大间隙结构中主导模态的性质相似。根据正负压力偏差区域的分布可知,非定常性较为明显的区域主要位于叶尖泄漏涡轨迹的上游附近。以 B_2 为例,在开始时刻,B_2 压力面存在一负压力偏差区;同时,一正压力偏差区位于叶尖泄漏涡轨迹上游的 B_2 吸力面附近。因此,叶片前部 Δp 呈现出负值。此时,DMD 主导模态对 B_2 吸力面绝对压差有负

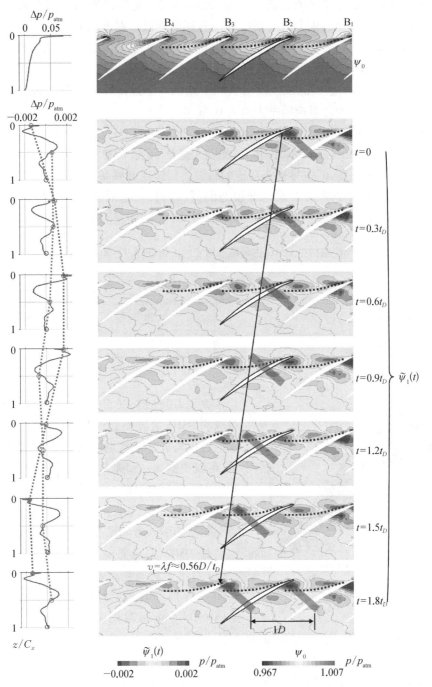

图 5-51　SC 结构,95%叶高处的时均压力分布和 DMD 主导模态的时间演变
及对应压力差($h/C=2.6\%$, $\phi=0.48$)

面贡献;即降低了叶片气动载荷,叶尖泄漏涡的强度也随之减弱。随着时间的变化,B_2 压力面的负压力偏差区向下游移动并逐渐耗散。在 B_2 和 B_3 之间的正压力偏差区则脱落至 B_3,并在 $t=0.6t_D$ 时到达 B_3 前缘。该主导模态对应的压力波周向波长为 $1D$,来自 B_1 的正压力偏差区也同时到达 B_2 前缘,最终导致 B_2 前部 Δp 变为正值。此刻,叶尖泄漏涡在该模态贡献下增强。上述一轮演变时间为 $1.8t_D$,即 $\tilde{\psi}_1(t)$ 的周期为 $1.8t_D$,对应频率大概为 0.56 BPF。

将通道之间模态分布相联系,通过矩形窗口标记出压力极小值来代表波谷。据窗口变化可知,在相对坐标系中,行波以大概 0.56 倍转速沿圆周反向传播。绝对坐标系中,λ 不变,但主导模态对应的行波传播速度和频率相应发生了改变。表 5-10 展示了不同坐标系中该主导模态的行波特性。绝对坐标系下的结果与表 5-9 中总结的 RI 特征吻合,DMD 成功揭示了 RI 特征频率对应的物理现象。

表 5-10　SC 结构中 DMD 主导模态对应的波特征($h/C=2.6\%$, $\phi=0.48$)

坐 标 系	λ/D	f/BPF	v_t/u_t
相对坐标系	1	0.56	−0.56
绝对坐标系		0.44	+0.44

注: v_t/u_t 的 +/− 表示与叶片旋转方向相同或相反。

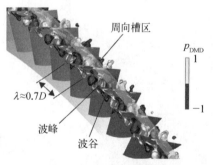

图 5-52　CT 结构中 DMD 主导模态的空间可视化($h/C=2.6\%$, $\phi=0.48$)

关于 CT 结构,图 5-52 讨论了最高 α_j 所对应的 DMD 主导模态。与 SC 结果类似,该模态仅仅与近叶尖流动有关。在周向槽的上游,可以观察到一清晰周向波结构,该行波与叶片相互交错,其周向波长约为 $0.7D$。然而,周向槽下游其他区域并没有显示规则波型,即周向槽的引入影响了波的传播特性。

对 DMD 主导模态作进一步分析,图 5-53 给出了 95% 叶高处的时均压力场 ψ_0 和 DMD 主导模态 $\tilde{\psi}_1(t)$ 对应的时间演变。CT 结构中,叶片前缘时均压力 ψ_0 与 SC 情况相似,叶尖泄漏涡轨迹从叶片前缘附近起始。在周向槽的上游区域,流动特性(包括泄漏涡的发展)几乎不受周向槽的影响。

$t=0$ 时,B_2 前缘压力面附近存在一负压力偏差区。同时,吸力面附近出现一正压偏差区。叶片前缘附近的 Δp 为负值,即 DMD 主导模态在当前时刻起着降低叶片前缘气动载荷的作用;这导致叶尖泄漏涡强度的减弱。随着时间的推移,负压力

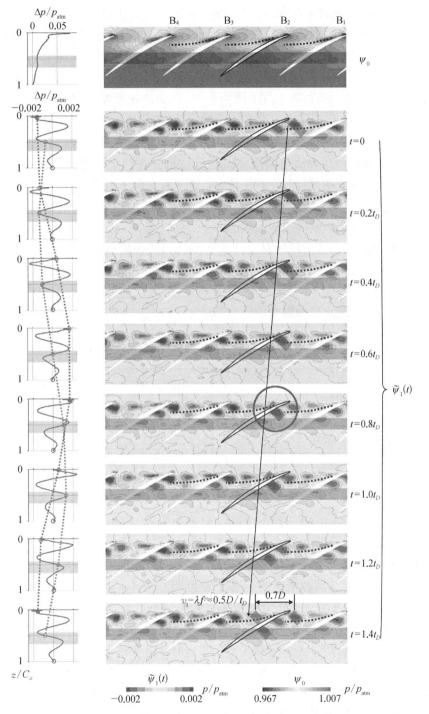

图 5-53　CT 结构,95%叶高处的时均压力分布和 DMD 主导模态的时间演
变及对应压力差(h/C=2.6%, ϕ=0.48)

偏差区沿 B_2 压力面向下游移动,正压偏差区逐渐增大并向 B_3 接近。此时,从 B_1 脱落的正压偏差区逐渐接近 B_2,靠近叶片前缘的 Δp 增加至正值,该模态的贡献下叶尖泄漏涡逐步增强。如此,上述演变周期性变化,且对应周期约为 $1.4T$。

就 CT 而言,其对应的正/负压力偏差区的影响范围相对较小,这说明非定常区域面积的相对减小。总体而言,CT 结构中,流场的波动主要出现在叶尖泄漏涡轨迹的上游和靠近叶片压力面的区域。如果把压力极小值作为一个波谷并通过矩形窗口标记,可以看到完整行波的影响范围基本上被限制在周向槽的上游。当行波开始穿过叶片时($t = 0.8t_D$,用圆圈突出显示),行波在两个通道的传播不再同步。换句话说,相邻通道中的行波存在相位差。随着行波向下游传播,该相位差愈发明显。行波的特性逐渐发生变化,且无法呈现出明确的统计数据。根据以上讨论可知,周向槽并不直接影响叶尖泄漏涡的产生。结合图 5-45 可以归纳,周向槽的引入影响了跨通道扰动传播域的面积,从而最终对叶尖泄漏涡的动态特性产生影响。表 5-11 列出了周向槽上游 DMD 主导模态对应的性波特征的相关信息。绝对坐标系下,统计数据与表 5-9 中对应的 RI 特性一致,这再次表明 DMD 方法提取的流场结构与 RI 的主导频率对应。

表 5-11　CT 结构中 DMD 主导模态对应的波特征($h/C = 2.6\%$, $\phi = 0.48$)

坐　标　系	λ/D	f/BPF	v_t/u_t
相对坐标系	0.7	0.71	−0.5
绝对坐标系		0.71	+0.5

注:v_t/u_t 的+/−表示与叶片旋转方向相同或相反。

2. 小叶顶间隙

$h/C = 1.3\%$, $\phi = 0.50$ 工况下的叶尖附近的流动(图 5-54)、瞬时涡结构(图 5-55)和机匣壁面的压力频谱分布(图 5-56)在下方给出。

对于小流量工况点 $\phi = 0.50$,图 5-54 中所呈现的叶尖泄漏流的分布与图 5-45 相似。然而,小间隙情况下的非定常性明显减小。在当前结构中,来自 B_1 区域 I 的一部分流线参与了叶尖泄漏涡的形成。同时,来自 B_1 区域 I 和 II 的部分叶尖泄漏流穿过叶片通道,到达 B_2 区域 I。因此,来源于区域 I 和区域 II 的扰动仍然可以迁移到相邻叶片的叶尖,并影响邻近叶片叶尖泄漏涡的形成。非定常扰动可以跨通道传播,并动态影响叶尖泄漏涡的发展,即流动满足了叶尖流动的自激振荡的条件。然而,叶顶间隙的下降本质上导致了叶尖泄漏流的固有非定常性下降,因此总体而言叶尖流中的扰动较少(图 5-55 中亦有所展示)。此外,由于叶尖泄漏流量的减少,叶尖泄漏涡的形成受到来自其他通道流动的扰动影响减小。因此,对于当前小间隙结构而言,叶尖流动的整体波动相对温和。根据图 5 - 56 可知,上述工况没有显示出 RI 信号。

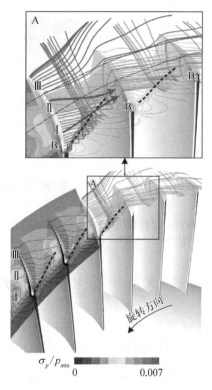

图 5 - 54　叶顶附近时均流场及静压标准差分布,
数值模拟($h/C = 1.3\%$, $\phi = 0.50$)

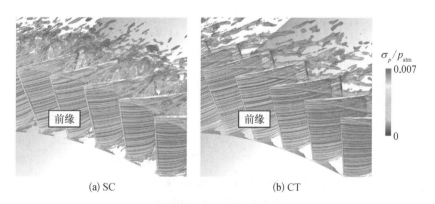

(a) SC　　　　　　　　　(b) CT

图 5 - 55　瞬态 Q 准则等值面以及叶片表面极限流线分布,
数值模拟($Q = 5 \times 10^6 \ \text{s}^{-2}$, $h/C = 1.3\%$)

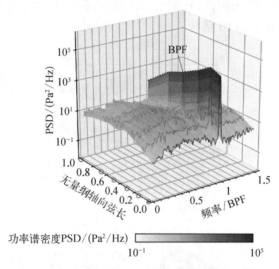

图 5 - 56　**SC 结构绝对坐标系下不同轴向位置处机匣壁面压力频谱，数值模拟(h/C=1.3%, ϕ=0.50)**

5.4.3　中等流量工况较小叶顶间隙尺寸压气机的流动机制

1. 中等叶顶间隙

h/C=2.6%、ϕ=0.62 时转子出口(MP_{out})周向平均的 c_a、β 的径向分布如图 5 - 57 所示。在当前工作点，周向槽对径向流动分布的影响有限。

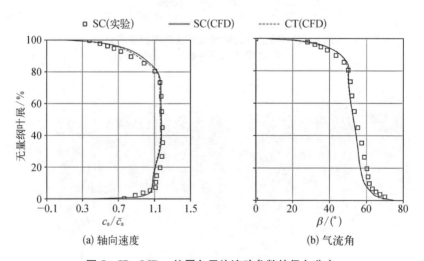

图 5 - 57　**MP_{out} 处周向平均流动参数的径向分布**
(h/C=2.6%, ϕ=0.62)

当流量系数 ϕ 从 0.48 上升到 0.62 时，95%叶高处的 Δp 显示出明显的变化

[图 5-58(a)]。在 SC 结构中,压力差的峰值转移到了 $0.3C_x$ 附近的位置。与此同时,从 $0.2C_x$ 开始,周向槽对 Δp 显示出较大的影响。其中,从 $0.2C_x$ 到 $0.55C_x$,Δp 有所降低。对于叶片的后部,周向槽则增加了叶片的局部负荷。

如图 5-58(b)所示,尽管周向槽在 95% 叶高时对 Δp 有一些影响,但通过叶顶间隙的质量流量对周向槽并不敏感。当周向槽被引入后,通过叶顶间隙的质量流率在周向槽的上游几乎没有变化,周向槽区域则略微下降。周向槽内部质量流量,其总体值约为同等轴向位置叶顶间隙中流量的 2~3 倍。周向槽内部的质量流量随着流量系数的上升而增加。

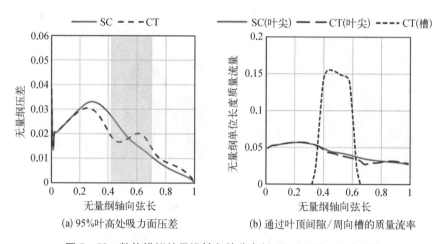

(a) 95% 叶高处吸力面压差　(b) 通过叶顶间隙/周向槽的质量流率

图 5-58　数值模拟结果沿轴向的分布($h/C=2.6\%$, $\phi=0.62$)

如图 5-59 所示,SC 结构中,该工况与小流量系数 $\phi=0.48$ 相比,流场波动明显下降。总体上,叶尖流动的非定常性一方面体现在叶尖泄漏涡区域;另一方面,在叶尖泄漏涡轨迹的下游区域,σ_p 亦表现出局部较高值。相比之下,在 CT 的结构中,σ_p 处于整体较低的水平。这些特征在图 5-60 中亦有表现。

根据图 5-59 可知,对于 SC 结构而言,叶尖泄漏涡的起始点位于周向槽的上游(区域 I),这与图 5-58(a)所示的最大值 Δp 的位置一致。来自 B_1 的叶尖泄漏流在区域 I 和 II 中参与了叶尖泄漏涡的形成,并顺流而下流出叶片通道;该部分泄漏流不与 B_2 区域 I 和 II 发生作用。对于 B_1 区域 III 中发出的叶尖泄漏流,部分流线穿过叶片通道并抵达 B_2 区域 II,这可能会影响来自 B_2 的叶尖泄漏涡的形成,即扰动可以在通道之间传播。理论上讲,以上情况符合形成自激振荡系统的条件,因此在区域 II 和 III 出现了局部较高的非定常压力波动。然而,根据图 5-61 中壁面的 PSD 分布可知,虽然叶片尾缘附近的 PSD 水平相对较高,但没有表现出特征频率,这与相同流量系数下大叶顶间隙的情况不同。以上发现说明叶尖泄漏涡是否表现出 RI 特征与叶顶间隙尺寸密切相关。

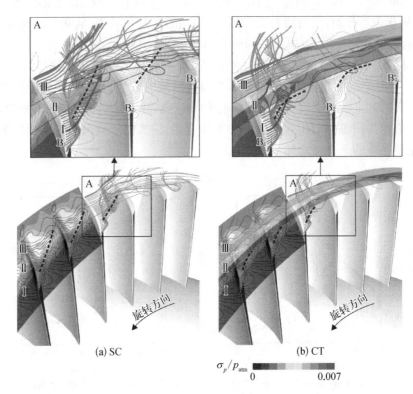

(a) SC   (b) CT

σ_p/p_{atm} 0   0.007

图 5-59   近叶顶时均流场及静压标准差分布同,数值模拟
($h/C=2.6\%$, $\phi=0.62$)

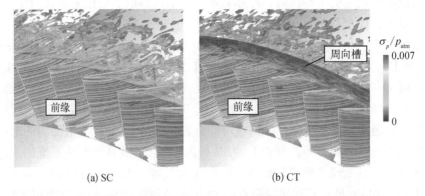

(a) SC   (b) CT

σ_p/p_{atm} 0.007   0

图 5-60   瞬态 Q 准则等值面以及叶片表面极限流线分布,数值模拟
($Q=5\times10^6\ \mathrm{s}^{-2}$, $h/C=2.6\%$, $\phi=0.62$)

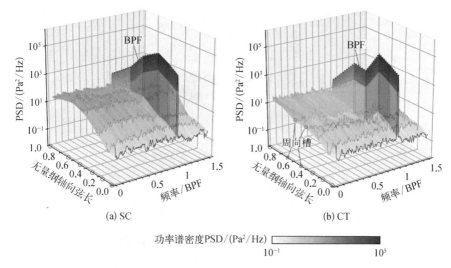

(a) SC (b) CT

功率谱密度PSD/(Pa²/Hz)
10^{-1} 10^5

图 5-61 绝对坐标系下不同轴向位置处机匣壁面压力频谱,数值模拟($h/C=2.6\%$, $\phi=0.62$)

在 CT 结构中,叶尖泄漏涡主要是由区域 I 的叶尖泄漏流产生,而区域 II 的叶尖泄漏流在周向槽的干扰下被迫转向下游。整体而言,叶尖泄漏涡的形成不受邻近通道的干扰。所以,区域 I 和区域 II 中的叶尖流动无法满足自激振荡的条件,该区域非定常性较低。然而对于靠近叶片尾缘的区域 III,来自 B_1 的流线穿过通道后到达 B_2 的后部,满足了自激振荡标准。从图 5-61(b)可以看出,PSD 振幅在叶片尾缘附近有所增加。尽管区域 III 中流动是局部非定常的,但它不会影响区域 I 中叶尖泄漏涡的形成,因此最终没有监测到 RI。

2. 小叶顶间隙

图 5-62 展示了小叶顶间隙、中等流量系数工况时($h/C=2.6\%$,$\phi=0.62$)叶尖附近的流动,图 5-63 展示了机匣壁面的压力频谱分布。总体而言,在流量系数为 0.62 时,图 5-62 中表现出的流线分布情况与相同流量下 $h/C=2.6\%$ 的 SC 结构的情况相似。然而,叶顶间隙的减小降低了叶顶附近流动的非定常性。

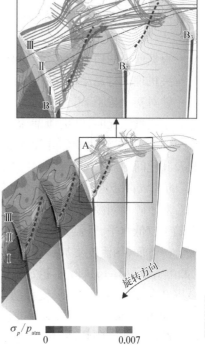

σ_p/p_{atm}
0 0.007

图 5-62 SC 结构叶顶附近时间平均流场及静压标准差分布,数值模拟($h/C=1.3\%$, $\phi=0.62$)

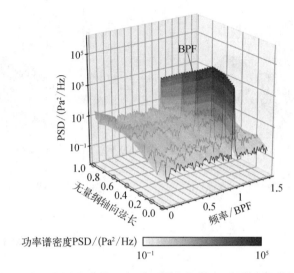

图 5‑63 SC 结构绝对坐标系下不同轴向位置处机匣壁面压力频谱，数值模拟($h/C=1.3\%$, $\phi=0.62$)

5.5 旋转不稳定性产生机制及影响因素

根据前面的讨论,本节通过建立模型,对 RI 的产生机制、发生准则、发展演变等有关机理进行总结,同时也归纳了来自周向槽的影响。

针对实壁机匣 SC 结构,图 5‑64 给出了 RI 的理论模型示意图。当压气机工作在小流量工况时,叶尖泄漏流可以被归纳为 3 种类型:即直接参与叶尖泄漏涡形成的间隙流、到达相邻叶片顶端并跨通道影响相邻叶片叶尖泄漏涡形成的间隙流及其他间隙流。对于前两种类型而言,它们决定了一个被称为"跨通道扰动影响域"的区域,并影响着叶尖流动的非定常性,尤其是叶尖泄漏涡的动态特征。

对于叶顶间隙较小的情况,叶尖泄漏流本身的非定常性较小,流动的波动总体上趋于较低水平,且监测不到 RI 现象。随着叶顶间隙的扩大,叶尖泄漏流流量增加。一方面,湍流度更加显著。另一方面,流动剪切力和由此产生的流动非定常性(如由 Kelvin-Helmholtz 不稳定性引起的流动非定常性)也会增强。因此在叶尖区域逐渐存在更明显的大尺度扰动。

如图 5‑45(a)所示,对于叶顶间隙较大的情形而言,假设扰动位于 B_1 和 B_2 之间的跨通道扰动影响域,那么它可以跟随流动迁移到 B_2 的前端,且在此直接影响着由 B_2 产生的叶尖泄漏涡。此时,一旦非定常扰动接近 B_2,B_2 的压力差发生变化,即 B_2 的局部叶片载荷随时间改变。由于局部叶片载荷控制着叶尖泄漏涡的生成和发展,上述讨论的 B_2 上的叶片压差的非定常演变则影响着叶尖泄漏涡的动态

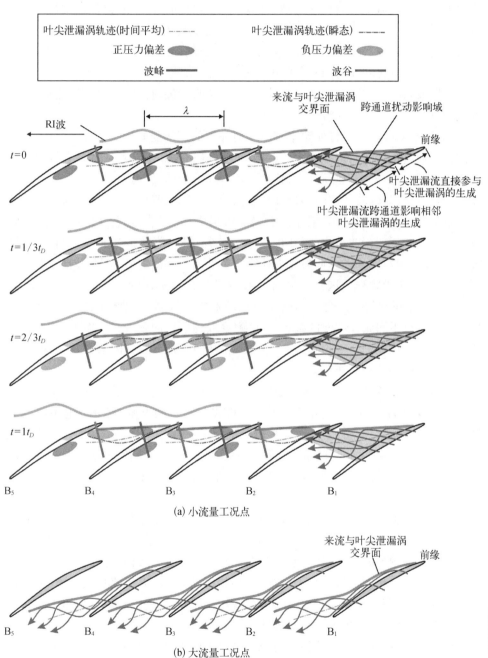

图 5-64　SC 结构中 RI 示意图

特性。因此,叶尖泄漏涡的强度和发展(轨迹)随时间发生改变,且 B_2 和 B_3 之间的跨通道扰动影响域不可避免地受到干扰。非定常扰动从一个通道传递到另一个通道,最后使得整个叶尖流动全部进入了波动状态,并呈现出周期性的规律。此时,叶尖的流动可以被看作是一个处于自激振荡状态的动态系统。

由于非定常扰动在时间和空间上具有随机性,其对应不同长度尺度,且呈现出多个周期或频率。在特定的流动条件下,当非定常叶尖泄漏涡经过调制之后,大尺度扰动以某些特征频率和波长的形式表现出来。

图 5-64(a)展示了特征频率和波长对应下的流场随时间的演变。其中,非定常的扰动通过正负压力偏差表示,且正压力偏差表示瞬时压力对时间平均值的正偏移,而负压力偏差则意味着负偏移。随着时间的推移,压力偏移区域跟随着流动而传播。压力偏移区扫过叶片时,叶片表面压力差随之变化,叶尖泄漏涡强度和发展亦发生改变。如果将压力偏差区的局部极小值和局部极大值分别连接起来,可以得到出一个近似行波结构(极小值表示为波谷,极大值表示为波峰)。在圆周方向,行波以一定速度移动。如果将上述行波特性变换到绝对坐标系下,则该行波频率对应着 RI 主导频率。这样一来,该行波可被认为是 RI 的主导频率对应波(即 RI 波)。由于不同的扰动会以不同特性波的形式呈现,叶尖泄漏涡的非定常性可以被视为具有不同属性的波的叠加。在频域中,这些扰动表现为一个 RI 频带而非独立频率。上述理论与 Mailach 等[16,17] 提出的研究结论相当,即 RI 与相邻叶片叶尖泄漏流的周期性相互作用有关。

当压气机工作于较大流量系数时,来流与叶尖泄漏流的交界面会向下游偏移[图 5-64(b)]。叶尖泄漏流从叶顶间隙发出后流向下游,对邻近通道不产生影响。叶片表面压差,不受其他叶片的叶尖泄漏流扰动。因此,前面所述的自激振荡路径在一定程度上被打断。流动非定常性呈现整体下降态势。布置于机匣壁面的传感器亦无法测量到大尺度扰动,对应频谱中只显示湍流量级的流场波动。

在叶片中间弦长处引入周向槽机匣后,叶顶流场会发生部分改变。如图 5-65(a)所示,暴露在槽下的叶尖泄漏流被迫向下游偏移,"跨通道扰动影响域"的范围相比于 SC 中有所减小。相邻叶片前端的压力差受到邻近叶片扰动影响的可能性降低。与相同流量系数下的 SC 结构相比,CT 中的叶尖流场波动整体下降。此外,CT 中周向槽影响了非定常叶尖泄漏涡的调制。因此,与 SC 情况相比,RI 波的属性发生变化,显示出不同频谱特性。

流量系数较大时,由于叶尖泄漏流无法到达相邻叶片,其非定常特征表现出与 SC 类似的情况。流场中没有大尺度的扰动,即非定常性处于湍流水平量级。

根据上述分析,针对当前低亚声速单转子压气机结构,RI 的产生机制及影响因素总结如图 5-66 所示。其中,RI 发生的准则归纳如下。

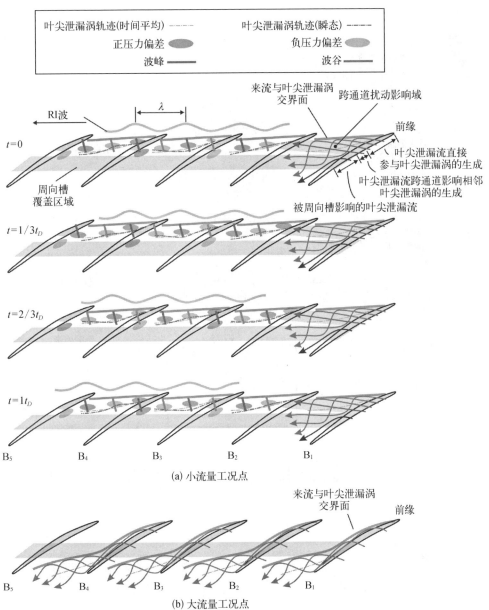

图 5-65　CT 结构中 RI 示意图

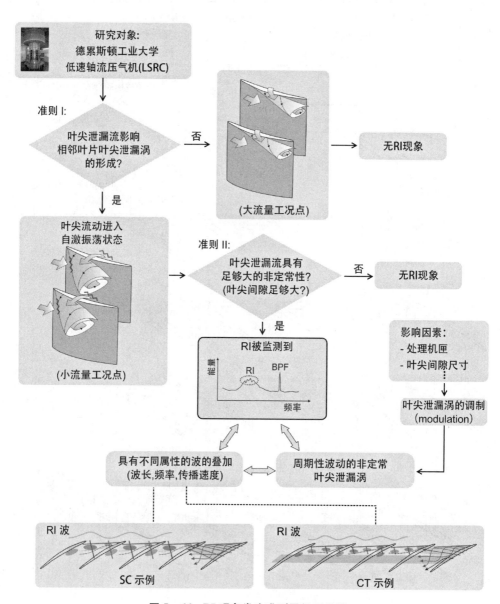

图 5 - 66　RI 现象发生准则及机理总结

（1）准则一：叶尖泄漏流可以跨通道影响相邻叶片叶尖泄漏涡的形成。

流量系数决定了叶尖泄漏流的特性。大流量系数下，来流攻角相对较小。叶尖泄漏流偏向下游，非定常扰动无法在相邻叶片之间传播，叶尖泄漏涡不受上游大尺度非定常流动影响，整个流场中没有观察到 RI。

流量系数足够小时，来流和叶尖泄漏涡之间的交界面向上游倾斜。部分叶尖泄漏流到达相邻叶片后，影响相邻叶片叶尖泄漏涡的形成。非定常扰动影响叶尖泄漏涡的动态属性。此时，叶尖泄漏流可以被看作是处于自激振荡的动态系统。然而，是否有 RI 的发生，取决于叶尖泄漏流的固有非定常性，即第二个准则。

（2）准则二：叶顶间隙尺寸足够大，使得叶尖泄漏流的非定常性足够强，即存在非定常大尺度流动扰动。

当叶顶间隙较小时，叶尖泄漏流相对定常。尽管准则一所述的自激振荡系统已经建立，但由于非定常性扰动并不明显，因此没有监测到 RI。随着叶顶间隙尺寸的扩大，叶尖泄漏流流量增加。流动剪切（可能导致 Kelvin-Helmholtz 不稳定）和湍流水平显著。叶尖泄漏流逐渐产生大尺度非定常扰动。由于叶尖流动已经进入自激振荡状态，大尺度扰动可以跨通道传播，周期性地控制叶尖泄漏涡的发展。

由于扰动具有不同动态属性（如空间尺度、传播速度、频率），叶尖泄漏涡的非定常性可以看作是周期性压力波动的叠加。经过调制，非定常叶尖泄漏涡中特征频率大尺度扰动在某频段内显现，即频谱中表现的 RI。对于低亚声速单转子压气机，周向槽和叶顶间隙尺寸可以影响非定常叶尖泄漏涡的调制，决定 RI 属性。

5.6　本章小结

以德累斯顿工业大学的低亚声速单转子轴流压气机为例，本章采用 DES 方法结合多通道计算域对 RI 的频谱特性进行了预测，结果表明：相较于多通道 RANS 方法，多通道 DES 能预测出 RI 的宽频特征，且其主导模态对应的频率与实验完全一致。基于此，本章进一步分析了具有不同叶顶间隙尺寸的实壁机匣结构（SC）和周向槽结构（CT）的压气机内部流场，详细讨论了 RI 特性随叶顶间隙尺寸和流量系数的变化，归纳总结了周向槽对 RI 的影响机理，得到了如下两方面结论。

1. RI 的特性及物理意义方面

（1）RI 的发生与叶顶间隙尺寸紧密相关。对于具有中等尺寸（2.6% 弦长）或大尺寸（4.3% 弦长）叶顶间隙的实壁机匣结构（SC）而言，当压气机被节流到近失速工况时，近叶尖机匣壁面压力频谱上，低于叶片通过频率（1 BPF）的某一频带内逐渐表现出高能的信号，即代表了 RI 的出现。前者的 RI 特征频率约为 1/2 BPF，而后者则为 1/3 BPF。如果在绝对坐标系下观察，RI 的传播速度大约是转子转速的一半。相比之下，在小尺寸（1.3% 弦长）叶顶间隙的结构中没有监测到 RI 现象。

（2）当引入周向槽后,对于中、大叶顶间隙结构而言,压气机的稳定工作范围得到提升,RI 的特性也随之改变。中等间隙结构中,周向槽并不能有效地延迟 RI 的发生。然而,其降低了近叶尖流场的总体非定常性,并将 RI 的对应频率提升到一个更宽频带。此时,RI 的传播速度仍接近转子转速的一半。对于大叶顶间隙结构而言,周向槽不仅推迟了 RI 的出现,且改变了 RI 的频率分布;但几乎不影响 RI 的传播速度。由于周向槽的存在,叶尖附近的流动非定常性降低。在相同流量系数下,与 SC 结构相比,CT 结构中 RI 的能量(振幅)更低。

（3）采用动态模态分解(DMD)这一数据挖掘工具,通过对非定常模拟结果进行处理,成功提取了与 RI 主导频率相对应的模态。DMD 结果表明,RI 对应叶尖附近随着流动而传播的压力行波。这些行波具有不同的频率、波长等动态特征,且本质上是由叶尖泄漏流的跨通道非定常流动叠加引起,这与 Mailach 等[16,17]提出的关于 RI 的解释部分相当。

2. RI 的产生机制及影响因素方面

（1）当流量系数较低时,来自叶尖泄漏流可以横跨通道并到达相邻叶片,从而影响相邻叶片叶尖泄漏涡的形成。因此,非定常扰动可以从一个叶片通道传播到另一个叶片通道,并动态影响叶尖压差及叶尖泄漏涡的强度和发展。此时,叶尖流动可以被看作是一个处于自激振荡的动态系统。

（2）对于小叶顶间隙而言,虽然叶尖流动处于一个自激振荡状态,但由于流动相对定常,RI 并不显著,甚至监测不到 RI 的出现。当叶顶间隙足够大时,流动的剪切(可能导致 Kelvin-Helmholtz 不稳定性)和湍流水平增强,叶尖泄漏流的非定常性增大,具有各种动态属性(如长度尺度、传播速度、频率)的大尺度非定常扰动出现在叶尖流动中。自激振荡状态下,扰动跨通道传播并动态影响叶尖泄漏涡的产生和发展。因此,叶尖泄漏涡的非定常性在不同周期性压力波动的叠加之下,于频谱中某一频带显示出 RI 特征。RI 本质上可以认为是非定常叶尖泄漏涡被调制后的表现。

（3）随着流量系数的增大,叶尖泄漏涡与来流的交界面向下游偏移。当偏移量达到一定程度时,叶尖泄漏流不再延伸到相邻叶片,而直接从叶片通道出口流出。因此,来自叶尖泄漏流的干扰不能在叶片之间跨通道传播。叶尖流动的自激振荡系统无法建立,没有 RI 现象发生。

（4）当在叶片中弦附近引入周向槽后,叶顶流场分布发生部分改变。其中,暴露在周向槽之下的叶尖泄漏流在槽的作用下被迫向下游偏转,最终,对相邻叶片叶尖泄漏涡施加的跨通道扰动影响域范围缩小。叶片前端受相邻通道扰动的影响减弱,叶顶的整体波动与相同工作点下的 SC 结构相比有所降低。叶尖泄漏流的改变影响着非定常叶尖泄漏涡的调制,最终影响 RI 特性。

总结而言,低压声速轴流压气机中 RI 现象发生的准则可以概括为以下两点:

（1）叶尖泄漏流可以影响相邻叶片叶尖泄漏涡的形成；

（2）叶尖流动本身具有足够大的非定常性，并存在大尺度的扰动。

只有在上述两个条件都满足的情况下，才能监测到 RI 现象的发生。RI 的特性（能量、频率、波长）取决于叶尖流动的具体状态（如叶顶间隙的大小和流量系数）以及流动控制方法（如机匣处理）。

参考文献

[1] Kameier F, Neise W. Experimental study of tip clearance losses and noise in axial turbomachines and their reduction[J]. Journal of Turbomachinery, 1997, 119(3): 460 – 471.

[2] Wang H, Wu Y D, Ou-Yang H, et al. Investigations of rotating instability and fluctuating tip clearance flow in a low-speed axial compressor [J]. Proceedings of the Institution of Mechanical Engineers, Part G: Journal of Aerospace Engineering, 2016, 230(6): 981 – 994.

[3] Wang H, Wu Y D, Ou-Yang H, et al. Circumferential propagating characteristics of tip leakage flow oscillation and its induced rotating pressure wave [J]. Proceedings of the Institution of Mechanical Engineers, Part A: Journal of Power and Energy, 2016, 230(4): 374 – 387.

[4] Künzelmann M, Müller R, Mailach R, et al. Steady and unsteady flow field in a multistage low-speed axial compressor: A test case[C]. Berlin: ASME Turbo Expo 2008: Power for Land, Sea, and Air, 2008.

[5] Boos P, Möckel H, Henne J M, et al. Flow measurement in a multistage large scale low speed axial flow research compressor[C]. Stockholm: ASME 1998 International Gas Turbine and Aeroengine Congress and Exhibition, 1998.

[6] Rolfes M, Lange M, Vogeler K. Experimental investigation of circumferential groove casing treatments for large tip clearances in a low speed axial research compressor[C]. Montreal: ASME Turbo Expo 2015: Turbine Technical Conference and Exposition, 2015.

[7] Lange M. Messtechnik, messwerterfassung undauswertung am niedergeschwindigkeitsverdichter der TU Dresden [R]. Dresden: Institut für Strömungsmechanik, Technische Universität Dresden, 2016.

[8] Rolfes M. Gehäusestrukturierungen in axialverdichtern bei verschiedenen radialspaltweiten [D]. Dresden: Technische Universität Dresden, 2019.

[9] Quéméré P, Sagaut P. Zonal multi-domain RANS/LES simulations of turbulent flows[J]. International Journal for Numerical Methods in Fluids, 2002, 40(7): 903 – 925.

[10] Shur M L, Spalart P R, Strelets M K, et al. A hybrid RANS-LES approach with delayed-DES and wall-modelled LES capabilities[J]. International Journal of Heat and Fluid Flow, 2008, 29(6): 1638 – 1649.

[11] Menter F R, Schütze J, Gritskevich M. Global vs. zonal approaches in hybrid RANS-LES turbulence modelling[C]. Beijing: 4th Symposium on Hybrid RANS-LES Methods, 2012.

[12] Menter F R, Kuntz M. Adaptation of eddy-viscosity turbulence models to unsteady separated flow behind vehicles [C]. Monterey: Conference The Aerodynamics of Heavy Vehicles:

Trucks, Buses and Trains, 2002.

[13] Kraichnan R H. Diffusion by a random velocity field[J]. Physics of Fluids, 1970, 13(1): 22-31.

[14] von Kármán T. Progress in the statistical theory of turbulence[J]. Proceedings of the National Academy of Sciences, 1948, 34(11): 530-539.

[15] Chen X Y, Koppe B, Lange M, et al. Comparison of turbulence modeling for a compressor rotor at different tip clearances[J]. AIAA Journal, 2022, 60(2): 1186-1198.

[16] Mailach R, Lehmann I, Vogeler K. Rotating instabilities in an axial compressor originating from the fluctuating blade tip vortex[J]. Journal of Turbomachinery, 2000, 123(3): 453-460.

[17] Mailach R, Sauer H, Vogeler K. The periodical interaction of the tip clearance flow in the blade rows of axial compressors[C]. New Orleans: ASME Turbo Expo 2001: Power for Land, Sea, and Air, 2001.

第6章
高亚声速压气机转子叶尖泄漏流
与相邻叶片流动相互作用诱发
旋转不稳定性机理

第5章的分析表明,采用更高计算精度的 DES 方法结合多通道计算域不仅可以合理地预测出表征 RI 的频率驼峰,而且可以准确捕获 RI 的主导模态对应的频率,证实了 DES 方法可以实现对 RI 动态特性更为准确的预测。然而,由于 RI 是多模态沿圆周方向自然发展的行波,多通道计算模型施加的周期性边界条件必然会限制行波的自然发展,这也可能会影响到对 RI 频率驼峰的预测结果。

因此,本章以西北工业大学高亚声速轴流压气机转子实验台为对象,结合实验数据和全通道数值模拟开展进一步研究工作。针对该实验台,科研人员已开展了一系列关于压气机气动稳定性的实验测量研究。卢新根[1]通过在压气机转子进口周向均布 6 个动态压力传感器检测到突尖波失速先兆,吴艳辉等[2-4]进一步开展了一系列关于突尖波失速先兆流动机制的研究。在实验研究[5-7]过程中,他们首次关注到了该压气机近失速工况中存在的宽频扰动,即 RI。然而这些研究仅限于通过宽频特性来检测 RI,并未对 RI 的周向传播特性进行更充分的测量及分析。为此,本章首先采用实验测量手段,对 RI 进行检测,分析 RI 的频谱特性和周向传播特性;基于此,采用 URANS 全通道数值模拟,捕获触发 RI 时的流场细节,揭示该高亚声速压气机转子内部 RI 的产生机理。

6.1 高亚声速轴流压气机转子实验系统简介

6.1.1 实验系统

本章的实验是在西北工业大学高亚声速轴流压气机转子实验系统上开展的,图 6-1 给出了整个实验系统的结构简图。该实验系统主要由 3 个部分组成,包括实验台、采集系统和滑油系统。

实验台主要由电机、增速器、扭力测功仪、进气段、实验段、整流排气段以及节气门 7 个部分组成。转子动力来源于一台 350 kW 的调速直流电动机;电动机传动

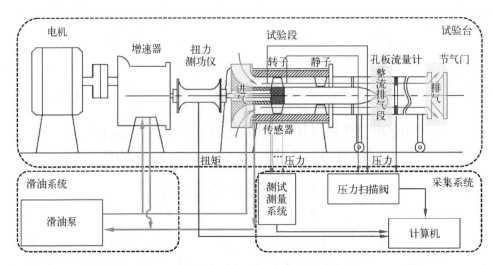

图 6-1　轴流压气机转子实验台结构简图

轴经增速器带动转子,增速器的速比为 12.15;扭力测功仪位于增速器和压气机转子之间,用于扭矩测量和压气机转子效率计算。

在实验段,空气经进气罩沿径向流入,并在进气装置中转为轴向流动。为保证转子进口轴向来流的均匀性,转折段与转子间设有轴向整流段;轴向整流段长度大于 8 倍转子叶片的叶顶轴向弦长。机匣为分环式,以便根据需要更换。整流排气段位于实验段下游,排气段中部装有测量流量的孔板流量计。整流排气段可沿地面导轨与实验段分离,以便实验段装配相关试件和仪器;排气段尾部装有用于调节流量的移动式椎体节气门。

该压气机实验台转子主要几何与性能参数如表 6-1 所示。

表 6-1　压气机转子设计条件下的主要几何与性能参数

参　　　数	数　　　值
设计流量/(kg/s)	5.6
设计等熵绝热效率	0.905
设计总压比	1.245
设计转速/(r/min)	15 200
叶尖相对马赫数	0.78
轮毂比	0.61

参　数	数　值
叶片数	30
叶片展弦比	1.94

实验对象为孤立转子,叶顶间隙为 0.5 mm(2.78%轴向弦长),静子位于排气段进口;实验在 71%设计转速(10 765 r/min)、53%设计转速(8 130 r/min)下展开。

6.1.2　稳态/动态测量

1. 稳态测量

稳态测量参数主要包括转子总压比和等熵效率。实验测量转子进出口的平均总压、总温、扭矩、转速等参数。转子进/出口的总压使用楔形三孔探针测量获得;三孔探针底部为总压孔,两侧为静压孔,可沿径向上下移动;实验中共测量 7 个径向等环量位置总压用于计算平均总压。测量时,通过调整楔形探针的角度对两侧静压孔所测压力调平,以保证来流对准总压孔。转子进口和出口测量截面的位置如图 6-2 所示。各转速下,通过节气门控制压气机转子流量;当各工况平稳后采集实验数据,转子的性能曲线由采集到的相关数据计算获得。

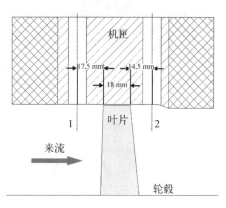

图 6-2　转子进口和出口测量截面示意图

2. 动态测量

动态测量的主要目的是获得静压信号以分析频谱特性。实验采用微型高频压力传感器对机匣壁面的动态压力进行动态测量,动态压力传感器被垂直安装于正对转子的机匣壁孔内;实验共布置 21 根动态压力传感器。

图 6-3 给出了动态压力传感器的安装方案示意图。该方案综合考虑了 RI 的特性以及后续失速关联性研究。传感器的布置位置主要由轴向和周向两个方面组成。如图 6-3(a)所示,以转子前缘为原点,沿轴向布置有两组共 16 个动态压力传感器。图 6-3(b)和图 6-3(d)展示了两组传感器在机匣内壁和外壁的安装情况;两组传感器周向间隔 1 个栅距[12°,图 6-3(c)];第 1 列传感器沿轴向依次记作 $P_1 \sim P_8$,第 2 列传感器沿轴向依次记作 $P_9 \sim P_{16}$。以 P_9 传感器为基准,额外沿周向间隔 60°均布 5 个传感器[图 6-3(c)],并沿顺时针方向续编为 $P_{17} \sim P_{21}$。

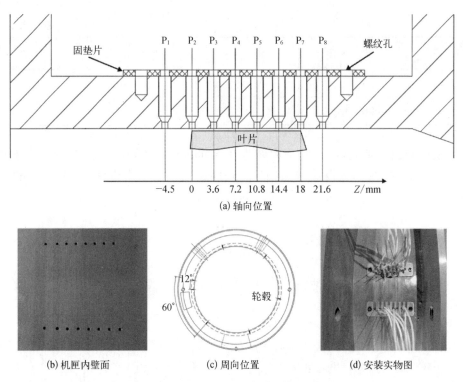

(a) 轴向位置

(b) 机匣内壁面　　　(c) 周向位置　　　(d) 安装实物图

图 6-3　高频动态压力传感器安装方案

　　本实验的动态压力信号采集由一个 24 通道的测试测量系统完成,其采样频率设为 96 kHz。稳定工作流量下,每次稳态测量后,采集 3s 的动态压力信号。由于探针扰动会诱发失速,近失速点只进行动态测量;由近失速点缓慢节流至失速时,持续采集动态压力信号,以获得压气机失速过程的动态压力特性。图 6-4 给出了

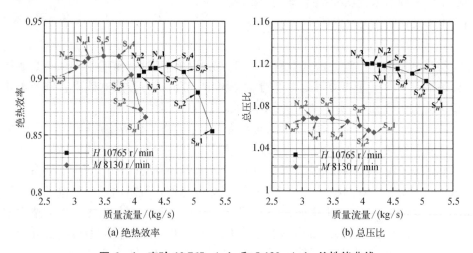

(a) 绝热效率　　　　　　　　　(b) 总压比

图 6-4　实验 10 765 r/min 和 8 130 r/min 总性能曲线

两条等转速特性线。S 表征无 RI 工况;N 表征 RI 工况。

6.2　动态压力信号分析

6.2.1　频谱特性分析

以近失速工况为例进行功率谱密度分析。图 6-5 给出了转速为 10 765 r/min 时近失速工况 8 个轴向位置动态传感器监测的静压信号频谱。在所有传感器所监测的静压信号频谱上均存在叶片通过频率及其倍频。在 $P_2 \sim P_8$ 传感器监测信号频谱中还可以明显地观察到一个低于 1 倍 BPF 的特征驼峰,该驼峰带宽频率的平均值约为 0.5 倍的叶片通过频率。即该工况,压气机中检测到 RI 的存在。

P_1 传感器监测的信号频谱中并未出现 RI 的驼峰带宽。在 P_5 和 P_6 传感器监测的信号频谱中 RI 驼峰最为显著;信号频谱上 RI 驼峰向叶片前缘和尾缘逐渐减弱。10 765 r/min 时,RI 主要形成在叶片通道内,在 $60\%C_{ax} \sim 80\%C_{ax}$($C_{ax}$ 为轴向弦长)处最为显著。RI 可能与压气机叶尖端区流动有关。

图 6-6 给出了转速为 8 130 r/min 时近失速工况下轴向 8 个位置监测的静压信号频谱。该转速下,压气机中也存在 RI。此时,各探针监测信号频谱中 RI 驼峰沿轴向的分布与图 6-5 一致。在较低转速下,RI 的驼峰带宽较高转速时更加显著;RI 驼峰的范围及平均频率大小并没有明显的变化规律。上述表明,压气机近失速 RI 的驼峰特征频率的范围和大小与转速之间不存在明显的相关关系。

取监测信号频谱中 RI 驼峰带宽最为显著的 P_6 传感器所监测静压信号进一步分析。图 6-7 给出了两个转速下 P_6 传感器监测静压信号频谱随流量的变化情况。图中可以看到,各个转速下的小流量工况中均存在一个均值约为 0.5 倍 BPF 的带宽,即 RI 驼峰带宽。在 10 765 r/min 转速条件下,RI 工况的流量范围约为 4.28~4.07 kg/s,即图 6-4 中的 N_H1 工况到 N_H3 工况。在 8 130 r/min 转速条件下,RI 工况的流量范围约为 3.23~3.09 kg/s,对应图 6-4 中 N_M1 工况到 N_M3 工况。需要注意的是,由于存在未测流量工况,实际存在 RI 的工况流量范围要更宽。根据不同 RI 特征驼峰频率随流量的变化情况,本实验未发现两者间存在某种规律。

6.2.2　周向传播特性分析

由于 RI 是一种周向传播的非定常流动现象,需对 RI 的周向传播特性进一步分析。实验开始之初便在机匣壁面上周向间隔 12° 的相同位置布置另外 1 列传感器。选取各转速近失速点分析 RI 的周向传播特性。图 6-8 给出了 10 765 r/min 转速下近失速工况 $80\%C_{ax}$ 位置的传感器 P_6 和 P_{14} 监测信号之间的互功率谱密度(cross-power spectrum density, CPSD)、相干性以及相位关系情况。

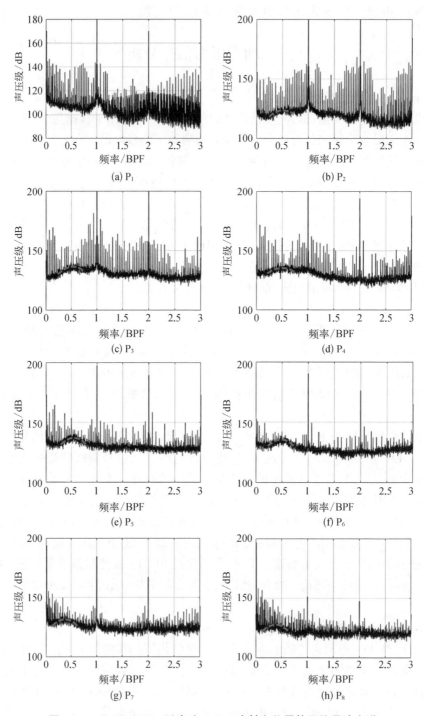

图 6 - 5　10 765 r/min 近失速工况,8 个轴向位置静压信号功率谱

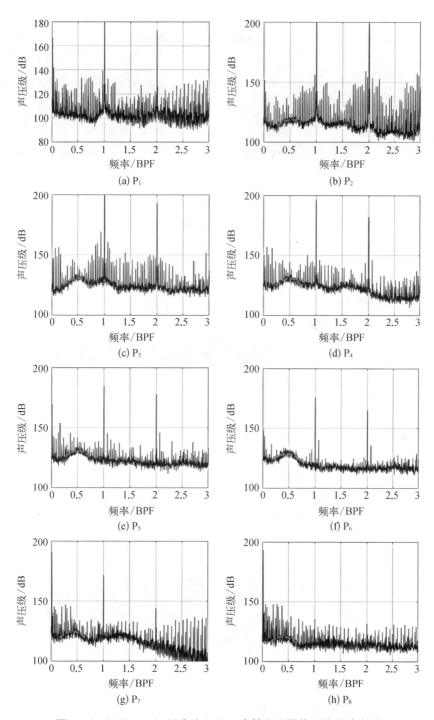

图 6-6　8 130 r/min 近失速工况,8 个轴向位置静压信号功率谱

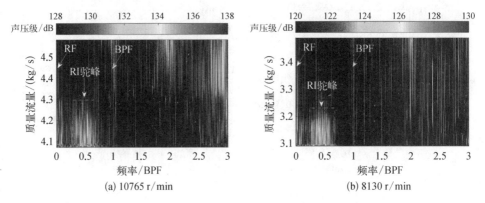

(a) 10765 r/min   (b) 8130 r/min

图 6-7   不同转速 P_6 监测信号频谱随流量的变化

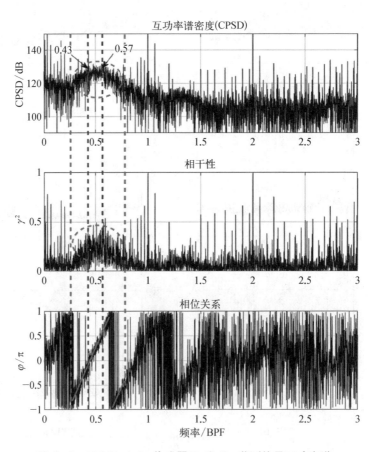

图 6-8   10 765 r/min 传感器 P_6 和 P_{14} 监测信号互功率谱、
相干性和相位关系

由图可知,10 765 r/min 转速下,近失速工况下两组信号的互功率谱上存在 RI 的驼峰特征频率,其驼峰范围和幅值大小与各自的自功率谱相似。叶片通过频率及其倍频所对应的相干性接近 1。在对应 RI 的驼峰范围内,除叶片通过频率及其倍频外,两组信号的相干性明显大于其余频域所对应的相干性。这证实了 RI 的周向传播,周向不同传感器所检测的静压信号中,RI 驼峰频率所对应的信号成分存在较强的关联性。此外,RI 驼峰频率带宽内,两组信号的互功率谱相位与频域几乎呈正相关线性关系,近似拟合可得两者线性公式为 $\varphi = (4.86 f_{RI}/f_B - 2.16)\pi$。RI 驼峰频域内,两组信号的不同频率成分对应不同的相位;这表明 RI 由多模态成分组成,各模态成分对应的周向传播速度呈线性变化。

由于互功率谱相位被限制在 $[-\pi, \pi]$,该相位并非两组信号的实际相位差。为进一步探究 RI 的周向传播速度及相应周向尺度,需要获得上述两组信号的实际相位差。该实际相位差与 RI 的周向尺度和互功率谱相位有关,两者满足 $\Delta\varphi = 2\pi i + \varphi$,其中,$\varphi$ 是互功率谱相位;i 由 RI 的周向尺度决定。i 的选取需要考虑两种情况:当 RI 周向尺度大于一倍栅距时,$i=0$,实际相位差与互功率谱相位一致;当 RI 周向尺度小于一倍栅距时,$i=1$,实际相位差比互功率谱的相位大 2π。

受转子叶片扫掠影响,静压频谱上会成对出现 RI 特征频率及其与叶片通过频率的差频。图中示出的一对频率均有较大的相干性,若以最大相关数所对应的频率(0.57 倍叶片通过频率)为 RI 的主模态频率,根据互功率谱相位频率线性公式可得 RI 主模态互功率谱相位约为 0.604 5π。对于 RI 某一特定模态的周向波而言,其实际相位差 $\Delta\varphi$、时间差 Δt 和自身波动周期 T 存在如下关系:

$$\frac{\Delta t}{T} = \frac{\Delta\varphi}{2\pi} \quad\quad\quad (6-1)$$

则当叶片数为 B 以及转子转速为 N_R 时,可得公式(6-2):

$$N_{RI} = \frac{1/B}{\Delta t} = \frac{2\pi f_{RI}}{(2\pi i + \varphi)B}; \; i = 0, 1 \quad\quad\quad (6-2)$$

又 N_R 与叶片通过频率 f_B 满足 $f_B = B \cdot N_R$,则上式可变形为

$$N_{RI} = \frac{2\pi f_{RI}/f_B}{(2\pi i + \varphi)}N_R; \; i = 0, 1 \quad\quad\quad (6-3)$$

根据公式(6-3),针对 0.57 倍 BPF 对应的 RI 模态而言,若 RI 周向尺度大于一倍栅距,其周向传播速度约为 1.87 倍转子转速,显然这不是 RI。因此,本实验中该模态的周向尺度小于 1 倍栅距,周向传播速度约为 0.44 倍转子转速。此时,0.57 倍 BPF 的模态若为 k,当其传播过一圈时,传感器感受到的相位变化为 $2\pi k$,根据相距一个栅距的两个监测点之间的实际相位差可得

$$k = B \cdot (2\pi i + \varphi)/2\pi; \ i = 1 \qquad\qquad (6-4)$$

据此可得其模态数约为 39,周向尺度约为 0.77 倍叶片栅距。

图 6-9 继续给出了 8 130 r/min 转速下近失速工况 80%C_{ax} 位置的传感器 P_6 和 P_{14} 监测信号之间的互功率谱、相干性以及相位关系情况。针对相干性较大处的一对 RI 主模态频率进行分析。8 130 r/min 近失速工况互功率谱相位的近似线性公式为 $\varphi = (4.87 f_{RI}/f_B - 2.14)\pi$,考虑到拟合误差,该公式与 10 765 r/min 是一致的。根据公式(6-3)和公式(6-4)可得 8 130 r/min 近失速工况的 RI 主模态约为 38,周向尺度约为 0.79 倍叶片栅距,周向传播速度约为 0.43 倍转子转速。

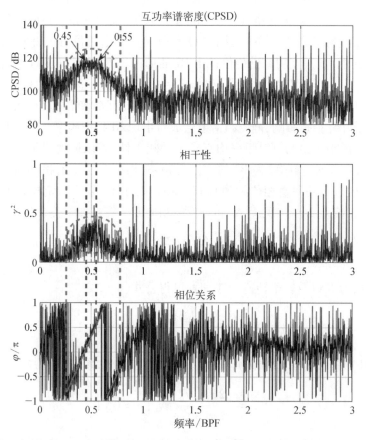

图 6-9   8 130 r/min 传感器 P_6 和 P_{14} 监测信号互功率谱、相干性和相位关系

综上,在两个转速的近失速工况,压气机中 RI 的传播特性基本一致。图 6-10 和图 6-11 分别给出了两个转速下间隔一倍栅距的传感器监测信号互功率谱和相干性随流量的变化情况。其中互功率谱中所反映的 RI 驼峰频率带宽随流量的变化趋势与图 6‒7 中自功率谱的结果一致。较大流量工况下, RI 驼峰带宽的频域内两组信号的相干性几乎为零;而较小流量工况下, 均存在较大的相干性, 其反应的 RI 存在工况与 RI 特征驼峰所反映的工况一致。

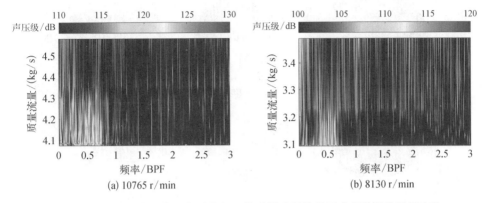

(a) 10765 r/min　　(b) 8130 r/min

图 6‒10　不同转速间隔一倍叶片栅距传感器监测信号互功率谱随流量的变化

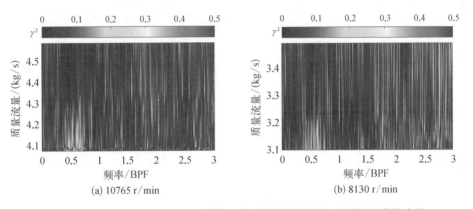

(a) 10765 r/min　　(b) 8130 r/min

图 6‒11　不同转速间隔一倍叶片栅距传感器监测信号相干性随流量的变化

6.3　高亚声速轴流压气机转子旋转不稳定性流动机理

为精准捕捉亚声速压气机转子内部非定常流动现象, 探究 RI 传播机制, 解释 RI 及流场非定常性的产生机理, 本节结合实验测量数据和全通道 RANS/URANS 数值模拟手段对 10 765 r/min 条件下的亚声速压气机转子内部流场进行进一步分析。

全通道数值模拟采用 Spalart-Allmaras 湍流模型, 数值模拟方法已在文献[8]~[11]中验证。全通道网格及叶片编号如图 6‒12 所示, 图中 B_1 吸力面和 B_2 压力面之间所夹的通道即 P_1，其他通道以此类推。以实验测量中动态压力传感器的布置为基准，全通道数值模拟的叶尖环面静压探针布置方案，如图6-13所示。

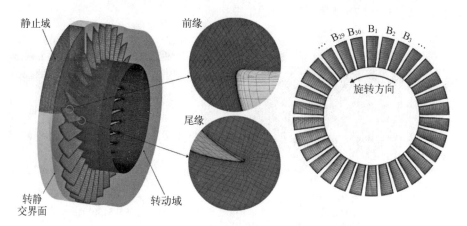

图6-12　亚声速转子全通道数值模拟网格拓扑结构

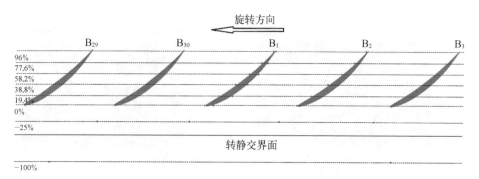

图6-13　全通道非定常数值模拟静压数值探针布置

距叶片前缘$-100\%C_{ax}$处，分别沿径向2.6%、49.6%、98.2%和99.1%流道高度布置一组4个数值探针，其中99.1%流道高度对应转子叶顶；八组上述探针沿周向均布。于叶片 B_1 吸力面、压力面及 B_2 压力面上，沿上述径向位置分别布置数值探针；数值探针的轴向排布参考实验设置，详见图6-13。此外，距叶片前缘$-25\%C_{ax}$处，沿周向均布30组数值探针，每组探针径向位置与上述探针保持一致。

图6-14给出了高亚声速压气机转子的全通道数值模拟性能曲线。实验动态压力信号的分析表明，RI出现时，压气机的工作流量范围约为4.28~4.07 kg/s；非定常静压信号表明，RI出现时，压气机的工作流量范围约为4.17~3.82 kg/s。图6-14对一些工况进行了标识。$S_1 \sim S_5$：实验中无RI的5个工况；$N_1 \sim N_3$：实验出现RI的3个工况；LS：最后一个不存在流场非定常性的非定常计算工况；RIS：第一个出现RI的非定常计算工况；NS：最后一个收敛的非定常计算工况。

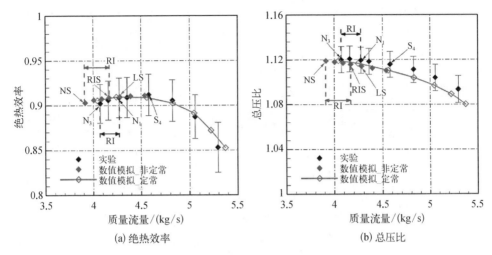

图 6‑14　高亚声速转子全通道数值模拟及实验性能曲线

6.3.1　旋转不稳定性的频谱特征

由实验动态压力信号的功率谱密度分析可知,亚声速转子中 RI 主要出现于叶片通道中,其 RI 驼峰较为显著的频谱信号来自 $60\% C_{ax} \sim 80\% C_{ax}$ 处传感器。由于数值探针均处于转动的相对坐标系下,数值模拟静压信号的分析主要是结合相对坐标系和绝对坐标系下的静压监测信号频谱特性展开。图 6‑15 分别对比了实验测量 S_5、N_1 和 N_3 工况以及数值模拟 LS、RIS 和 NS 工况的功率谱密度。实验静压信号取自 P_6 传感器,数值模拟静压信号取自绝对坐标系下 98.2% 叶高监测点。

从不同流量的数值模拟静压频谱可知,随着压气机流量的减小,从 RIS 工况到 NS 工况,静压信号频谱上出现均值约为 0.5 BPF 的驼峰特征频率,这表明压气机流场中出现了 RI。虽然数值模拟与实验压力信号的频谱幅值有所差异,但数值模拟的 RI 驼峰均落于实验测量相应工况动态压力信号频谱的 RI 驼峰内,这进一步表明针对亚声速转子的全通道数值模拟成功预测了 RI。

图 6‑16 进一步给出了压气机从 LS 工况到 NS 工况在绝对坐标系和相对坐标系下静压信号的频谱随流量变化情况。其结果由不同流量工况的静压信号频谱插值得到。结合图 6‑15,由绝对坐标系下的频谱分布可知,从 PE 工况到 NS 工况在低频域处存在明显的 1 RF 和 4 RF 频率,说明这与压气机流场中的流动非定常性无关。从约 4.17 kg/s 流量工况开始,压气机内部流场开始出现 RI,在频谱上呈现为对应频率带宽。相对坐标系下,流场中静压信号频谱的驼峰特征频率峰值随流量减小呈现先增大后减小趋势。

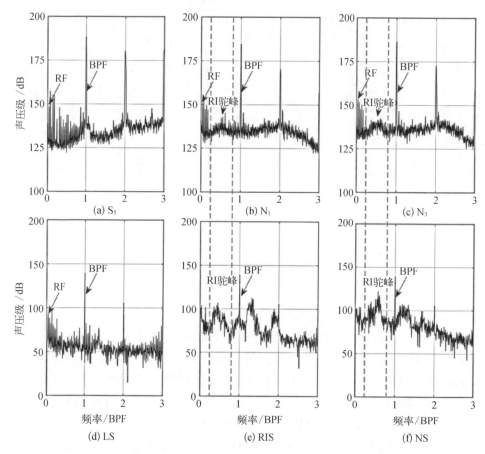

图 6-15　实验测量和数值模拟绝对坐标系下不同流量工况静压信号频谱对比

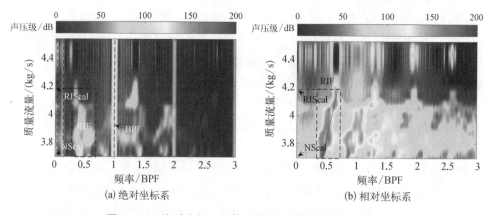

图 6-16　绝对坐标系下静压信号频谱随流量变化情况

图 6-17 给出了 NS 工况下叶片通道中 98.2% 通道高度处静压信号频谱的轴向分布。该结果分别由叶片 B_1 压力面和吸力面的 6 个轴向位置处数值探针监测信号的频谱插值得到。如图所示,压力面处流场的非定常流动强度更高。在约 $20\% C_{ax}$ 处,叶片压力面流场非定常性最强。叶片吸力面处有两个位置存在较明显的非定常特征频率的激励带宽,分别距叶片前缘 $14\% C_{ax}$ 和距叶片尾缘 $87\% C_{ax}$。近前缘叶片表面流场的强非定常性可能与叶顶区域的泄漏流动有关;近尾缘吸力面流场的强非定常性则可能与吸力面流动分离及其引起的径向潜流有关。

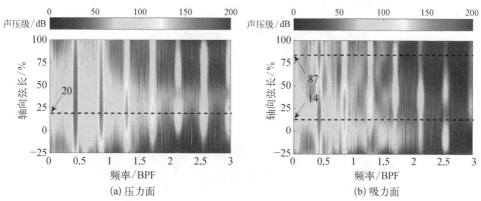

图 6-17　NS 工况相对坐标系 98.2% 通道高度处静压信号频谱沿轴向分布

图 6-18 进一步给出了 RIS 工况和 NS 工况在转子通道中 $19.4\% C_{ax}$ 处的静压信号频谱沿径向分布。相对坐标系下,叶片通道中静压信号频谱只存在一个非定常频率带宽及其相应倍频的激励带宽。该频率带宽的均值在 RIS 工况和 NS 工况下分别约为 0.62 BPF 和 0.47 BPF。此外,流场非定常性激励带宽的频率幅值沿轮毂到机匣方向逐渐增大,即非定常性扰动源主要与叶顶区域流动密切相关。

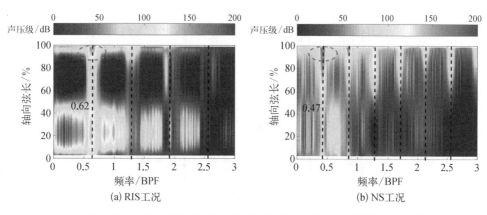

图 6-18　RIS 和 NS 工况相对坐标系 $19.4\% C_{ax}$ 处静压信号频谱沿径向分布

结合图 6-17 和图 6-18 可知,存在流场非定常性工况的静压扰动最活跃区域主要集中在叶顶压力面近前缘处。选取 98.1% 流道高度、19.4% C_{ax} 处的静压信号作周向传播特性分析。图 6-19 和图 6-20 分别给出了 RIS 工况和 NS 工况中

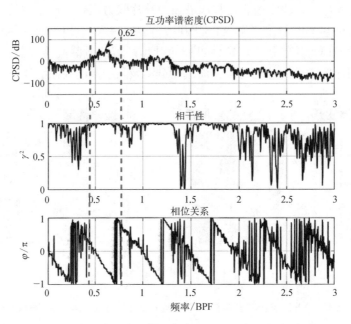

图 6-19 RIS 工况相对坐标系相邻通道静压信号互功率谱、相干性及相位关系

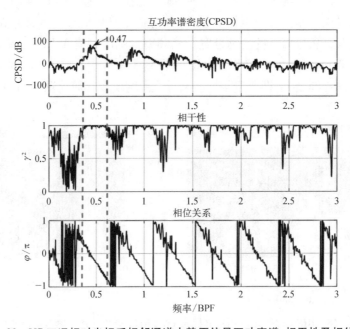

图 6-20 NS 工况相对坐标系相邻通道中静压信号互功率谱、相干性及相位关系

相对坐标系下叶片 B_1 和叶片 B_2 压力面在 98.1% 流道高度、19.4% C_{ax} 处的两组静压信号的互功率谱、相干性及互功率谱相位关系。由图可知,相对坐标系下,相邻通道静压信号的互功率谱存在明显驼峰特征频率,其峰值频率大小分别约为 0.62 BPF 和 0.47 BPF,这与前述一致。此外与该频率带宽对应的两组信号相干性接近等于 1,说明相邻通道中两组信号之间存在强关联性,即存在着从通道 P_1 传播至通道 P_2 的周向扰动。

结合静压频谱的驼峰特征频率,以上分析表明在亚声速转子全通道数值模拟的 RIS 工况和 NS 工况检测到了 RI。此外,从图中的信号相位关系可知,相邻通道的静压信号相位差在驼峰频率带宽内呈线性。压气机中 RI 这种非定常流动现象是由多模态成分组成,且各模态成分的扰动周向传播速度也呈线性变化。上述结果均与实验测量中图 6-7 的现象相近似。值得注意的是,随着压气机工作流量的减小,RI 的频率带宽逐渐变窄。

利用 4.3.1 节所示公式对 RIS 工况和 NS 工况中 RI 主模态的主要参数进行推导,相关参数如表 6-2 所示。

表 6-2　RIS 工况和 NS 工况 RI 主模态主要参数

	f_{rel}/f_B	θ/π	$|k|$	N_{rel}/N_0	N_{abs}/N_0	f_{abs}/f_B
RIS	0.62	−0.53	38	−0.49	0.51	0.65
NS	0.47	−0.14	32	−0.44	0.56	0.60

RIS 工况和 NS 工况下,RI 主模态数分别为 38 和 32;压气机随着流量的减小,RI 主模态的周向尺度变大。可以发现 RI 主模态周向尺度均小于一倍叶片栅距,这与实验中近失速工况值相近似。

6.3.2　旋转不稳定性的周向传播

结合前面章节的分析可知,压气机中 RI 的形成与流场中的流动非定常性密切相关,要探究 RI 的流动机理及触发机制绕不开压气机流场中流动非定常性的产生机理。因此在本节将首先选取叶片 B_1、B_2 和通道 P_1 着重分析固定叶片和通道中的非定常流动情况,然后以此出发分析通道与通道之间的流动关联。

由前面的分析可知,压气机近失速工况中,流场静压扰动的最活跃区域主要在近前缘叶顶压力面侧。图 6-21 给出了 RIS 工况和 NS 工况压气机 B_2 压力面 98.2% 通道高度处的静压系数随时间分布变化。其中,C_p 为静压系数,其定义见公式(6-5);p 为当地压力;p_0 为标准大气压力;ρ 为气流密度以及 U_t 为叶尖线速度。

$$C_p = (p - p_0)/(0.5\rho U_t^2) \qquad (6-5)$$

首先观察 RIS 工况,在 B_2 压力面存在一个明显的低静压区。该低静压区的位置随时间沿叶片压力面向下游移动,同时其静压系数逐渐增大,从而使得低静压区逐渐消失。在低静压区向叶片尾缘移动的同时,B_2 压力面前缘位置则产生一个新的低静压区。在 NS 工况,B_2 压力面的静压系数分布随时间变化情况与 RIS 工况总体上近似。比较两个流量工况,B_2 压力面上低静压区随着工作流量的减小而更明显,静压波动的波长随着工作流量的减小而增大。根据低静压区的移动轨迹斜率可知,不同工况下,B_2 压力面的低静压区从叶片前缘移动到叶片尾缘的移动速度大体上相同。

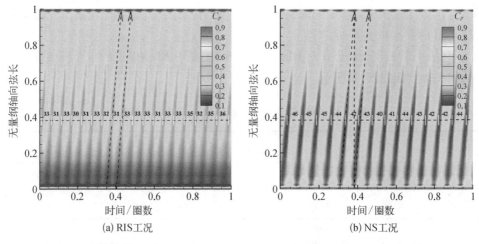

(a) RIS 工况   (b) NS 工况

图 6-21 RIS 工况和 NS 工况 B_2 压力面 98.1%通道高处的静压系数分布

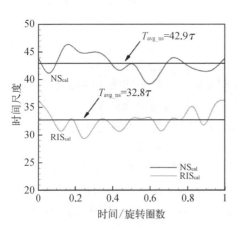

图 6-22 RIS 工况和 NS 工况 B_2 压力面处静压波动变化

在图 6-21 中若以 B_2 压力面上的某一个固定轴向点为基准观察,则可以发现该处的静压波动存在明显的近周期性,其波长随时间的发展而随机变化。图 6-22 给出了两个流量工况静压波动的波长在转子转过 1 圈内的变化情况。其中静压波动的波长为相邻两个静压波谷之间的时间尺度。静压波动的波长在不同的时间段的大小并不一样;其波长的变化表明了压气机叶片通道中流场非定常性频率也是变化的,这与实验分析所得到的结论一致;同时这也解释了静压监测信号频谱上出现的特征频率驼峰。此外,两个工况下流场静压波动平均波长分别约为 32.8 和 42.9 个物理时间步;通过计算可得其相应的频率分别约为 0.61 BPF 和 0.47 BPF,这与 RI 的主模态频率大体一致。

为了分析压气机中叶片压力面的静压分布变化原因,图 6-23 给出了 NS 工况 P_1 通道中 B_1 叶尖泄漏流和 B_2 压力面静压系数分布随时间的变化情况,由图可知,当 B_2 压力面受到 B_1 泄漏流影响时,其表面形成低静压区,图中已用红色实线圈示出。当 B_1 泄漏流随时间波动时,其冲击 B_2 压力面的位置沿着叶片前缘向尾缘运动。上述流动现象在 RIS 工况中也存在相似的现象,在此不再给出相应分析。

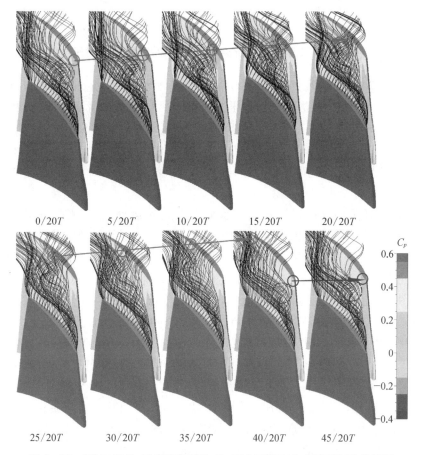

图 6-23　NS 工况 B_1 叶顶泄漏流和 B_2 压力面静压分布随时间变化情况

上述 B_1 泄漏流波动的起源显然与 B_1 的叶尖载荷密切相关。因此图 6-24 进一步给出了 B_1 叶尖压力面和吸力面的静压差分布随时间的变化情况。叶尖压力面和吸力面的静压差反映了叶片的叶顶载荷情况。

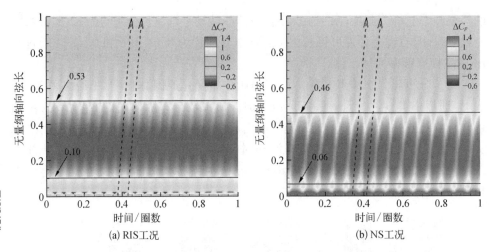

图 6-24　RIS 工况和 NS 工况 B_1 叶顶静压差系数分布随时间的变化

从图 6-24 中可以观察到,B_1 叶尖静压差随时间呈现非定常性波动。其波动情况与图 6-23 中 B_2 压力面处的静压波动相似。B_1 高载荷区随时间沿轴向移动的速度与图 6-23 中 B_2 压力面处的低静压区的运动一致。RIS 工况 B_1 叶尖加载位置主要在 $10\%C_{ax} \sim 53\%C_{ax}$,而 NS 工况 B_1 叶尖加载位置主要在 $6\%C_{ax} \sim 46\%C_{ax}$。对比 RIS 工况和 NS 工况静压差分布,随着压气机流量减小,叶尖加载位置向前缘移动。

显然,B_1 压力面存在着与 B_2 中相似的低静压区运动,这直接影响了 B_1 的叶尖静压差系数分布。为了探究这种作用机制,图 6-25 给出了 NS 工况 B_1 压力面静压系数和叶尖静压差系数随时间的变化情况,图中实线圈示出了 B_1 压力面的低静压区的迁移,灰色区域示出了 B_1 叶尖主加载区载荷的相对大小。

由图可知,该低静压区随时间沿轴向移动。当低静压区移动至主加载区时,B_1 的静压差系数发生变化,从而使得图 6-23 中 B_1 的叶尖泄漏流发生变化。当该低静压区移动出主加载区时,静压差系数几乎不变;此时 B_1 的叶尖泄漏流变化极小。图 6-25 中 B_2 压力面的低静压区形成与 B_1 叶尖泄漏流的冲击有关;由此可知,B_1 压力面的低静压区也与上一个叶片泄漏流的冲击有关。源自相邻叶片的叶尖泄漏流会影响当前叶片压力面的静压分布,同时也改变了当前叶片的叶尖载荷分布,最终该叶片的叶尖泄漏流也随之变化。在近失速工况,相邻叶片叶尖载荷与叶尖泄漏流相互影响导致了流动非定常性的周向传播,最终形成了 RI。

综上所述,RI 的出现是压气机叶片通道中泄漏流非定常波动在周向传播的结果。换言之,RI 出现的关键在于泄漏流非定常波动的产生。本节中,压气机叶尖泄漏流非定常波动的出现与 RI 的产生是同步的。为了进一步探究 RI 的形成机理,有必要对压气机中诱发流动非定常性产生的物理机制进行更深入的探索。

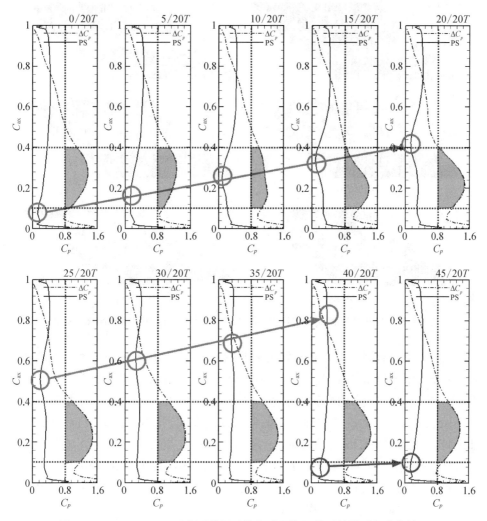

图 6 - 25　NS 工况 B₁ 压力面静压系数和叶顶静压差系数随时间变化情况

6.3.3　流场非定常性及旋转不稳定性的物理起源

为了探究影响 RI 出现的关键因素,厘清压气机流动非定常性出现的原因,以下将对 LS 工况和 RIS 工况的流场进行详细对比分析。图 6 - 26 给出了压气机从 LS 工况到 NS 工况共 6 个流量工况 P_1 中 98.1% 通道高截面的静压系数标准差分布云图。静压系数标准差的大小反映了流场中静压波动的强弱情况,其表达式如公式(6-6)所示,式中,p_i 为各个时刻当地静压值;$\bar{p}$ 为所有时刻静压平均值。

$$p_{\text{STD}} = \sqrt{\frac{1}{N}\sum_{i=1}^{N}(p_i - \bar{p})^2 / (0.5\rho U_t^2)} \tag{6-6}$$

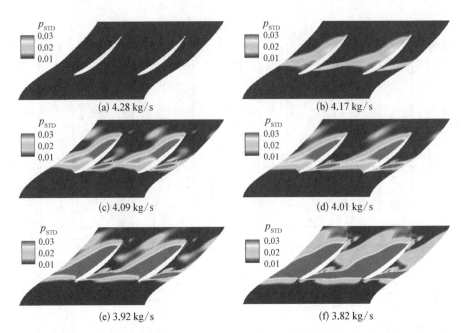

图 6-26 压气机不同流量工况 P_1 中 98.1%通道高截面静压系数标准差分布

从图中可以看到,LS 工况的静压系数标准差几乎为零。此时,流场中静压波动非常弱。随着流量减小,RIS 工况的泄漏流区域出现较大幅值的静压系数标准差。此时,由泄漏流引起的静压波动影响到相邻叶片压力面。随着流量进一步减小至 NS 工况,流场静压系数标准差的幅值逐渐变大,其高幅值区域也不断扩大。对比 LS 工况和 RIS 工况分析可知,出现 RI 的 RIS 工况的静压波动影响到相邻叶片压力面;而未出现 RI 的 LS 工况的静压波动极弱,这表明了 RI 的出现与压气机中泄漏流非定常性及其引起的静压波动密切相关。然而这种泄漏流非定常性以何种形式影响相邻叶片并最终诱发 RI 有待进一步探究。

图 6-27 进一步给出了压气机 LS 工况和 RIS 工况某一时刻 15 个通道 98.1%通道高度截面的绝对涡量轴向分量云图。可以发现,泄漏流区域具有较大的正轴向涡量,且轴向绝对涡量沿泄漏流流向逐渐耗散。此外,该正轴向涡量区两侧存在一对反轴向涡量区;这两处旋涡分别影响自身叶片吸力面尾缘和相邻叶片压力面。

首先,对比压气机 LS 工况和 RIS 工况 P_1 通道流场。LS 工况时,压气机叶尖载荷较小,泄漏涡的正轴向涡量区在叶片通道中处于收束状态,并未形成较大旋涡;相应 B_1 吸力面尾缘处反向旋涡强度较弱,对 B_1 吸力面影响较小。B_2 压力面处的反方向旋涡强度虽较强,但其对 B_2 压力面的影响仅局限于叶片尾缘。在 RIS 工况时,随着叶尖载荷的增大,泄漏涡的轴向涡量区在叶片通道中扩张,形成了较大的旋涡区,并"挤压"B_2 压力面处的反方向旋涡,使其紧贴 B_2 压力面,扩大该旋

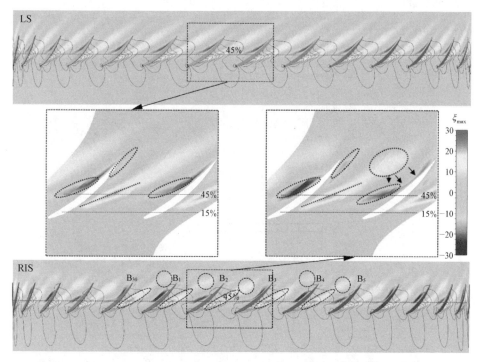

图 6 - 27　LS 工况和 RIS 工况 P_1 中 98.1%通道高截面绝对涡量轴向分量云图

涡的影响范围并影响前述 $15\%C_{ax} \sim 45\%C_{ax}$ 的主加载区；B_1 吸力面处的旋涡影响区扩张。上述旋涡运动在叶片表面的影响势必会改变叶尖载荷分布；当影响区向叶片前缘扩张，主泄漏区的叶尖载荷波动，非定常泄漏流动产生。

　以环面 15 个通道的流场结构对 LS 工况和 RIS 工况进行对比分析。在 LS 工况，整个环面的所有通道的流场结构都是近似的。泄漏流产生正轴向涡量区的两侧存在一对反轴向涡量区，虽然该反轴向涡量区旋涡会影响叶片压力面和吸力面，但其不足以主导叶尖载荷的变化。因此，该工况压气机的叶尖泄漏流并未表现非定常波动。RIS 工况、98.1%通道处环面，不同通道的泄漏流正轴向涡量幅值及其高幅值区大小不一。如图 6 - 27，B_1 叶尖泄漏流产生的轴向涡量区在 P_1 通道中膨胀，B_2 压力面的反向旋涡较弱；此时，B_2 具有较大的叶尖载荷，进而在 P_2 通道中，B_2 泄漏流形成高轴向涡量区，并挤压 B_3 压力面诱导涡，这使得 B_3 叶尖载荷变化。由于 B_3 的叶尖载荷较小，P_3 泄漏涡的轴向分量在通道外耗散；B_4 泄漏涡的轴向分量与 P_1 中相似。

　为探究 RIS 工况流场的周向时空演变情况，图 6 - 28 给出了 RIS 工况叶尖环面静压系数及轴向绝对涡量的瞬态云图；$0/20T$ 时刻流场对应图 6 - 27。压气机叶片通道中的流场非定常性会影响相邻通道中泄漏涡，产生周向传播的非定常波动。如图 6 - 28 所示，$10/20T$ 时刻及 $40/20T$ 时刻 P_2 通道的流场结构与 $0/20T$ 时刻 P_1 通道的流场结构相似；这两个时刻均有相似的流动结构由 P_1 传播至 P_2 中。

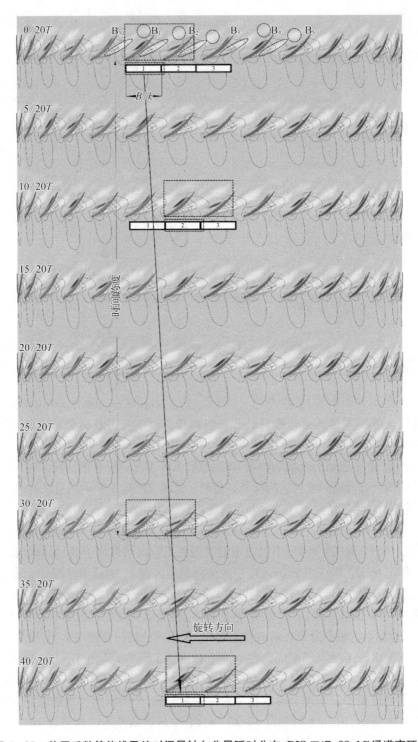

图 6-28　静压系数等值线及绝对涡量轴向分量瞬时分布，RIS 工况，98.1%通道高环面

由表 6-2 可知,RIS 工况压气机 RI 主模态的周向波瓣数约为 38,其相应周向空间尺度约为 20/38≈0.79 栅距。图 6-28 给出了 RI 主模态三个波瓣的周向空间位置分布。0/20T 时刻,P_1 流场由波瓣 1 和部分波瓣 2 组成;40/20T 时刻,P_2 中观察到同样由相同波瓣组成的流场结构;10/20T 时刻 P_2 的流场结构则由波瓣 2 和部分波瓣 3 组成。因此,流场中 RI 主模态对应的流动非定常性在周向上的传播速度约为 0.5 倍转子转速,这与频谱分析中观察到的现象一致。

综上,对比 LS 工况和 RIS 工况的流场,泄漏涡所诱导的涡系结构将影响相邻叶片的叶尖载荷分布。当某一叶片通道中泄漏流的诱导涡影响到叶尖主加载区时,相邻通道原本稳定的泄漏流动不再稳定,流动非定常性产生。由于泄漏流动与叶尖载荷的周向作用机制,叶片通道流场的非定常波动沿周向传播;最终,压气机所有通道中均出现同类流场非定常波动,RI 形成。

6.4　本　章　小　结

本章以带有 0.5 mm 叶顶间隙的高亚声速压气机转子为例,结合实验和数值模拟手段进行分析。实验主要进行了两个转速的稳态性能测量和动态压力信号测量。通过获得的动态压力信号进行后处理,探究 RI 的频谱特性及其周向传播特性。以此为基础,开展 10 765 r/min 工况的全通道数值模拟,利用实验测量结果对计算结果进行了校核。最后,对亚声速转子的流动非定常性及 RI 的流动机理进行分析,梳理压气机中 RI 与流场流动非定常性的密切关系,探究流动非定常性与 RI 的起始机理,主要结论如下。

实验测量方面:

(1) 基于 RI 的驼峰特征频率可以确定 RI 的存在工况;10 765 r/min 转速下存在 RI 的流量范围约为 4.28~4.07 kg/s,8 130 r/min 转速下存在 RI 的流量范围约为 3.23~3.09 kg/s;未发现 RI 特征频率随流量存在明显变化规律,亦未发现不同转速近失速工况的 RI 特征频率差异;

(2) 两个转速下的近失速工况,RI 主要出现在叶片通道内,最显著的 RI 驼峰特征频率位于 60% 和 80% 轴向弦长处;近失速工况,间隔一个栅距的传感器互功率谱中存在 RI 特征频率;其驼峰范围内,两组信号的相干性均显著大于除叶片通过频率及其倍频外的频域,相应的互功率谱相位与频率呈正相关线性关系;

(3) 在 10 765 r/min 的近失速工况,RI 的主模态数约为 39,周向尺度约 0.77 倍栅距,周向传播速度约为 0.44 倍转速;在 8 130 r/min 的近失速工况,RI 的主模态数约为 38,周向尺度约 0.79 倍叶片栅距,周向传播速度约为 0.43 倍转速。

数值模拟方面:

(1) 采用全通道 URANS 计算模型可以预测出 RI 的频率驼峰,但驼峰的形状与实验结果存在一定差异;结合第 5 章研究结果表明,要想对 RI 的动态特性进行准确预测有必要采用更高精度的计算方法和全通道计算域;

(2) 相邻通道监测的静压信号互功率谱分析进一步证实全通道中存在周向传播扰动,即 RI;在 RI 特征频率内,相邻通道静压信号的相位呈线性关系,各模态成分扰动的周向传播速度呈线性变化;RI 主模态在 RIS 工况和 NS 工况分别为 38 和 32;相对坐标系下,对应周向传播速度约为-0.49 倍、-0.44 倍转速;

(3) 在 RI 工况,泄漏流波动与叶尖载荷存在周向相互作用;某一叶顶泄漏流波动足以影响到下一个叶片压力面的静压分布;当叶尖载荷变化时,压气机叶尖流动非定常性及周向扰动产生;RI 正是叶尖泄漏流非定常波动与叶尖载荷波动的周向作用结果;该转子中,RI 及流动非定常性是同步产生的;其起始的关键在于叶尖泄漏流冲击下一个叶片的叶尖主加载区,使下游泄漏流也随之波动。

参考文献

[1] 卢新根.轴流压气机内部流动失稳及其被动控制策略研究[D].西安:西北工业大学,2007.

[2] Wu Y H, Li Q P, Tian J T, et al. Investigation of pre-stall behavior in an axial compressor rotor — Part I: Unsteadiness of tip clearance flow[J]. Journal of Turbomachinery, 2012, 134 (5): 051027.

[3] Wu Y H, Li Q P, Tian J T, et al. Investigation of pre-stall behavior in an axial compressor rotor — Part Ⅱ: Flow mechanism of spike emergence[J]. Journal of Turbomachinery, 2012, 134(5): 051028.

[4] Wu Y H, Li Q P, Zhang H, et al. Numerical investigation into the mechanism of spike-type stall inception in an axial compressor rotor[J]. Proceedings of the Institution of Mechanical Engineers, Part A: Journal of Power and Energy, 2012, 226(2): 192 – 207.

[5] Wu Y H, An G Y, Wu J F, et al. Experimental investigation of flow characteristic of tip leakage flow in an axial flow compressor rotor[J]. Proceedings of the Institution of Mechanical Engineers, Part A: Journal of Power and Energy, 2015, 229(2): 112 – 126.

[6] Wu Y H, Chen Z Y, An G Y, et al. Origins and structure of rotating instability: Part 1 — Experimental and numerical observations in a subsonic axial compressor rotor[C]. Seoul: ASME Turbo Expo 2016: Turbomachinery Technical Conference and Exposition, 2016.

[7] Wu Y H, Li Q P, Chu W L, et al. Numerical investigation of the unsteady behaviour of tip clearance flow and its possible link to stall inception[J]. Proceedings of the Institution of Mechanical Engineers, Part A: Journal of Power and Energy, 2010, 224(1): 85 – 96.

[8] Wu Y H, Wu J F, Zhang G G, et al. Experimental and numerical investigation of flowcharacteristics near casing in an axial flow compressor rotor at stable and stall inception conditions[J]. Journal of Fluids Engineering, 2014, 136(11): 111106.

[9] Chen Z, Wu Y, An G Y, et al. Investigation into the flow mechanism of rotating instability in a subsonic axial flow compressor rotor[J]. Fluid Dynamics Research, 2018, 50(6): 065509.

[10]　陈智洋,吴艳辉,安光耀,等.轴流压气机转子旋转不稳定性检测及机理探讨[J].推进技术,2017,38(11):2401-2410.

[11]　陈智洋,吴艳辉,杨国伟,等.亚音轴流压气机转子转速对叶尖区非定常流的影响[J].工程热物理学报,2017,38(5):993-1000.

第 7 章
轴对称端壁造型调控压气机
叶栅叶尖流动非定常性

 轴对称端壁造型是一种通过在叶轮机械端壁引入沿轴向的凹凸设计以改变其端区流场特征的流动控制技术,其应用价值目前已在多个轴流压气机[1-4]设计方案中得到验证。其中有部分关于该技术的研究案例曾尝试通过轴对称机匣端壁造型实现对压气机转子叶尖区流动的控制。Kroger 等[5,6]以单级和多级轴流压气机为研究载体系统地对轴对称机匣造型技术进行了研究,结果表明:端壁造型引入的附加压力梯度能够对叶尖泄漏流量和泄漏涡强度产生影响,从而缓解泄漏流引起的流动损失和流场堵塞、改善压气机的气动性能。Teng 等[7]通过数值仿真研究了轴对称机匣端壁造型对轴流压气机转子气动性能的影响,发现:凹式机匣型线诱导的"先减速,后加速"效应可以降低泄漏流造成的流动损失,使得峰值效率提升 0.71%。上述两组研究表明,轴对称机匣端壁造型能够调控叶尖区的压力和速度分布,改善叶尖区流场。如果借助轴对称机匣造型在叶尖区产生对泄漏涡稳定性有利的压力和速度分布,或许也可以避免叶尖泄漏涡破碎的发生。然而,目前尚未有研究探讨过轴对称端壁造型对叶尖泄漏涡破碎及相关非定常性的控制效果。

 为丰富叶尖泄漏涡破碎及相关流动非定常性的控制经验和手段,本章将继续以第 2 章选取的平面叶栅为研究对象探索轴对称端壁造型用于控制叶尖泄漏涡破碎的可能性。由于不清楚何种形式的端壁型线能够抑制泄漏涡的破碎,本章首先以抑制高负荷工况下的泄漏涡破碎和兼顾设计工况气动性能为目标开展轴对称端壁造型的多工况优化;然后通过对比原型叶栅和帕累托(Pareto)最优方案的流场数值仿真结果探究端壁型线变化对叶尖泄漏涡破碎、叶栅气动性能以及叶尖流动非定常性的控制效果和作用机制;最后采用本征正交分解方法对帕累托最优方案的几何与流场信息进行数据挖掘,以获取最优解集隐含的端壁型线设计知识。

7.1　轴对称端壁造型的优化设计方法

7.1.1　端壁型线的参数化及设计变量

在优化轴对称端壁造型之前,首先要对端壁型线进行参数化。如图 7 - 1 所示,本书选取前缘上游 $25\%C_z$ 和尾缘下游 $25\%C_z$ 之间为造型区域(曲线段),采用 Bezier 曲线来生成端壁型线。Bezier 曲线的形状由 10 个控制点确定。曲线上、下游两端分别有 2 个控制点固定于原始位置,以确保造型区域与上下游端壁面的连续性。

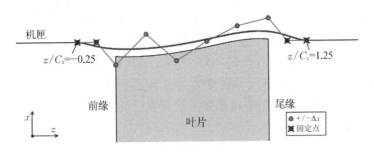

图 7 - 1　端壁型线的参数化方法

在优化过程中,中间 6 个控制点(红色点)的展向位置可以在 $\pm 3h$ 范围内自由变动以实现曲线形状的改变,h 为叶顶间隙尺寸。这 6 个控制点的展向浮动量为轴对称端壁造型的设计变量,其向量形式为

$$dv = [\Delta x_1, \ \Delta x_2, \ \Delta x_3, \ \Delta x_4, \ \Delta x_5, \ \Delta x_6] \qquad (7 - 1)$$

7.1.2　优化目标及优化策略

为了兼顾设计工况和非设计工况下的叶栅性能,轴对称端壁优化同时考虑了 $\beta_1 = 58°$ 时的设计工况(定义为 OP_1)和 $\beta_1 = 63°$ 时泄漏涡破碎较为严重的高负荷工况(定义为 OP_2)。在高负荷工况下,选择抑制泄漏涡破碎同时改善叶栅的气动性能为设计目标;在设计工况下,则以不使叶栅的气动性能恶化为设计目标。

为了判断泄漏涡的破碎是否得到抑制,需要定义一个能够定量描述涡破碎严重程度的流动参数。如第 2 章所述,旋涡内部的有限反流区是涡破碎的主要特征之一。弦向反流区可显示泄漏涡内部是否存在反流,进而判断涡破碎是否发生。因此,使用叶尖处弦向反流区的体积作为量化涡破碎严重程度的目标函数。

为了减少优化耗时,本章优化仅采用定常数值仿真计算目标函数。图 7 - 2 给出了 5 个典型工况下涡核线和弦向反流区的定常计算结果,其中涡核线由 $\cos\angle(v_r, U)$ 渲染。图 7 - 3 给出了这些工况下定常计算得到的叶尖弦向反流区

体积 V_{bf} 和非定常计算得到的全局速度脉动动能 α_{global}。其中,V_{bf} 的定义式如下:

$$V_{bf} = \frac{\iiint\limits_{\Omega_{bf}} dV}{CDH} \qquad (7-2)$$

$$\Omega_{bf} = \{(x, y, z): U_\xi(x, y, z)/U_1 < -0.001, x/H > 0.875\}$$

式中,Ω_{bf} 表示流场中 87.5% 叶高以上,弦向速度满足 $U_\xi/U_1 < -0.001$ 的区域;CDH 为叶片弦长、栅距和叶高的乘积。定常计算能够捕捉到泄漏涡的破碎,并且得到的涡核反流区体积会随着进气角的增大而扩大,定常计算得到的弦向反流区体积能够反映出涡破碎随进气角增大而恶化的趋势。此外,在本章中控制泄漏涡破碎的一个目的是希望能够有效抑制叶尖区的流动非定常性。然而,定常计算得到的涡破碎与第 2 章中非定常计算结果中的涡破碎在流场特征上存在较大差异。如图 7-3 所示,进气角由 62.6° 增至 62.65°,弦向反流区体积增幅较小,定常计算未能反映涡破碎由非定常诱导涡主导转变为反流涡主导时流动非定常性的突增。因此,完成优化后还需额外采用非定常数值仿真验证端壁造型方案对叶尖流动非定常性的控制效果。

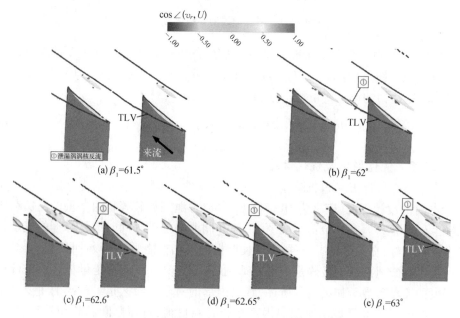

图 7-2　定常计算结果中叶尖区的涡核线和弦向反流区分布

在叶栅的气动性能方面,采用 OP_1 和 OP_2 工况下的叶栅总压损失系数 Y_p 和静压升系数 C_p 来衡量端壁造型的控制效果。优化轴对称端壁造型时需要考虑的所有气动参数及其对应的设计目标汇总见表 7-1。

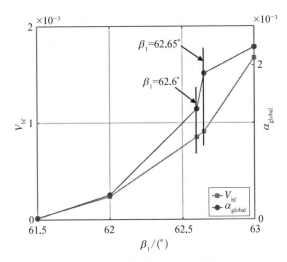

图 7－3　定常弦向反流区体积 V_{bf} 和全局速度脉动
动能 α_{global} 系数随进气角的变化

表 7－1　轴对称端壁造型涉及的气动参数及其设计目标

工　况	气　动　参　数	设 计 目 标
工况 $OP_1(\beta_1 = 58°)$	总压损失系数 $Y_{p,1}$	不变或降低
	静压升系数 $C_{p,1}$	不变或提高
工况 $OP_2(\beta_1 = 63°)$	弦向反流区体积 $V_{bf,2}$	降低
	总压损失系数 $Y_{p,2}$	降低
	静压升系数 $C_{p,2}$	升高

　　如果将表 7－1 中的 5 个气动参数全部处理成独立的目标函数,会导致待求解的帕累托前沿维度较高,整个优化问题的复杂度和计算需求量较大。为了尽可能减少目标函数量、简化优化问题,这里首先运用自组织映射(self-organizing map,SOM)神经网络对各气动参数之间的耦合和制约关系进行数据挖掘。

　　自组织映射神经网络是优化研究中分析设计变量、目标函数及不同目标函数之间关联性的常用工具,目前已被不少学者(如 Jeong 等[8]、Chiba 等[9]、Song 等[10]、Li 等[11])应用于飞行器或叶轮机械气动优化问题的前处理和后处理环节。

　　图 7－4 为 SOM 神经网络的结构示意图。它共包含 1 个输入层和 1 个输出层。其中,输入层的神经元数目为输入数据(向量)x_j 的维度 d,每个神经元对应输入数据中的一个变量;输出层由 $u×v$ 个神经元组成,各邻接神经元通过邻域函数实现连接,连接形式通常为二维四边形或六边形拓扑结构(图中为二维六边形拓扑)。输

出层的每个神经元被赋予了一个与输入数据维度一致的权值向量 $w_i = [w_{i1},$ $w_{i2}, \cdots, w_{id}] (i = 1, \cdots, u \times v)$，由 w_i 决定输入数据与输出层神经元 i 之间的映射关系。网络的训练采用竞争学习策略，并且以批训练模式（batch mode）执行，主要步骤简介如下：

步骤1：给所有权值向量 w_i 赋予较小随机数；

步骤2：将训练集中所有的样本 x_j 输入到输入层，按照式（7-3）所示的原则，选取权值向量 w_i 与样本 x_j 距离最小的神经元作为各样本对应的获胜神经元 c_j；

$$\| x_j - w_{c_j} \|_2 = \min \| x_j - w_i \| ; \quad i = 1, \cdots, u \times v \tag{7-3}$$

步骤3：根据邻域函数调整所有获胜神经元 c_j 及邻域内其他神经元的权值向量，使它们与对应样本 x_j 距离缩小，越靠近获胜神经元 c，权值向量 w_i 越接近 x_j；

步骤4：以步骤3得到的权重向量为初值，重新将训练集中的所有样本输入到网络中，重复步骤2~3，直至达到终止条件。

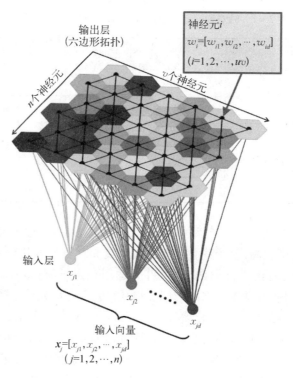

图7-4　自组织映射神经网络的拓扑示意图

训练结束后，训练集样本所包含的高维数据信息将会映射到输出层各神经元的权值向量 w_i 中。其中相似样本的信息会被映射到相同或邻近位置的神经元上，从而将样本在高维空间的分布形式呈现为权值向量 w_i 在输出层上的二维分布。因此,权值向量 w_i 第 k 个元素 w_{ik} 在二维输出层上的分布,又称组分图,能够表征训练样本中第 k 个变量在高维空间的分布特性。通过比较各变量组分图中区块分布的相似程度,可以直观地研究变量之间的内在关联性。

SOM 网络的分析对象为试验设计(design of experiment, DOE)阶段获取的初始样本库。该样本库共包含 200 个样本,其获取步骤为:使用最优拉丁超立方采样技术(optimal Latin hypercube sampling, OLHS)对 Bezer 曲线 6 个控制点的浮动量进行随机采样,共生成 200 个不同的端壁造型方案;对每一组方案进行定常数值计算,得到各方案对应的 $Y_{p,1}$、$C_{p,1}$、$V_{bf,2}$、$Y_{p,2}$、$C_{p,2}$ 等 5 个气动参数。在训练 SOM 网络时,将这 200 组气动参数相对于原型叶栅的变化量作为训练集,输出层采用二维六边形拓扑,共布置 60×60 个神经元,训练次数设置为 4 000 次。训练结束后可以得到各气动参数变化量的组分图如图 7 - 5 所示。

从图 7 - 5(a)可以看出, $\Delta Y_{p,1}$ 组分图的颜色区块分布与其他 4 个变量的组分图差异较大,说明 OP_1 工况下的总压损失 $Y_{p,1}$ 与其他变量之间存在复杂的非线性耦合关系,无法简单地用线性关系来描述。因此在优化中应单独对 $Y_{p,1}$ 的变化予以考虑。

比较图 7 - 5(c)、图 7 - 5(d)和图 7 - 5(e)可以发现, $\Delta V_{bf,2}$、$\Delta Y_{p,2}$ 和 $\Delta C_{p,2}$ 组分图具有相似的色块分布,即 OP_2 工况下的 3 个参数之间具有明显的线性相关性。其中, $\Delta V_{bf,2}$ 与 $\Delta Y_{p,2}$ 呈近似线性正相关,而 $\Delta V_{bf,2}$ 与 $\Delta C_{p,2}$ 呈近似线性负相关。这表明 OP_2 工况下,弦向反流区体积 $V_{bf,2}$ 越小的方案中,其总压损失系数 $Y_{p,2}$ 越小,静压升系数 $C_{p,2}$ 越高。在 OP_2 工况下,轴对称端壁造型可以同时达成抑制涡破碎和改善气动性能这两个目标。因此,在 OP_2 工况的 3 个气动参数中可只保留评价涡破碎控制效果的 $V_{bf,2}$ 作为目标函数。事实上,由于取值在相同工况, $V_{bf,2}$ 作为一个表征局部流场特征的参数,其与气动性能参数 $Y_{p,2}$ 和 $C_{p,2}$ 之间必然在流动机理层面上存在较高的关联性,后面将结合流场仿真结果对 $V_{bf,2}$ 与 $Y_{p,2}$ 和 $C_{p,2}$ 之间内在的关联机制进行解释。

比较图 7 - 5(b)和图 7 - 5(c)可以发现, $\Delta V_{bf,2}$ 与 $\Delta C_{p,1}$ 的权值分布都是左上角为高值区域、右侧为低值区域,二者之间存在正向相关性。在 $\Delta V_{bf,2}$ 权值低于 0 的区域中,大多数神经元上 $\Delta C_{p,1}$ 的权值也小于 0。这表明,训练集中,多数能够缓解 OP_2 工况下涡破碎的端壁造型方案也会导致设计点的静压升系数 $C_{p,1}$ 降低。抑制 OP_2 工况下的泄漏涡破碎与维持或提升 OP_1 工况下的叶栅静压升系数 $C_{p,1}$ 这两个设计目标间可能存在制约关系。端壁造型对 $C_{p,1}$ 的影响也应纳入优化考虑。

基于以上分析,以 OP_1 工况下的静压升系数 $C_{p,1}$ 最大和 OP_2 工况下的弦向反流区体积 $V_{bf,2}$ 最小为优化目标,在确保利用轴对称端壁造型抑制泄漏涡破碎的同时,尽可能减小其对设计点静压升的不利影响。选取 $Y_{p,1} \leqslant Y_{p,1ref}$ 为约束条件,避免产生导致设计点损失增大的造型方案。本章所关注的优化问题可由式(7 - 4)描述:

$$\text{find}\quad \mathrm{d}v = [\Delta x_1,\ \Delta x_2,\ \Delta x_3,\ \Delta x_4,\ \Delta x_5,\ \Delta x_6]$$

$$\text{max}\quad C_{p,1}(\mathrm{d}v)$$

$$\text{min}\quad V_{bf,2}(\mathrm{d}v) \tag{7-4}$$

$$\text{s. t.}\quad \begin{cases} Y_{p,1}(\mathrm{d}v) \leqslant Y_{p,1\text{ref}} \\ -3h \leqslant \Delta x_1,\ \Delta x_2,\ \Delta x_3,\ \Delta x_4,\ \Delta x_5,\ \Delta x_6 \leqslant 3h \end{cases}$$

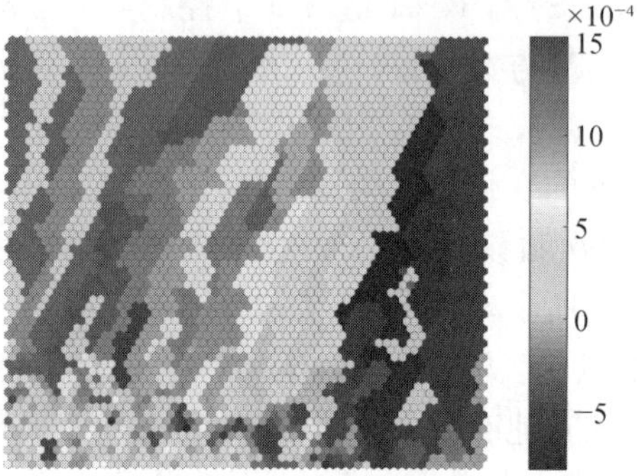

(a) $\Delta Y_{p,1}$

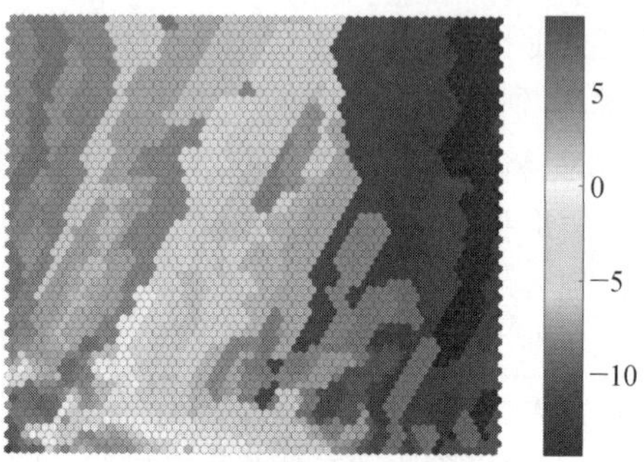

(b) $\Delta C_{p,1}$

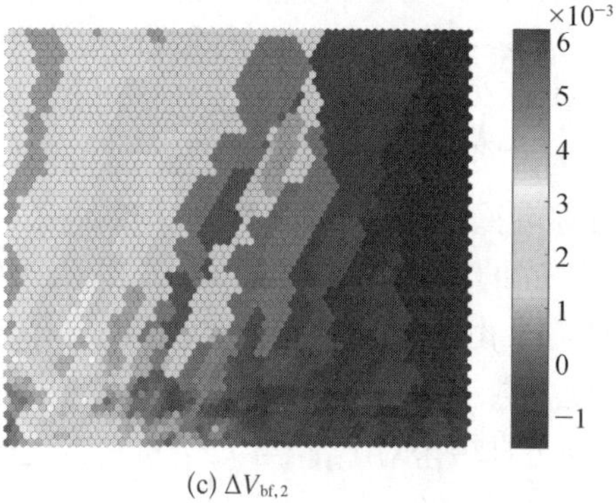

(c) $\Delta V_{bf,2}$

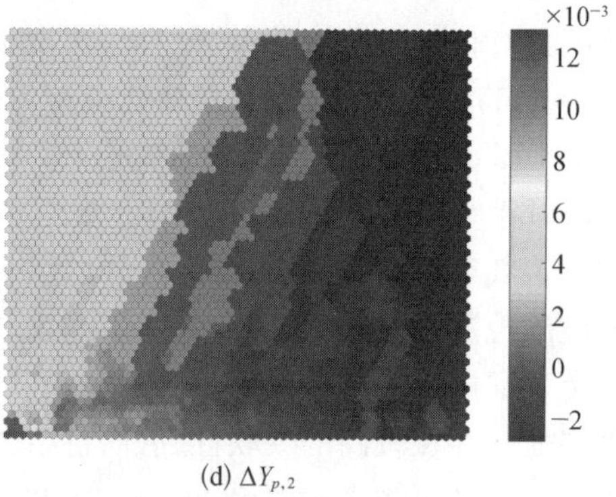

(d) $\Delta Y_{p,2}$

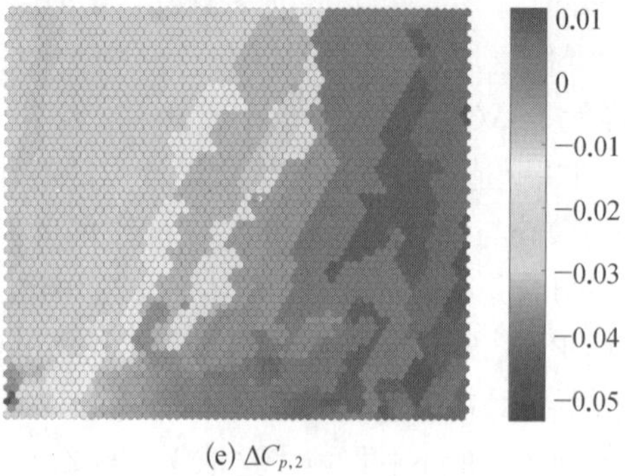

(e) $\Delta C_{p,2}$

图 7-5　5 个流动参数变化量的 SOM 组分图

本章采用代理模型优化算法求解式(7-4)描述的多目标优化问题。优化流程如图 7-6 所示,共包括 DOE 和优化 2 个阶段。DOE 阶段(实线方框内)的目的是获取训练最初的代理模型所需的初始数据库。优化阶段为流程主体部分,共包括内、外 2 层循环。下面将具体介绍这 2 层循环的流程及主要参数的设置。

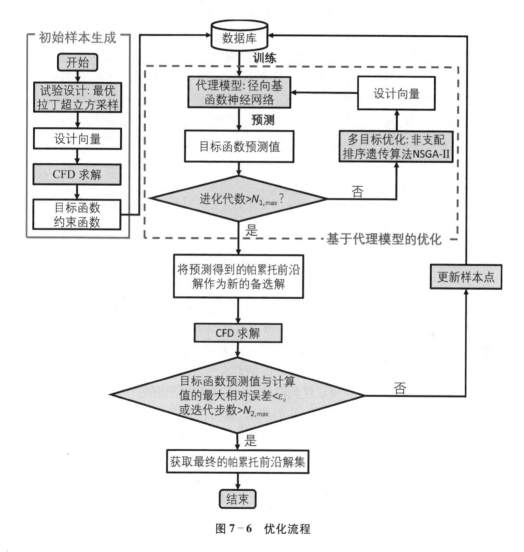

图 7-6 优化流程

内层循环(虚线方框内)为基于代理模型的优化过程,采用了径向基函数(radial basis function, RBF)神经网络代理模型和带有精英保留策略的快速非支配排序多目标遗传算法(NSGA-Ⅱ)。该层循环首先采用数据库中的样本训练 RBF 神经网络代理模型,建立可以通过设计变量预测目标函数 $C_{p,1}$、$V_{bf,2}$ 和约束条件中

$Y_{p,1}$ 的响应面;然后利用 NSGA-Ⅱ算法在 RBF 神经网络建立的响应面上进行迭代寻优,获得由代理模型预测得到的帕累托最优方案。在使用 NSGA-Ⅱ算法时,初始种群数量设置为 24,交叉分布指数取 10,交叉概率取 0.9,变异分布指数取 20。当遗传代数超过上限 $N_{1,\max}=800$ 时终止寻优,并将优化得到的 24 个帕累托最优方案作为备选解传递到外层循环。

外层循环为 CFD 验算过程,其目的是对内层循环得到的备选解进行 CFD 计算,并根据备选解目标函数的计算值与预测值之间的偏差评估优化是否收敛。如果优化收敛或达到最大迭代步数 $N_{2,\max}$,结束优化;如果优化未收敛且迭代步数没有达到 $N_{2,\max}$,则将备选解的设计变量和 CFD 验算得到的目标函数值更新到数据库中,再返回到内层循环进行下一次迭代。其中验证优化收敛性具体采用的判据为 24 个备选解的目标函数预测值与计算值的最大相对误差 $\varepsilon_{r,\max}$,定义见式(7-5),判定阈值 ε_c 设为 10^{-5};最大外层迭代步数 $N_{2,\max}$ 设置为 30。

$$\varepsilon_{r,\max}=\max\left(\left|\frac{y_{\mathrm{opt},i}-\hat{y}_{\mathrm{opt},i}}{y_{\mathrm{opt},i}}\right|\right);\quad i=1,\cdots,24 \qquad (7-5)$$

7.2　优化历程和最优方案

由于给定的收敛性判据过于严苛,在整个优化过程中收敛性判据始终没有得到满足,最终当外层迭代次数达到上限 30 时寻优结束。图 7-7(a)给出了 DOE 阶段和优化阶段中产生的端壁造型方案的目标函数分布,图中黄色方形数据点表示原型叶栅,即图中的(0,0)点;灰色方形数据点表示 DOE 阶段得到的初始样本;由外层迭代步数染色的数据点表示优化阶段产生的端壁造型方案。当外层迭代步数接近 30 时,目标函数无法得到进一步的改进,说明优化事实上已经趋于收敛。最终得到的帕累托最优解共计 109 个,在图中由蓝色圆形数据点标出。可以发现,帕累托最优解的散布范围非常广泛,形状基本呈钝角;并且在这些最优解中,能够使 OP_2 工况下弦向反流区体积 $V_{\mathrm{bf},2}$ 减小 40% 以上的端壁造型方案均会导致设计点的静压升 $C_{p,1}$ 降低。这说明对于本书选取的受控对象,轴对称端壁造型很难兼顾维持/提升设计点的静压升系数和抑制 OP_2 工况下泄漏涡破碎这两个设计目标,这一点印证了前面 SOM 分析中的发现。

为了进一步了解优化结果,图 7-7(b)给出了所有帕累托最优方案对应的端壁型线。图中端壁型线的坐标进行了无量纲化,其颜色由弦向反流区体积 $V_{\mathrm{bf},2}$ 的相对变化量渲染。帕累托最优解集包含了形状各异的端壁型线。其中,能够明显降低 $V_{\mathrm{bf},2}$ 和 $C_{p,1}$ 的最优端壁型线(帕累托前沿的左下方部分)具有向下凸起的特征,简称为"下凸"式型线;没有明显改变 $V_{bf,2}$ 和 $C_{p,1}$ 的最优端壁型线(帕累托前沿的中部)具有"叶栅前部上凹、叶栅后部下凸"的几何特征,简称为"前凹后凸"式型线;使 $V_{bf,2}$ 和 $C_{p,1}$ 均明显增大的最优端壁型线(帕累托前沿的右上方部分)具有向上凹陷的几何特征,简称为"上凹"式型线。

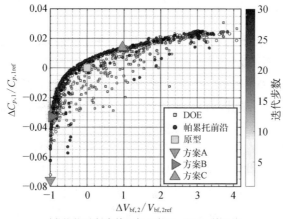

(a) 优化过程中的目标函数 $C_{p,1}$ 和 $V_{bf,2}$ 的分布

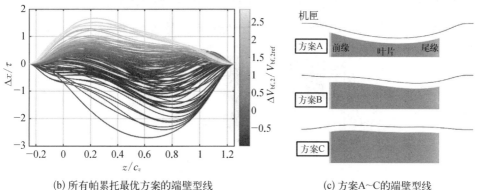

(b) 所有帕累托最优方案的端壁型线　　　(c) 方案 A~C 的端壁型线

图 7-7　优化历程和最优轴对称端壁造型方案

选取最优解中的 A、B、C 三个方案于后续的流动机理分析,并在图 7-7(a)用三角符号标出。方案 A 和方案 B 均为能够降低 $V_{bf,2}$ 的方案,分别由绿色倒三角和洋红色向右三角标记。方案 A 为能够实现最小 $V_{bf,2}$ 的方案,同时也是 $C_{p,1}$ 最小方案,其 $V_{bf,2}$ 和 $C_{p,1}$ 相较于原型叶栅的变化量分别为-99.36%和-7.59%;方案 B 的 $V_{bf,2}$ 较原型叶栅的变化量为-95.49%,其 $C_{p,1}$ 的相对减小量为-3.28%。方案 C 虽使 $C_{p,1}$ 增大 1.39%,但使 $V_{bf,2}$ 增大近一倍,在图中采用橙色正三角形符号标记。图 7-7(c)给出了方案 A~C 对应的端壁型线。其中,方案 A 和 B 的端壁型线均为"下凸"式;方案 C 的端壁型线则为"上凹"式。

7.3　典型帕累托最优方案的定常计算结果分析

本节将基于定常计算结果对原型叶栅和最优方案 A~C 的气动性能和叶尖区流场进行对比分析,以探究端壁型线影响泄漏涡破碎和叶栅气动性能的流动机理。

7.3.1　典型工况下最优方案对叶栅气动性能的影响

1. OP$_1$ 工况下最优方案对叶尖流场的影响

图 7-8 给出了 OP$_1$ 工况下受控叶栅的总压损失系数和静压升系数相对于原型叶栅的变化量。可以看出,能够在 OP$_2$ 工况下抑制泄漏涡破碎的方案 A 和方案 B 均会导致 OP$_1$ 工况下的静压升系数降低;而导致 OP$_2$ 工况下泄漏涡破碎增强的方案 C 则会增大 OP$_1$ 工况下的静压升系数。这与 SOM 组分图中 $\Delta V_{\text{bf},2}$ 和 $\Delta C_{p,1}$ 所表现出的高度正相关性吻合[图 7-5(b)和(c)]。由于优化时对 $Y_{p,1}$ 进行了约束,3 个最优方案均可使 OP$_1$ 工况下叶栅总压损失减小。其中方案 B 引起的损失减小量最明显,而方案 C 则没有引起 $Y_{p,1}$ 的明显变化,对应的相对损失变化量仅约为 -0.1%。这表明 SOM 组分图中 $\Delta Y_{p,1}$ 与其他变量所表现出的复杂非线性关系。

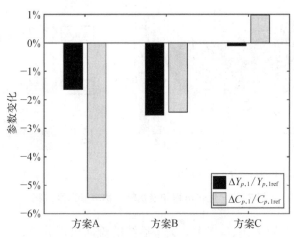

图 7-8　采用轴对称端壁造型后 OP$_1$ 工况下叶栅
气动性能参数的相对变化量

图 7-9 给出了 OP$_1$ 工况下采用最优方案前后叶尖区弦向涡量绝对值云图、弦向反流区、由 $\cos\angle(v_r, U)$ 渲染的 TLV 涡核线及其附近的三维流线。可以看出,在所有叶栅中,TLV 的涡核线上没有反流出现,涡核线附近存在涡量的集中和流线的紧凑缠绕。OP$_1$ 工况下,所有叶栅中的 TLV 并未发生破碎,图 7-8 中反映的叶栅气动性能变化与 TLV 破碎无关。

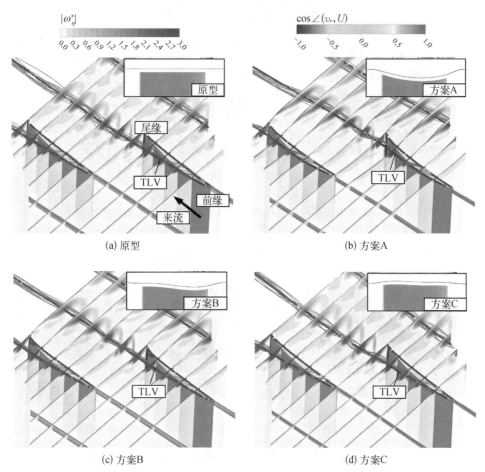

(a) 原型　　　　　　　　　　　　　　　　　(b) 方案A

(c) 方案B　　　　　　　　　　　　　　　　　(d) 方案C

图 7 – 9　OP₁ 工况下原型叶栅与受控叶栅中叶尖泄漏涡的状态

由前可知,端壁型线变化带来的直接影响是叶栅端区静压分布的改变。因此,以端区压力场的变化为切入点分析最优方案对 OP₁ 工况下叶栅气动性能的影响。图 7 – 10 给出了 OP₁ 工况下受控叶栅与原型叶栅端壁静压系数之差的云图。方案 A、方案 B 会在叶片通道前部引入附加顺压梯度、在叶片通道后部和尾缘下游引入附加逆压梯度;而方案 C 则会在叶片通道前部引入附加逆压梯度、在叶片通道后部和尾缘下游引入附加顺压梯度。

图 7 – 11 给出了 OP₁ 工况下 99% 叶高处受控叶栅与原型叶栅的无量纲轴向速度差云图。方案 A 在叶片通道前部引入的附加顺压梯度显著增大了叶片通道内的轴向速度,在叶片通道后部引入的附加逆压梯度则显著降低了尾缘下游的轴向速度。与方案 A 相比,由于引起的端壁静压变化量较小,方案 B 引入的附加压力梯度较弱,叶片通道内部的加速程度和尾缘下游的减速程度不如方案 A。方案 C 在

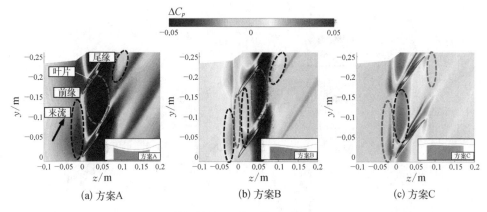

图 7-10 OP_1 工况下受控叶栅机匣壁面静压系数相对于原型叶栅的变化量

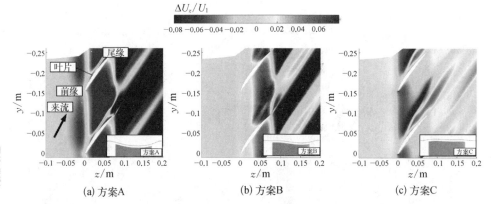

图 7-11 OP_1 工况下受控叶栅 99% 叶高处的轴向速度相对于原型叶栅的变化量

叶片通道前部引入的附加逆压梯度使得叶片通道前部的轴向速度显著减小,叶片通道后部引入的附加顺压梯度增大了尾缘下游的轴向速度。

综合图 7-10 和图 7-11 的分析结果可以得出如下结论:方案 A 和方案 B 在叶片通道内引起的加速作用部分抵消了因叶栅通道扩张而产生的减速扩压效果,因而导致了叶栅静压升系数的降低。与方案 A 相比,方案 B 在叶栅通道内引起的加速效应较弱,因此对静压升系数的负面影响较小。方案 C 在叶片通道前部引起的减速作用与叶栅通道扩张而产生的减速扩压效果相叠加,叶栅的静压升系数升高。

2. OP_2 工况下最优方案对泄漏涡破碎及叶栅气动性能的影响

为验证各方案对泄漏涡破碎的具体控制效果,图 7-12 给出了 OP_2 工况下各叶栅叶尖区弦向涡量绝对值云图、弦向反流区、由 $\cos\angle(v_r, U)$ 渲染的 TLV 涡核线及附近三维流线。可以看出,采用方案 A 和方案 B 后[图 7-12(b)、(c)],TLV

的涡核反流区消失,其涡核线附近存在紧凑缠绕的泄漏流线和更为集中的弦向涡量;而在采用造型方案 C 后[图 7-12(d)],TLV 的涡核反流区相较原型叶栅增大;遇到反流区后,TLV 涡核线附近的涡量集中区消散、泄漏流线发生剧烈扭转。上述现象说明,在定常计算结果中,轴对称端壁造型方案 A 和方案 B 均能够阻止泄漏涡破碎的发生,而方案 C 导致泄漏涡破碎更加严重。

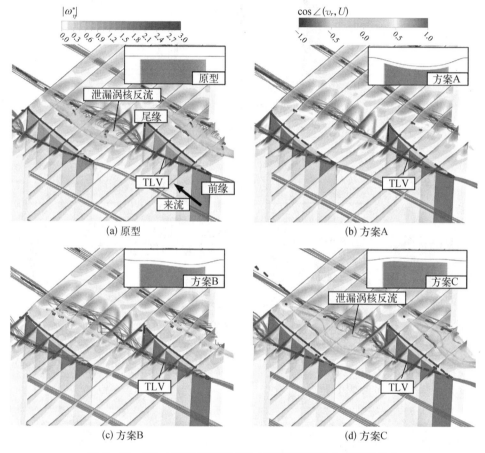

图 7-12 OP₂ 工况下原型叶栅与受控叶栅的叶尖泄漏涡状态

图 7-13 以柱状图的形式呈现了 OP₂ 工况受控叶栅总压损失系数和静压升系数相对于原型叶栅的变化量。阻止泄漏涡破碎的方案 A 和方案 B 均使 OP₂ 工况下的叶栅总压损失系数降低、静压升系数升高;强化涡破碎的方案 C 会导致 OP₂ 工况下的叶栅总压损失升高、静压升系数降低。

下面通过分析流场来探究最优造型方案影响叶栅气动性能的流动机理。图 7-14 展示了弦向速度云图,以反映叶尖区的堵塞状况。如图 7-14(a) 所示,在 OP₂ 工况下,TLV 破碎的发生导致原型叶栅中后部和下游出现了大范围的速度亏

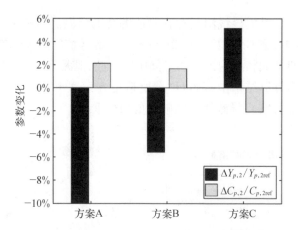

图 7 - 13　采用轴对称端壁造型后 OP$_2$ 工况下
叶栅气动性能参数的相对变化量

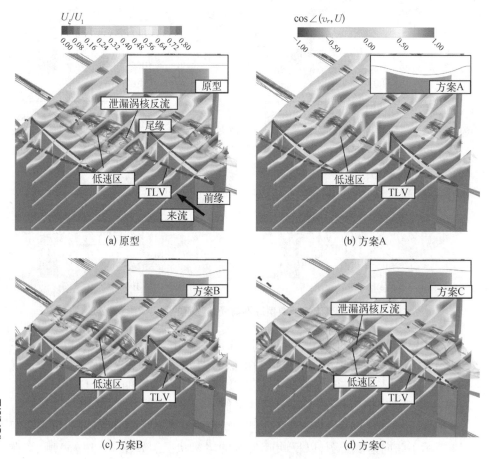

图 7 - 14　OP$_2$ 工况下原型叶栅和受控叶栅叶尖区的堵塞状况

损区,产生严重堵塞效应。最优方案 A 和 B[图 7-14(b)、(c)]的应用抑制了 TLV 破碎,显著缓解了叶栅中后部及下游的速度亏损。采用造型方案 C 后[图 7-14(d)],增强的泄漏涡破碎使叶尖速度亏损区向相邻叶片的压力面和前缘扩张。

为定量描述最优造型方案对叶尖区堵塞的影响,图 7-15 给出了原型叶栅和受控叶栅中 87.5%叶高以上区域内堵塞面积与流道截面积之比 A_b/A 沿轴向的分布。堵塞面积 A_b 的计算参考了 Khalid 等[12]提出的方法,具体公式如下:

$$A_b = \iint \left(1 - \frac{\rho U_m}{\rho_c U_c}\right) \cdot dA_{defect} \qquad (7-6)$$

式中,ρ 为密度;U_m 为主流方向的速度分量;A_{defect} 为轴向截面上的速度亏损区域;下标 c 表示叶中参数。主流的方向定义为叶中气流方向;速度亏损区 A_{defect} 选取满足如下条件的区域:

$$\frac{|\nabla(\rho U_m)|_{x,y}}{(\rho_1 U_{z,1}/C)} \geqslant 2 \qquad (7-7)$$

式中,$|\nabla(\rho U_m)|_{x,y}$ 为流向动量梯度 $\nabla(\rho U_m)$ 在轴向截面 $x-y$ 上的投影;ρ_1 为进口截面的平均密度;$U_{z,1}$ 为进口截面的平均轴向速度;C 为叶片弦长。如图 7-15,最优方案 A 和 B 消除了涡破碎,缓解了叶栅通道及下游堵塞,提高了叶栅的静压升系数;而最优方案 C 则强化了涡破碎,增大了堵塞面积,降低了叶栅的静压升系数。

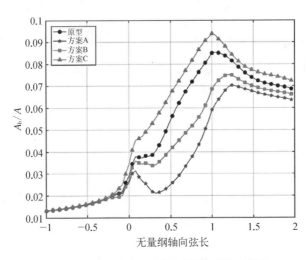

图 7-15 OP$_2$ 工况下原型叶栅和受控叶栅中堵塞面积沿流向的分布规律

接下来对采用端壁造型后叶栅损失生成状况的变化进行分析。这里引入黏性熵产率 $\dot{s}_{visc}$ 的概念来判断损失在流场中的确切位置,其表达式定义如下:

$$\dot{s}_{\text{visc}} = \frac{(\mu + \mu_t)}{T} \left[\frac{1}{2} \left(\frac{\partial U_i}{\partial x_j} + \frac{\partial U_j}{\partial x_i} \right)^2 - \frac{2}{3} \left(\frac{\partial U_i}{\partial x_i} \right)^2 \right] \quad (7-8)$$

式中，μ 为动力黏性系数；μ_t 为涡黏性系数；T 为当地静温。黏性熵产率 $\dot{s}_{\text{visc}}$ 的无量纲形式定义如下：

$$\dot{s}_{\text{visc, norm}} = \frac{T_2 C_a DH \rho \dot{s}_{\text{visc}}}{\dot{m}_{\text{main}} (0.5 \rho_1 U_1^2)} \quad (7-9)$$

式中，T_2 为叶栅出口静温；$C_a DH$ 为轴向弦长、栅距和叶高的乘积；ρ 为当地密度；$\dot{m}_{\text{main}}$ 为叶栅的质量流量。

图 7 - 16 展示了无量纲黏性熵产率云图、弦向反流区和由弦向速度渲染的 TLV 涡核线，图 7 - 17 展示了原型叶栅和受控叶栅中 87.5% 叶高以上区域内熵产

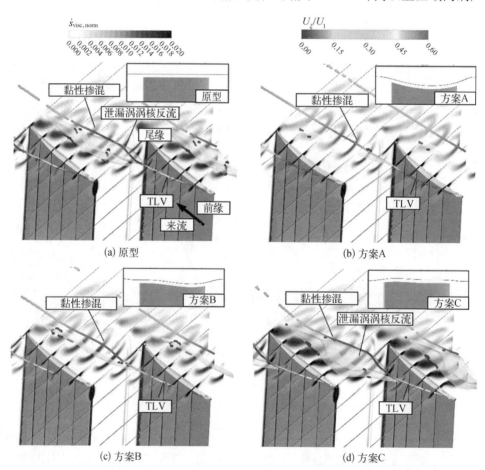

图 7 - 16　OP$_2$ 工况下原型叶栅和受控叶栅叶尖区的损失生成状况

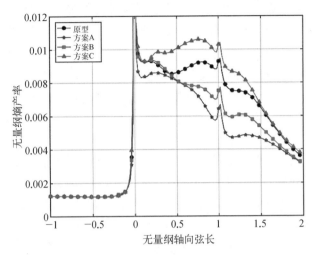

图 7-17 OP₂ 工况下原型叶栅和受控叶栅叶尖区(87.5%~100%叶高)熵产率沿流向分布规律

率沿流向的分布。结合图 7-14 和图 7-16,叶栅中高熵产率区主要出现在近 TLV 涡核线的速度亏损区外侧,即 TLV 及其破碎产生的低能流体与周围高速流体的掺混是叶栅气动损失的主要来源。采用最优方案 A 和 B 后,TLV 破碎消失,速度亏损区范围及其与外侧流体流速差降低,黏性掺混带来的局部熵增显著减弱,叶片通道内及下游的熵产率水平显著下降;而采用方案 C 后,由于 TLV 破碎对应的速度亏损区扩大,速度亏损区外侧由黏性掺混所造成的高熵产率区域也随之扩大,从而增大了叶栅内部及下游的熵产率水平。这就是方案 A 和方案 B 使叶栅的总压损失系数减小、方案 C 导致总压损失增加的原因。

OP₂ 工况下,TLV 破碎对叶栅流场堵塞和损失的贡献较大,造型方案对 TLV 破碎的控制效果主导影响叶栅气动性能。因此,SOM 分析结果中 OP₂ 工况下弦向反流区体积 $V_{bf,2}$、总压损失系数 $Y_{p,2}$ 和静压升系数 $C_{p,2}$ 呈现高度关联性。

对比 OP₁ 工况可发现,最优造型方案引入的附加压力梯度对 OP₁ 工况下静压升系数的调控效果和对 OP₂ 工况下 TLV 破碎现象的调控效果是截然相反的。在采用造型方案 A 和方案 B 的叶栅中,"下凸"式端壁型线在叶栅通道前部引入的附加顺压梯度虽然能够在 OP₂ 工况下起到对 TLV 破碎的抑制作用,但同时也对 OP₁ 工况下气流在叶栅通道中的减速扩压产生了不利影响。在采用造型方案 C 的叶栅中,"上凹"式端壁型线在叶栅通道前部引入的附加逆压梯度虽然在 OP₁ 工况下有利于气流在叶栅通道中的减速扩压,但同时也会对 OP₂ 工况下的 TLV 涡破碎现象起到强化作用。因此,在 SOM 分析结果中降低 $V_{bf,2}$ 和维持或提升 $C_{p,1}$ 这 2 个设计目标会呈现出严重的冲突。

7.3.2　最优方案影响叶尖流场及泄漏涡破碎的流动机理分析

本小节将首先分析 OP_1 工况下最优造型方案对未破碎叶尖流场的影响机制。随后,基于 OP_2 工况,探讨轴对称端壁造型控制叶尖泄漏涡破碎的具体流动机理。

根据流体力学理论,当流体流过固壁时,壁面的曲率分布会直接影响近壁流线曲率,进而影响近壁面压力场。在凸曲率(曲率半径指向流体域、曲率梳指向流体域外侧)的壁面附近,气流偏转所承受的离心惯性力指向壁面的内法线方向;此时,壁面附近需要形成低压区来产生指向壁面外法线方向的压差来与流体所受的离心力相平衡。在凹曲率(曲率半径指向流体域外侧、曲率梳指向流体域)壁面附近,气流偏转所承受的离心惯性力指向壁面外法线方向;此时,壁面附近需要形成高压区来产生指向壁面内法线方向的压差与气流所受的离心力相平衡。

1. OP_1 工况,最优轴对称端壁方案的流场调控机理

图 7－18 展示了 OP_1 工况下前缘上游 $z/C_z=-0.01$ 处气流角周向平均后的展向分布。OP_1 工况下最优造型方案对前缘附近轴向速度的影响使叶栅的进口气流方向发生改变。其中方案 A 和方案 B 减小叶尖区的进口气流角;而方案 C 则增大叶尖区的进口气流角。

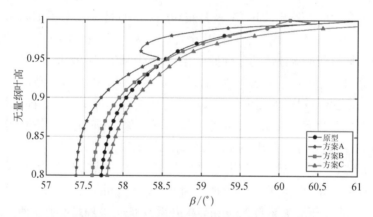

图 7－18　OP_1 工况下前缘上游 $z/C_z=-0.01$ 处的
气流角栅距平均值的展向分布

图 7－19(a)展示了 OP_1 工况下原型叶栅和各受控叶栅叶尖载荷的分布情况。采用最优方案 A 和方案 B 后,叶片前部载荷降低、近尾缘载荷增加,叶尖载荷分布整体后移。与方案 A 相比,方案 B 造成的进气角减小量较小,对叶片前部载荷的削弱和对叶片后部载荷的增强效果较弱。采用最优方案 C 后,进气角的增大使得叶片前部的载荷增大、叶片中后部的载荷减小,叶尖载荷分布整体前移。叶尖载荷分布的变化影响叶尖泄漏流的分布,进而改变叶尖泄漏损失。图 7－19(b)和(c)分别给出了 OP_1 工况下原型叶栅和各受控叶栅泄漏流夹角和泄漏流量的分布情

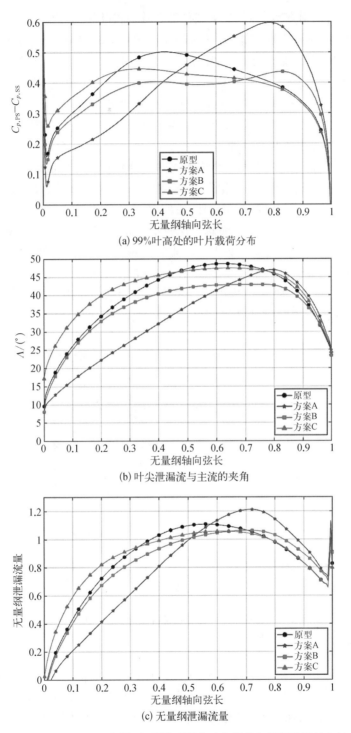

(a) 99%叶高处的叶片载荷分布

(b) 叶尖泄漏流与主流的夹角

(c) 无量纲泄漏流量

图 7-19　OP₁ 工况下原型叶栅和受控叶栅中叶尖载荷和泄漏流沿轴向的分布

况。可以看出,采用方案 A 后,叶尖载荷的后移使得叶片前部和弦长中部区域的泄漏流夹角和泄漏量减小、尾缘附近的泄漏流夹角和泄漏量增大;采用方案 B 后,整个弦长范围内的泄漏流夹角减小,叶片前部和中部弦长的泄漏量略有减小,尾缘附近的泄漏量略有增大;采用方案 C 后,叶尖载荷的前移使得叶片前部的泄漏流夹角和泄漏量增大、叶片中后部的泄漏流夹角和泄漏量减小。

　　图 7-20 给出了 OP_1 工况下叶尖区熵产率的轴向分布。采用最优造型方案后,泄漏流分布的改变对叶栅通道内($0<z/C_z<1$)的熵产率分布产生了显著影响。方案 A 对叶片前部和中部弦长处泄漏流的削弱作用使对应区域内的熵产率显著降低,但其对尾缘附近泄漏流的强化作用则导致了当地熵产率的升高,这削弱了其对全局损失的缓解效果。与方案 A 相比,方案 B 对叶片前部和中部弦长泄漏流的削弱作用较弱,对当地流动损失的缓解作用较小。此外,方案 B 在增大尾缘附近的泄漏流量的同时也减小了当地泄漏流与主流的夹角;因而并没有像方案 A 那样导致尾缘附近的熵产率明显增加。方案 C 对叶片前部泄漏流的强化作用使 $0<z/C_z<0.5$ 区域内的熵产率升高,其对叶片中后部泄漏流的削弱作用使得对应区域内的熵产率有所降低,这一定程度上抵消了叶栅前部流动损失的增加。

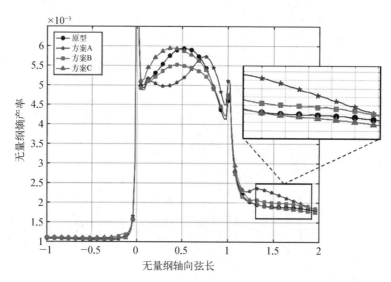

图 7-20　OP_1 工况下原型叶栅和受控叶栅叶尖区(87.5%~100%叶高)熵产率的轴向分布

　　从图 7-20 还可以发现,各方案在尾缘下游 $z/C_z>1.2$ 的区域熵产率差异也比较明显。该区域损失的主要来源是近端壁的低能流体(由泄漏流尾流和端壁边界层主导)与其下方高速主流之间的黏性掺混。由前面对图 7-10 和图 7-11 的分析可知,最优方案在叶栅通道后部和尾缘下游引入的附加压力梯度会引起尾缘下游近端壁轴向速度的变化。轴向速度变化又会影响近端壁低能流体与下方主流的流速差,进而改变黏性掺混损失的大小。从图 7-20 中可以看出,方案 A 和方案 B 均会导致尾缘下游熵产率的增加。这是因为在采用造型方案 A 和方案 B 后,"下凸式"端壁型线在尾缘附近引入的附加逆压梯度降低了尾缘下游的近端壁低能流体的轴向速度,导致近壁面低能流体与主流的流速差增加、黏性掺混损失加剧。与方案 B 相比,方案 A 引入的附加逆压梯度更强、对尾缘下游轴向速度的削弱作用更明显;因此在尾缘下游引起的熵产率增加量明显更大。这进一步抵消了方案 A 对叶栅前部和弦长中部流动损失的缓解作用,最终导致其对全局损失的控制效果不如方案 B。在采用造型方案 C 后,"上凹式"端壁型线在尾缘附近引入的附加顺压梯度增大了近端壁低能流体的轴向速度,使得近端壁低能流体与主流的流速差减小、黏性掺混引起的熵产率降低。这进一步抵消了方案 C 在叶栅前部引起的流动损失增加,最终没有使叶栅的全局损失发生明显变化(图 7-8)。

综合对图 7-18、图 7-19 和图 7-20 的分析可以发现,OP_1 工况下,轴对称端壁造型对叶栅全局损失的影响机制是非常复杂的。流动损失的变化既与叶栅通道前部的附加压力梯度对叶尖载荷的调控作用有关,又与尾缘附近的附加压力梯度对尾缘下游轴向速度的影响有关。这导致在 SOM 分析结果中 $Y_{p,1}$ 与其他 4 个气动参数之间呈现出了复杂的非线性耦合关系(图 7-5)。

2. OP_2 工况,最优轴对称端壁方案的泄漏涡破碎调控机理

探究端壁型线曲率对端区压力场的影响对认识端壁造型方案控制泄漏涡破碎的流动机理至关重要。考虑叶尖泄漏涡破碎会增加叶尖压力场的复杂性,首先将叶片移除探究无涡破碎干扰的情况下最优造型方案对端区压力场的调控作用。

图 7-21 给出了移除叶片后最优造型方案在 OP_2 工况下的端区静压分布,云图上方附上了造型区域端壁型线的曲率梳,并用"HP"和"LP"标出低压区和高压区。

图 7-21(a)和(b)展示了方案 A 和方案 B 所采用的"下凸"式端壁对端区压力场的影响。端壁型线的下凸在叶顶区域诱导出了大范围的低压区,而在下凸部分与未造型区域之间的凹曲率过渡段则会形成高压区。其中方案 A 的下凸程度较大,使得端壁型面的凸曲率部分范围较广,产生的低压区几乎覆盖了整个叶顶区域,这导致下凸部分与上、下游的未造型区域的过渡均比较剧烈,产生的高压区更为明显;而方案 B 的下凸程度较小,产生的低压区集中于叶片通道后部,并且最大下凸位置与上游未造型区域之间的过渡段较为平缓,且存在凹、凸曲率的交替分布,形成了 2 处小范围的高压区和一处小范围的低压区。图 7-21(c)展示了方案 C 的"上凹"式端壁对端区压力分布的影响。上凹的端壁型线在叶片前缘产生了一处明显的高压区,上凹部分与上游未造型区域之间的凸曲率过渡段产生了低压区;最大上凹位置与下游未造型区域之间的过渡型线存在曲率的交替分布,因而出现了 2 处小范围的低压区和 1 处小范围的高压区。

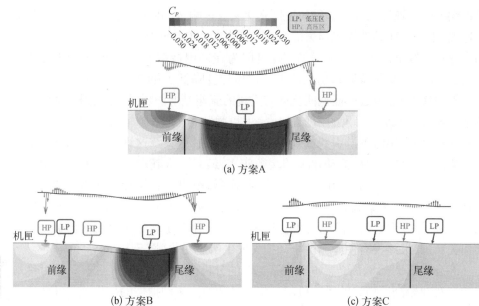

(a) 方案A

(b) 方案B　　　　　　　　　　　(c) 方案C

图 7－21　端壁型线的曲率分布和无叶片情形下端壁附近的静压系数分布

　　图 7－22 给出了无叶片模型中端壁静压的轴向分布。端壁造型引起的静压变化使得叶顶区域出现了压力梯度。方案 A 中,叶片通道内由于型面下凸而产生的低压峰值与前缘上游型面过渡段的高压峰值之间形成了明显的顺压梯度,而低压峰值与下游型面过渡段的高压峰值之间则存在明显的逆压梯度。由于端壁型线的形式相近,方案 B 的壁面静压分布与方案 A 相似。但由于型线的下凸程度小且上游未造型区域与下凸区域之间的过渡较为平缓,方案 B 低压峰值上游的顺压梯度

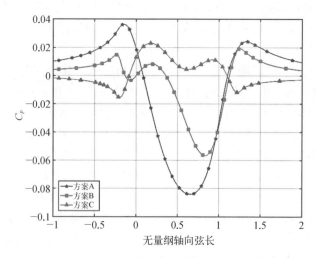

图 7－22　无叶片情形下轴对称端壁造型对端壁静压分布的影响

明显小于方案 A。方案 C 中,前缘附近由于端壁型线的上凹形成的高压峰值与上游型线过渡段的低压峰值之间形成了逆压梯度区,高压峰值与下游型面过渡段的低压峰值之间的壁面静压整体上呈顺压梯度分布。据此,最优造型方案具有在端区引入附加轴向压力梯度的潜力。其中,最优方案 A 和 B 可能会在叶片前缘上游和叶片通道前部叠加顺压梯度,而在叶片通道后部及下游叠加逆压梯度;最优方案 C 产生的效果则与方案 A 和方案 B 相反。

接下来分析最优造型方案对真实叶栅端区压力分布的影响。图 7-23 给出了 OP₂ 工况下受控叶栅与原型叶栅的端壁静压系数差云图。在吸力面附近,端壁静压变化量的分布与无叶片情形相似。静压升高、降低的区域基本与端壁型线曲率的凹凸分布相对应,即该区域的静压变化主要是由端壁曲率所引起的。图 7-23 中分别用黑色和红色虚线的椭圆标出了吸力面附近需要重点关注的静压升高区域 (简称为"增压区")和静压降低区域(简称为"降压区")。在方案 A 和方案 B 中,叶片中后部的降压区与前缘增压区之间产生的附加顺压梯度会削弱叶片通道前部的逆压梯度;降压区与尾缘增压区之间的附加逆压梯度则会强化叶片通道后部的逆压梯度。由于方案 B 型线下凸程度较小,其对端壁静压分布的影响不如方案 A。因此,引入的附加压力梯度也必然小于方案 A。在方案 C 中,叶片前部的增压区与前缘降压区之间的附加逆压梯度会强化叶片通道前部的逆压梯度,而增压区与尾缘降压区之间的附加顺压梯度则削弱叶片通道后部的逆压梯度。

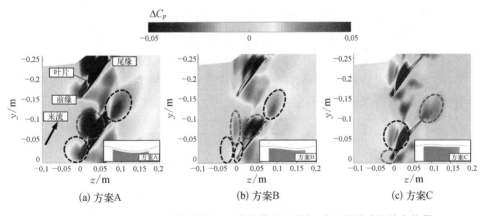

(a) 方案A　　　(b) 方案B　　　(c) 方案C

图 7-23　OP₂ 工况下受控叶栅机匣壁的静压系数相对于原型叶栅的变化量

压力面附近的端壁静压变化主要与叶尖泄漏涡破碎受到的影响有关。方案 A 和方案 B 中,由于泄漏涡破碎消除,泄漏涡涡核线附近的堵塞得到缓解;近压力面流量减小、流速降低、静压升高。方案 C 中,由于泄漏涡破碎增强,涡核线附近的堵塞得到强化,近压力面流量增加、流速增加、静压降低。

图 7-24 给出了 OP₂ 工况下 99% 叶高处受控叶栅与原型叶栅的无量纲轴向速

度差云图。这里将轴向速度增加的区域简称为"增速区",将轴向速度减小的区域简称为"减速区"。方案 A 和方案 B 中,叶片通道前部逆压梯度的削弱增大了前缘上游和叶片通道内的轴向速度;而叶片通道后部逆压梯度的强化则使得尾缘下游出现明显局部减速区。由于引入的附加压力梯度较弱,方案 B 对轴向速度的影响明显小于方案 A。在方案 C 中,叶片通道前部逆压梯度的强化使得前缘上游和叶片通道内绝大部分区域的轴向速度降低,叶片通道后部逆压梯度的减小则使得通道后部吸力面附近出现了局部增速区。

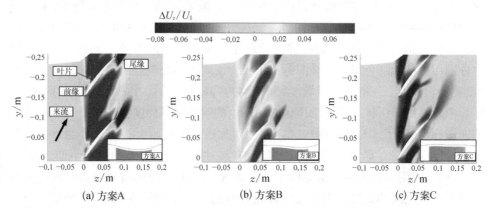

图 7 - 24　OP₂ 工况下受控叶栅 99%叶高处的轴向速度相对于原型叶栅的变化量

　　在采用最优造型方案后,前缘上游轴向速度的改变会对叶栅的来流方向产生影响。图 7 - 25 给出了 OP₂ 工况下原型叶栅和受控叶栅前缘上游 $z/C_z=0.01$ 处气流角周向平均后的展向分布。方案 A 和方案 B 中,前缘上游轴向速度的增加使得叶尖区的进口气流角较原型叶栅有所减小;而在方案 C 中,前缘上游轴向速度的降低则使近端区进口气流角较原型叶栅有所增大。

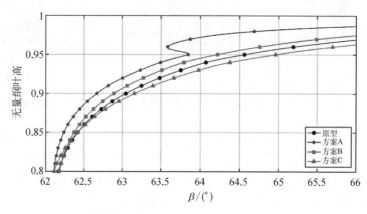

图 7 - 25　OP₂ 工况下前缘上游 $z/C_z=-0.01$ 处的气流角栅距平均值的展向分布

叶尖区进口气流角的变化显然会对叶尖载荷的分布形式产生影响。图 7-26(a)给出了 OP$_2$ 工况下原型叶栅和各受控叶栅叶尖载荷的分布情况。在方案 A 和方案 B 中,叶尖进口气流角的减小使得叶尖载荷较原型叶栅后移;而在方案 C 中,叶尖进口气流角的增大则使叶尖载荷较原型叶栅前移。不过在方案 A 和方案 B 中,泄漏涡破碎的消除使得流过叶尖区的流量增加、平均流速增大,平衡气流偏转离心力所需的横向压差也随之增大,叶尖载荷的整体水平增加;方案 C 中,泄漏涡破碎的强化使得流过叶尖区的流量减小、平均流速减小,平衡气流偏转离心力所需的横向压差也随之减小,叶尖载荷的整体水平降低。叶片载荷的变化势必会影响泄漏流夹角和泄漏流量的分布,影响叶尖泄漏涡的强度。图 7-26(b)和图 7-26(c)分别给出了 OP$_2$ 工况下原型叶栅和各受控叶栅泄漏流夹角和泄漏流量的分布情况。造型方案 A 引起的叶尖载荷后移会降低近前缘局部载荷,使得前缘附近的泄漏流夹角和泄漏量减小。方案 B 虽然也会使叶尖载荷的分布发生后移,但是由于载荷后移的程度较小和叶尖载荷整体水平的升高,前缘附近的叶片载荷反而增大,这使得近前缘泄漏流夹角和泄漏流量增大。方案 C 虽然会引起叶尖载荷分布的前移,但叶尖载荷整体水平的降低会使泄漏流夹角和泄漏流量减小。总之,方案 A 和方案 C 会削弱泄漏涡,方案 B 则使泄漏涡增强。

旋涡破碎现象发生与否和旋涡涡核的稳定性关系密切。为了直观地分析最优造型方案对泄漏涡涡核稳定性的影响,图 7-27 对比了 OP$_2$ 工况下原型叶栅和受控叶栅中泄漏涡涡核线上的静压和速度分布。其中,图 7-27(a)给出了涡核线上的静压系数以及端壁平均静压系数的轴向分布。根据准柱涡核理论,当旋涡发生破碎时,旋涡涡核中心的逆压梯度是导致涡核内驻点和反流出现的直接原因。涡核中心逆压梯度的大小反映旋涡的涡核稳定性;涡核外部压力梯度和旋涡环量(强度)是影响流向涡涡核中心压力梯度的主要因素。根据前面的分析,端壁型线的变化会影响机匣处的静压分布和泄漏涡强度,因而也很可能会改变泄漏涡涡核中心的逆压梯度。从图中可以看出,方案 A 对泄漏涡强度和叶片通道前部逆压梯度的抑制显著削弱泄漏涡涡核线处流体所承受的逆压梯度;与方案 A 相比,方案 B 对叶片通道前部逆压梯度的削弱程度较小同时还增大了泄漏涡强度,仅略微削弱了尾缘附近的涡核中心逆压梯度;方案 C 虽然增强了叶片通道前部的逆压梯度但同时也削弱了泄漏涡的强度,仅略微增强叶片通道前部的涡核中心逆压梯度。

图 7-27(b)给出了涡核线无量纲速度的轴向分布曲线。端壁型线的改变会影响涡核线逆压区的起始流速和减速程度。在采用方案 A 和方案 B 后,前缘上游和叶片通道前部轴向速度的升高增大了涡核线逆压区的起始流速,并且涡核中心线逆压梯度的降低削弱了部分区域涡核线流体的减速程度。这使得涡核线上的流速始终大于原型叶栅,从而避免了涡核反流区的出现以及泄漏涡破碎的发生。在采用方案 C 后,前缘上游和叶片通道前部轴向速度的降低减小了涡核线逆压区的

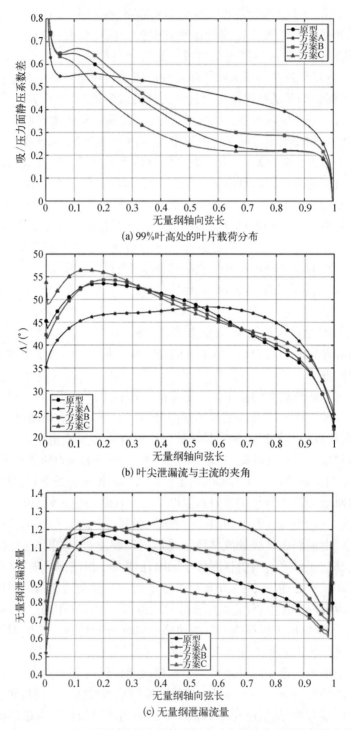

(a) 99%叶高处的叶片载荷分布

(b) 叶尖泄漏流与主流的夹角

(c) 无量纲泄漏流量

图 7 − 26   OP₂ 工况下原型叶栅和受控叶栅中叶尖载荷和泄漏流的轴向分布

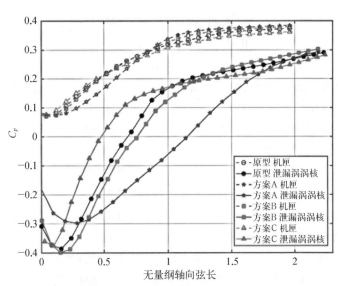

(a) 机匣壁栅距平均静压系数泄漏涡涡核线上的静压系数分布

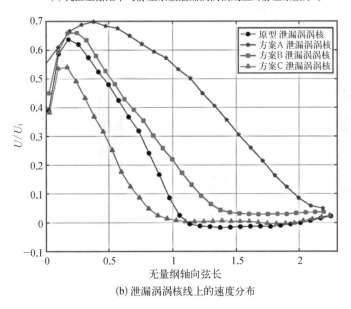

(b) 泄漏涡涡核线上的速度分布

图 7-27　OP$_2$ 工况下原型叶栅与受控叶栅中
沿泄漏涡涡核的参数分布

起始流速;在叶片通道前部,涡核中心线逆压梯度的增大使得当地涡核流体的减速
程度略有增强。这使得叶片通道内涡核线上的流速显著减小,导致涡核反流区的
扩大、泄漏涡破碎增强。

7.4　帕累托最优方案对叶尖流动
非定常性的控制效果

定常数值模拟结果表明,帕累托最优方案 A 和方案 B 能够对 OP_2 工况下 TLV 破碎现象起到抑制作用。但 OP_2 工况下,原型叶栅中发生的是一种能够引起流动非定常性的间歇性泄漏涡破碎现象。本节将进一步分析方案 A 和方案 B 对叶尖流动非定常性的影响及作用机制。

7.4.1　最优方案对叶尖流动非定常性的影响

本小节将分析最优方案 A 和方案 B 的叶栅流动非定常性和主特征频率。图 7-28 对比原型叶栅和受控叶栅在 OP_2 工况下的叶片力系数的均方根值 $C'_{F,\,rms}$ 和全局速度脉动动能系数 α_{global},以展示端壁造型对流动非定常性整体强弱水平的影响。方案 A 和方案 B 均能显著削弱叶尖流动的非定常性。其中方案 A 几乎使流动的非定常性完全消失,而方案 B 则使 $C'_{F,\,rms}$ 和 α_{global} 降低了 50% 以上。

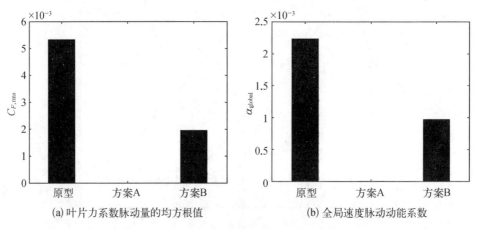

(a) 叶片力系数脉动量的均方根值　　　　(b) 全局速度脉动动能系数

图 7-28　OP_2 工况下原型叶栅和受控叶栅全局流动非定常性强弱的变化

图 7-29 对比了受控叶栅和原型叶栅在 OP_2 工况下的机匣壁面静压系数脉动均方根值 $C'_{P,\,rms}$ 的分布,以展示采用最优造型方案后叶尖流动非定常性空间分布发生的变化。在采用方案 A 后,机匣静压脉动几乎完全消失;采用方案 B 后,机匣静压脉动显著减弱,并且静压脉动的分布与 $\beta_1 = 62°$、$\beta_1 = 62.6°$ 工况下原型叶栅机匣的静压脉动分布形式[图 2-24(a),非定常诱导涡主导流动]非常相似。

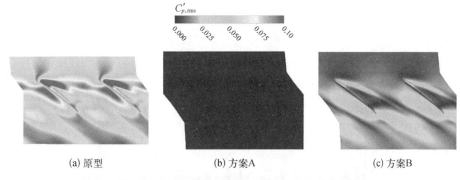

$C'_{p,\text{rms}}$

0.000　0.025　0.050　0.075　0.10

(a) 原型　　　　　　　(b) 方案A　　　　　　　(c) 方案B

图 7‑29　OP₂ 工况下机匣壁静压系数脉动的均方根值分布

图 7‑30 对比了原型叶栅和受控叶栅在 OP₂ 工况下机匣监控点的静压系数脉动频谱。由于采用方案 A 后机匣压力脉动几乎消失，进行频谱分析的意义不大，这里仅给出了采用方案 B 后机匣监控点的压力脉动频谱。在采用造型方案 B 后，监控静压脉动的幅值减小，主频对应的 Sr 由 0.246 增至 0.273。这说明方案 B 在削弱流动非定常性的同时，还会使流场的主特征频率升高。

7.4.2　最优方案调控叶尖流动非定常性的机制

首先分析方案 A 对叶尖瞬态流场的影响。图 7‑31 展示了采用最优方案 A 的受控叶栅中 OP₂ 工况下 Q 准则提取的瞬态涡结构、$\cos\angle(v_r, U)$ 渲染的瞬态涡核线和机匣壁面静压分布。由于在采用造型方案 A 后叶尖流场几乎是定常的，这里只展示了某个时刻的流场模拟结果。在采用造型方案 A 后，叶尖区的主要旋涡为结构稳定的泄漏涡及其诱导涡，没有观察到涡核反流区和反流涡的形成（图 2‑22）。这表明方案 A 成功避免了由反流涡主导的间歇性泄漏涡破碎现象发生，从而几乎消除了起源于叶尖区的非定常流动。

接下来分析方案 B 对叶尖瞬态流场的影响。图 7‑32 给出了采用方案 B 的受控叶栅在 OP₂ 工况下不同时刻的叶尖旋涡结构及端壁和压力面静压系数分布。弦向反流区和涡核线的 $\cos\angle(v_r, U)$ 分布表明，各时刻的流场快照中均没有出现泄漏涡的涡核反流区。如 Q 等值面所示，由于涡核反流区的消失，大尺寸的反流涡也没有能够形成。这说明方案 B 的确也避免了由反流涡主导的间歇性泄漏涡破碎现象发生。不过，虽然泄漏涡没有发生间歇性破碎，但是从各时刻的 Q 等值面和涡核线可以看出，泄漏涡的结构特征仍然会随时间发生较为剧烈的变化。

从图 7‑32(a) 的 Q 等值面中可以看出，在采用方案 B 的受控叶栅中，由泄漏涡与端壁边界层干涉产生的诱导涡（UIV）具有较大的尺寸。如图 7‑32(b) 和图 7‑32(c) 所示，大尺寸诱导涡会在机匣壁面和压力面上诱导出低压区，使得机匣壁面和压力面上的静压分布随诱导涡的运动发生变化。其中压力面静压波动显然又会导致叶尖载荷波动，进而对泄漏涡行为产生影响。

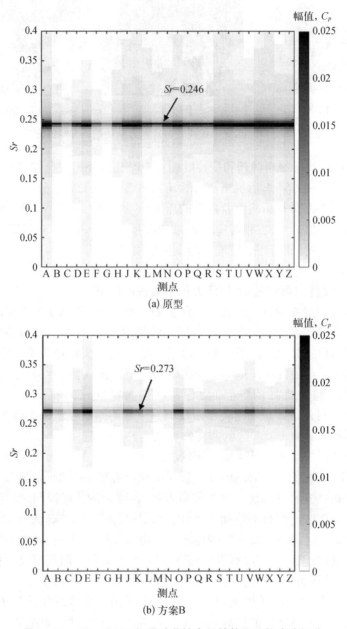

(a) 原型

(b) 方案B

图 7 − 30　OP$_2$ 工况下机匣壁监控点处的静压系数脉动频谱

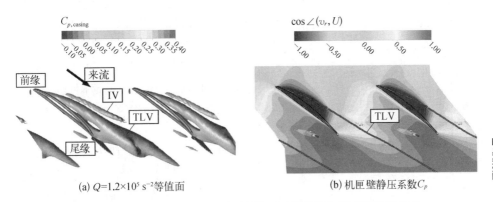

(a) $Q=1.2\times10^5$ s^{-2}等值面　　　　(b) 机匣壁静压系数 C_p

图 7 - 31　OP$_2$ 工况,方案 A,某时刻的瞬时涡结构和机匣壁静压分布

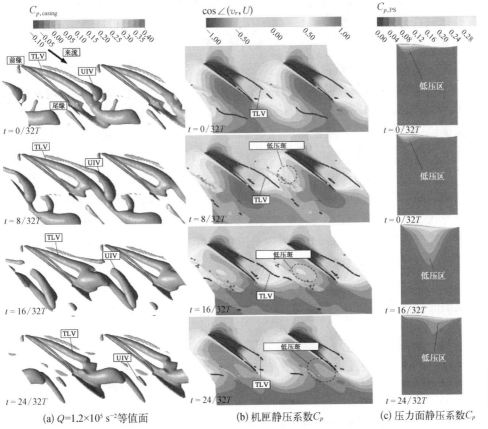

(a) $Q=1.2\times10^5$ s^{-2}等值面　　(b) 机匣静压系数 C_p　　(c) 压力面静压系数 C_p

图 7 - 32　OP$_2$ 工况,方案 B,非定常涡结构、机匣和压力面瞬态静压分布

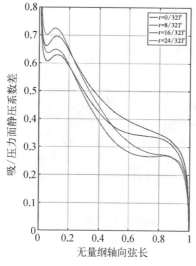

图 7 - 33　OP$_2$ 工况下方案 B,
99%叶高处的瞬时叶
片载荷

结合图 7 - 33 给出的 99%叶高处瞬态叶片载荷分布,可对泄漏涡的非定常行为进行详细分析。在 $t=0/32T$ 时刻,前缘附近的载荷处于较高水平。该时刻的泄漏涡较强,进而导致了大尺寸 UIV 的形成。压力面前缘附近出现 UIV 诱导的低压区,该时刻 UIV 已经对叶尖载荷产生了削弱作用。

在 $t=0/32T \sim 16/32T$ 时段内,UIV 逐渐发展壮大,沿泄漏涡轨迹向下游输运,并逐渐接近相邻叶片压力面。这使得压力面低压区扩大,叶尖整体载荷水平降低、泄漏流的强度减弱,进而使得泄漏涡在叶片通道前部向吸力面摆动,导致泄漏涡轨迹表现出较为明显弯折。前缘附近载荷的降低还意味着泄漏涡强度的降低。诱导涡的涡量主要来自被泄漏涡卷离壁面的端壁附面层涡量。泄漏涡强度的减弱将削弱其为 UIV 供应涡量能力,从而使 UIV 进入耗散阶段。

在 $t=24/32T$ 时刻,UIV 被输运至叶栅通道出口。前时刻,低强度泄漏涡削弱了 UIV 强度;端壁和压力面低压区后移并显著减小,叶尖载荷增大。高叶尖载荷增强泄漏流;泄漏涡在叶片通道前部摆动远离吸力面。增强的泄漏涡加剧与端壁附面层的干涉。由此,在下一个周期开始($t=0/32T$)新的 UIV 形成。

上述分析表明,方案 B 叶栅中,OP$_2$ 工况下的叶尖非定常流动也是由一个反馈机制驱动的。图 7 - 34 对该反馈机制进行了概括。较强的泄漏涡与端壁边界层干涉会导致非定常诱导涡的生成;非定常诱导涡会作用于相邻叶片的压力面前部,使得叶尖载荷降低、泄漏流减弱,进而削弱泄漏涡强度。低强度泄漏涡反过来削弱非定常诱导涡,使得非定常诱导涡进入耗散阶段。随着非定常诱导涡在向下游输运时逐渐耗散,叶尖载荷恢复,泄漏涡增强并促成了新的非定常诱导涡形成。上述周而复始的过程诱发叶尖载荷波动,最终使泄漏涡表现周期性的摆动和弯折。

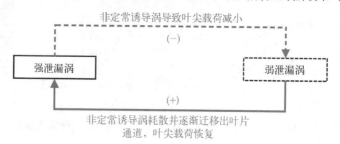

图 7 - 34　OP$_2$ 工况方案 B 叶尖流动非定常性的发生机制

上述分析表明,原型叶栅中反流涡主导的间歇性涡破碎和方案 B 叶栅中 UIV 主导的叶尖流场振荡均是在叶尖载荷波动的驱使下发生的。因此,叶尖流动非定常性的强弱主要取决于叶尖载荷波动的剧烈程度。叶尖载荷波动越强,叶尖流动非定常性的水平就越高,反之亦然;叶尖流动非定常性的主频率则取决于叶尖载荷波动的周期,叶尖载荷的波动周期越长,流场的主频率就越低,反之亦然。

图 7-35 对比了方案 B 叶栅和原型叶栅的压力面静压系数脉动的均方根分布。可以发现,方案 B 叶栅中非定常诱导涡引起的压力脉动明显弱于原型叶栅中反流涡在压力面上引起的压力脉动。这说明方案 B 叶栅中,叶尖载荷波动较原型叶栅显著减小。这就是图 7-28 中方案 B 能够显著减弱叶尖流动非定常性的原因。

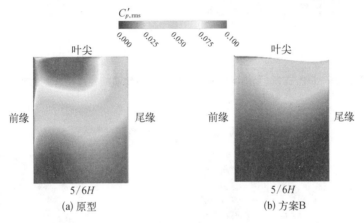

图 7-35　OP$_2$ 工况,原型叶栅和受控叶栅中压力面静压系数脉动的均方根分布

叶尖载荷波动周期取决于和压力面发生干涉的旋涡在叶栅通道内的运动速度。反流涡的运动会受到"旋涡-端壁"相互作用的阻碍而非定常诱导涡则不会。因此在背景流速相同的情形下,受控叶栅的非定常诱导涡在叶栅通道中的运动速度比原型叶栅的反流涡更快,作用在压力面上的时间更短,诱发的叶尖载荷波动具有更短的周期。因此,方案 B 叶栅流场主特征频率增高。

方案 A 和方案 B 均成功阻止了反流涡主导的间歇性泄漏涡破碎现象的发生。接下来将进一步揭示上述方案控制泄漏涡破碎的非定常流动机理。

图 7-36 和图 7-37 分别展示了 OP$_2$ 工况下方案 A 和方案 B 叶栅机匣的时均静压变化量、99% 叶高处轴向速度变化量分布。图 7-38 对比了原型叶栅和受控叶栅进口时均气流角的展向分布、99% 叶高处的时均叶尖载荷。上述云图与图 7-23、图 7-24 和图 7-26(a)较为相似。即轴对称端壁造型在叶栅通道前部引入的附加压力梯度及对叶尖区轴向速度和载荷分布的影响是控制叶尖泄漏涡破碎的关键途径。

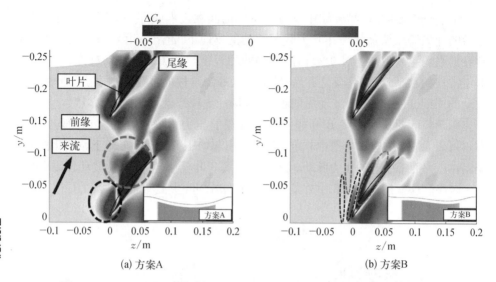

图 7-36　OP_2 工况，受控叶栅机匣静压系数时均值相较原型叶栅的变化量

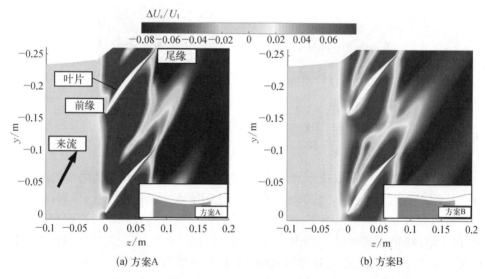

图 7-37　OP_2 工况，受控叶栅轴向速度时均值较原型叶栅的变化量，99%叶高

图 7-38 的叶尖载荷分布解释了方案 B 叶栅中非定常诱导涡出现的原因。与方案 A 相比，由于方案 B 的型线下凸程度小，其在前缘上游引起的时均轴向加速作用较弱，这导致方案 B 叶栅叶尖时均进气角的减小程度小于方案 A [图7-38(a)]。因此与方案 A 相比，方案 B 的叶尖载荷后移程度更小，叶片前缘载荷更大[7-38(b)]。方案 B 叶栅中，叶尖泄漏涡的时均旋涡强度较大，更容易导致大尺寸非定常诱导涡的产生、进而诱发叶尖流动的非定常性。

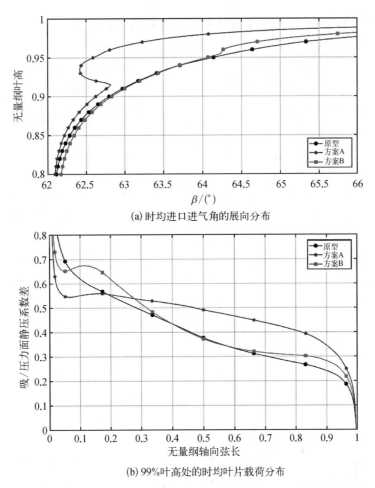

(a) 时均进口进气角的展向分布

(b) 99%叶高处的时均叶片载荷分布

图 7-38 OP₂ 工况,各型叶栅,叶尖区时均进气角、时均叶片载荷分布

7.5 基于本征正交分解的帕累托最优方案数据挖掘

在本章中,优化得到的帕累托最优方案散布范围广且数量较多,其中蕴含了大量的端壁型线设计知识。将这些知识提取出来有助于获得端壁型线设计的一般规律,能够为在其他压气机模型中实施基于轴对称端壁造型的泄漏涡破碎控制技术提供指导。因此,本小节将采用数据挖掘技术对整个帕累托最优解集进行分析,以获取其中隐含的有用信息。

本征正交分解(proper orthogonal decomposition,POD)方法可以直接对几何形状和流场数据进行分析,挖掘结果能够直接反映几何外形的设计规律和流场的变化规律,从而提供直观的设计知识。

7.5.1 基于 POD 的端壁型线和叶尖流场数据挖掘

POD 分析的目的是从最优方案中提取端壁型线的设计知识,分析对象为 109 个帕累托最优解的几何与流场信息。几何信息为端壁型线的起伏量,流场信息为 OP_1 和 OP_2 工况下端壁静压和 99% 叶高轴向速度较原型叶栅的变化量。

表 7-2 介绍了所用数据集的构成。该数据集的每 1 行数据对应 1 个帕累托最优解几何和流场信息,并由最小 $V_{bf,2}$ 方案到最大 $C_{p,1}$ 方案从 1~109 编号。每行数据的 1~n_1 列为几何信息,具体为端壁型线上 n_1 个轴向位置处的起伏量。n_1+1~N 列为流场数据,其中的 n_1+1~n_1+n_2 列为 OP_1 工况下端壁 n_2 个网格节点处的静压变化量,n_1+n_2+1~$n_1+n_2+n_3$ 列为 OP_1 工况下 99% 叶高 n_3 个网格节点处的轴向速度变化量,$n_1+n_2+n_3+1$~$n_1+2n_2+n_3$ 列为 OP_2 工况下端壁 n_2 个网格节点处的静压变化量,$n_1+2n_2+n_3+1$~$N=n_1+2n_2+2n_3$ 列为 OP_2 工况下 99% 叶高 n_3 个网格节点处的轴向速度变化量。本书研究中,端壁起伏量的数据长度 n_1 为 101,端壁上的网格节点数 n_2 为 15 941,99% 叶高处的网格节点数 n_3 为 11 872,总列数 N 为 55 727。

基于表中的数据可以构造维度为 109×55 727 的快照矩阵 U 如下:

$$U = \begin{bmatrix} u_{1,1} & u_{1,2} & \cdots & u_{1,55\,727} \\ u_{2,1} & u_{2,2} & \cdots & u_{2,55\,727} \\ \vdots & \vdots & \ddots & \vdots \\ u_{109,1} & u_{109,2} & \cdots & u_{109,55\,727} \end{bmatrix} \qquad (7-10)$$

运用快照 POD 方法对数据矩阵 U 进行处理,可以获得帕累托最优解几何与叶尖流场信息的 POD 基模态矩阵 Φ 和模态系数矩阵 Q。然后根据能量占比 ER_i 的大小对各模态进行排序提取出主导基模态。最优解集的主要设计知识就包含在这些主导基模态向量 ψ_i 及其系数向量 a_i 中。其中,基模态向量 ψ_i 反映了端壁型线和叶尖流场相对于原型叶栅的变化特征,其元素 1~101 反映的是端壁起伏量的特征,表征端壁型线的基本设计模式(本书称其为型线模态),元素 102~55 727 反映的是叶尖流场变化的特征,表征型线模态引起的叶尖流场变化;模态系数向量 a_i 表示所有帕累托最优方案的信息在第 i 个 POD 基模态上的投影系数,反映了第 i 个 POD 基模态在各方案中发挥的实际作用。

7.5.2 几何和流场信息的数据挖掘结果及分析

图 7-39 给出了前 10 个 POD 基模态的能量占比。可以看出,前 4 个模态分别占据了 67.6%、23.8%、4.4% 和 1.5% 的总能量。总能量的 91.4% 都集中在前两个 POD 基模态中,因此下面主要对这 2 个 POD 基模态进行分析。

表 7 - 2　POD 分析时所用数据集的构成

编号	几何信息（端壁起伏量）				流场信息 OP₁工况 端壁静压变化量				OP₁工况99%叶高轴向速度变化量				OP₂工况 端壁静压变化量				OP₂工况下99%叶高轴向速度变化量			
	Δr_1	Δr_2	$\cdots$	Δr_{n_1}	Δp_1	Δp_2	$\cdots$	Δp_{n_2}	$\Delta U_{z,1}$	$\Delta U_{z,2}$	$\cdots$	$\Delta U_{z,n_3}$	Δp_1	Δp_2	$\cdots$	Δp_{n_2}	$\Delta U_{z,1}$	$\Delta U_{z,2}$	$\cdots$	$\Delta U_{z,n_3}$
1	$u_{1,1}$	$u_{1,2}$	$\cdots$	u_{1,n_1}	u_{1,n_1+1}	u_{1,n_1+2}	$\cdots$	u_{1,n_1+n_2}	u_{1,n_1+n_2+1}	u_{1,n_1+n_2+2}	$\cdots$	$u_{1,n_1+n_2+n_3}$	$u_{1,n_1+n_2+n_3+1}$	$u_{1,n_1+2n_2+n_3+2}$	$\cdots$	$u_{1,n_1+2n_2+n_3}$	$u_{1,n_1+2n_2+n_3+1}$	$u_{1,n_1+2n_2+n_3+2}$	$\cdots$	$u_{1,n_1+2n_2+2n_3}$
2	$u_{2,1}$	$u_{2,2}$	$\cdots$	u_{2,n_1}	u_{2,n_1+1}	u_{2,n_1+2}	$\cdots$	u_{2,n_1+n_2}	u_{2,n_1+n_2+1}	u_{2,n_1+n_2+2}	$\cdots$	$u_{2,n_1+n_2+n_3}$	$u_{2,n_1+n_2+n_3+1}$	$u_{2,n_1+2n_2+n_3+2}$	$\cdots$	$u_{2,n_1+2n_2+n_3}$	$u_{2,n_1+2n_2+n_3+1}$	$u_{2,n_1+2n_2+n_3+2}$	$\cdots$	$u_{2,n_1+2n_2+2n_3}$
3	$u_{3,1}$	$u_{3,2}$	$\cdots$	u_{3,n_1}	u_{3,n_1+1}	u_{3,n_1+2}	$\cdots$	u_{3,n_1+n_2}	u_{3,n_1+n_2+1}	u_{3,n_1+n_2+2}	$\cdots$	$u_{3,n_1+n_2+n_3}$	$u_{3,n_1+n_2+n_3+1}$	$u_{3,n_1+2n_2+n_3+2}$	$\cdots$	$u_{3,n_1+2n_2+n_3}$	$u_{3,n_1+2n_2+n_3+1}$	$u_{3,n_1+2n_2+n_3+2}$	$\cdots$	$u_{3,n_1+2n_2+2n_3}$
$\cdots$	$\cdots$	$\cdots$	$\cdots$	$\cdots$	$\cdots$	$\cdots$	$\cdots$	$\cdots$	$\cdots$	$\cdots$	$\cdots$	$\cdots$	$\cdots$	$\cdots$	$\cdots$	$\cdots$	$\cdots$	$\cdots$	$\cdots$	$\cdots$
109	$u_{M,1}$	$u_{M,2}$	$\cdots$	u_{M,n_1}	u_{M,n_1+1}	u_{M,n_1+2}	$\cdots$	u_{M,n_1+n_2}	u_{M,n_1+n_2+1}	u_{M,n_1+n_2+2}	$\cdots$	$u_{M,n_1+n_2+n_3}$	$u_{M,n_1+n_2+n_3+1}$	$u_{M,n_1+2n_2+n_3+2}$	$\cdots$	$u_{M,n_1+2n_2+n_3}$	$u_{M,n_1+2n_2+n_3+1}$	$u_{M,n_1+2n_2+n_3+2}$	$\cdots$	$u_{M,n_1+2n_2+2n_3}$

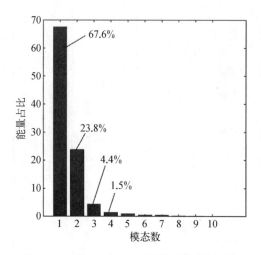

图 7-39 前 10 个 POD 基模态的能量比重

图 7-40 给出了 POD 基模态 1 和模态 2 的几何信息,即前 2 个模态对应的端壁起伏量。可以看出,型线模态 1 在各轴向位置处的起伏量均为负值,对应"下凸"式型线;型线模态 2 在造型区域前部的起伏量为正值、后部的起伏量为负值,对应"前凹后凸"式型线。

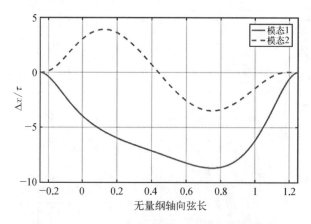

图 7-40 前 2 个 POD 基模态对应的端壁起伏量

图 7-41 给出了型线模态 1 和型线模态 2 对端壁静压分布的影响。吸力面附近的端壁静压变化量是与型线模态的曲率分布相对应的。图中分别用黑色和红色虚线的椭圆标出了需要重点关注的增压区和降压区。如图 7-41(a)所示,型线模态 1 的下凸使得叶片通道内出现了大范围的降压区,而下凸部分与上游未造型区域之间的凹曲率过渡段则使得前缘附近出现了一处小范围的增压区。这意味着型线模态 1 会在叶栅通道前部引入附加顺压梯度。如图 7-41(b)所示,端壁型线模

态 2 的上凹部分使得叶片通道前部的静压显著升高,其下凸部分则显著降低了叶栅通道后部的静压。这意味着型线模态 2 会在叶片通道前部引入附加逆压梯度,而在叶栅通道中后部引入附加顺压梯度。

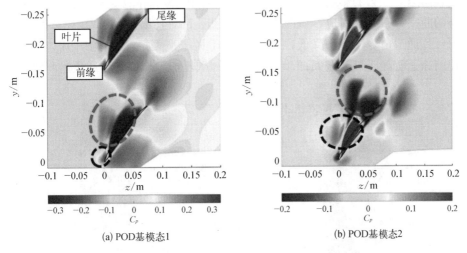

(a) POD基模态1　　　　　　(b) POD基模态2

图 7 - 41　OP₂ 工况,前 2 个型线模态引起的端壁静压系数变化

图 7 - 42 给出了 OP₂ 工况下型线模态 1 和型线模态 2 对 99%叶高处轴向速度分布的影响。从图 7 - 42(a)可以看出,型线模态 1 在叶栅通道前部引入的附加顺压梯度显著增大了前缘上游和叶片通道内部的轴向速度。如图 7 - 42(b)所示,型线模态 2 在叶栅通道前部引入的附加逆压梯度会降低当地的轴向速度,其在叶片通道中后部引入的附加顺压梯度则使当地出现了局部的加速区。

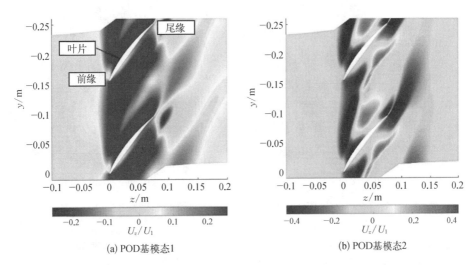

(a) POD基模态1　　　　　　(b) POD基模态2

图 7 - 42　OP₂ 工况,前 2 个 POD 模态引起的 99%叶高处轴向速度的变化

由此可见,OP_2 工况下,型线模态 1 和型线模态 2 能够在叶栅通道内引入附加顺压梯度、增大原破碎区上游区的流速,均能起到抑制泄漏涡破碎的效果。

图 7-43 和图 7-44 分别展示了 OP_1 工况下型线模态对端壁静压分布和 99% 叶高轴向速度分布的影响。从图 7-43 可以看出,端壁静压变化量的分布与型线模态的曲率分布高度对应。如图 7-43(a) 和图 7-44(a) 所示,型线模态 1 的下凸使得叶片通道内静压显著降低,下凸部分与上游未造型区域之间的凹曲率过渡段则使前缘上游静压显著增大;由此产生的附加顺压梯度加速叶栅通道内气流,不利

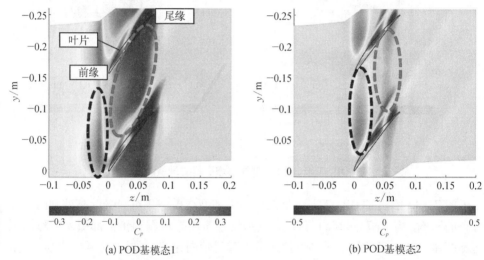

(a) POD 基模态1   (b) POD 基模态2

图 7-43　OP_1 工况,前 2 个型线模态引起的端壁静压系数变化

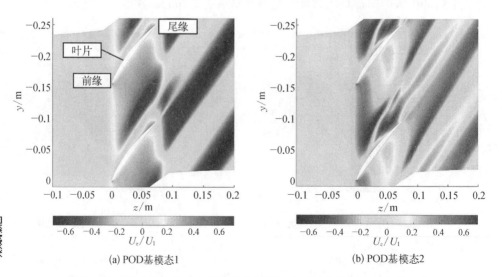

(a) POD 基模态1   (b) POD 基模态2

图 7-44　OP_1 工况,前 2 个型线模态引起的 99% 叶高处轴向速度的变化

于气流的减速扩压。如图 7-43(b)和图 7-44(b)所示,型线模态 2 的上凹部分使得叶片通道前部静压升高、流速降低;其下凸部分使通道后部静压降低、流速增大。型线模态 2 产生的两种效应相互抵消,影响叶栅的扩压能力较小。

综上,型线模态 1 虽然可以起到缓解 OP_2 工况下泄漏涡破碎的效果,但同时也会削弱 OP_1 工况下叶栅的扩压能力;型线模态 2 则既能够对 OP_2 工况下的泄漏涡破碎起到一定的抑制作用,又不会显著影响 OP_1 工况下的叶栅扩压能力。

需要注意的是,POD 基模态本身并不能直接反映出对应模态在具体样本中发挥的实际作用,还需要考虑模态系数的影响。如果模态系数为正值,则该模态在样本中贡献的端壁起伏和流场变化规律与 POD 基一致;如果模态系数为负值,则该模态贡献的端壁起伏和流场变化规律与 POD 基相反;如果模态系数为 0,则该模态对样本中的端壁起伏和流场变化没有任何贡献。

图 7-45 给出了前 2 个模态系数随最优解编号 m 的变化。随着最优解的编号由 $m=1$ 增大至 $m=109$,第一 POD 模态的系数 a_1 以近似单调的方式由+0.277 减小至-1.601,而第二 POD 模态的系数 a_2 则始终大于 0,具体变化范围为 0.051~0.191。回顾最优解的编号规则可知,编号 m 较小的方案是可以有效控制涡破碎的低 $V_{\mathrm{bf},2}$ 方案,编号 m 较大的方案是可以显著提升设计点叶栅扩压能力的高 $C_{p,1}$ 方案。因此由上述现象可知,低 $V_{\mathrm{bf},2}$ 方案的前 2 个模态系数 a_1 和 a_2 均大于 0,而高 $C_{p,1}$ 方案的第一模态系数 a_1 小于 0、第二模态系数 a_2 大于 0。

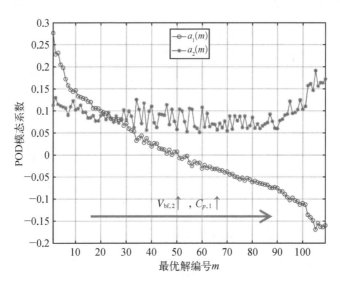

图 7-45　前 2 个 POD 模态的模态系数随最优解编号 m 的变化

图 7-46 给出了不同最优解中前 2 阶 POD 模态对应的端壁起伏量。图中曲线的颜色由 $V_{\mathrm{bf},2}$ 的相对变化量渲染。从图 7-46(a)可以看出,由于不同最优方案的

模态系数 a_1 差异较大且存在正负转换，其型线模态 1 的形状有着明显区别。其中，低 $V_{bf,2}$ 方案的模态系数 a_1 大于 0，其型线模态 1 为单侧下凸式型线；高 $C_{p,1}$ 方案的模态系数 a_1 小于 0，其型线模态 1 为单侧上凹式型线。从图 7-46(b) 可以看出，由于各方案的模态系数 a_2 差异较小且始终为正值，不同最优方案的型线模态 2 在形状上差异较小，均为起伏量接近的前凹后凸式型线。

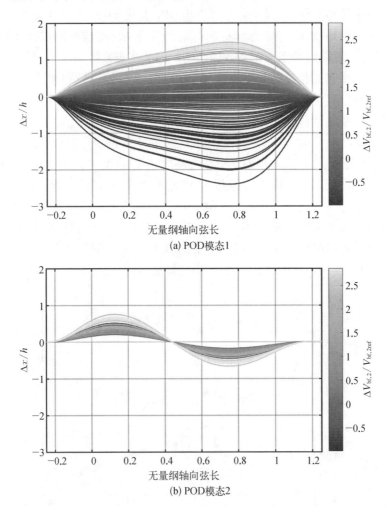

(a) POD模态1

(b) POD模态2

图 7-46　所有帕累托最优方案 POD 模态 1 和模态 2 对应的端壁起伏量

根据前面(图 7-41~图 7-44)对流场 POD 基的分析，讨论最优方案中型线模态 1 和模态 2 起到的具体作用。在低 $V_{bf,2}$ 方案中，型线模态 1 对应的单侧下凸式端壁型线虽然可以缓解泄漏涡破碎，但同时也会对叶栅设计点的静压升系数产生不利影响；型线模态 2 对应的"前凹后凸"式端壁型线则可以在模态 1 的基础上进一步强化造型方案对涡破碎的抑制效果。在高 $C_{p,1}$ 方案中，由于模态系数 a_1 为负数,单侧上凹的型线模态 1 所产生的流动控制效果应该与 POD 基所描述的相反,即:虽然可以提升设计点的叶栅扩压能力但同时也会导致泄漏涡破碎增强;型线模态 2 对泄漏涡破碎的抑制作用则可以部分抵消型线模态 1 对泄漏涡破碎的强化作用。

综上,帕累托最优解集中的所有端壁型线均可近似看作前凹后凸式型线与单侧凹凸(下凸或上凹)式型线的叠加。其中,单侧下凸式型线有助于抑制泄漏涡的破碎,但会明显削弱叶栅设计点的扩压能力;单侧上凹式型线有助于提升叶栅设计点的扩压能力,但会导致泄漏涡破碎增强;前凹后凸式型线能够对泄漏涡破碎起到一定的抑制作用,并且对叶栅设计点的扩压能力影响较小。

本节提取的型线模态 1 和型线模态 2 包含了各最优端壁型线的重要几何特征,在采用轴对称端壁造型控制其他压气机模型中的泄漏涡破碎现象时,可通过将两个型线模态或者与这两个型线模态相似的函数曲线加权叠加来构造最优的端壁变形量。2 个型线的模态系数成为轴对称端壁造型时需要考虑的设计变量。这将端壁型线的形状优化转化为仅涉及 2 个设计变量的参数优化,实现设计问题的降维。

7.6　本 章 小 结

本章以一压气机平面叶栅为研究对象,运用仿真优化设计和数据挖掘技术开展了基于轴对称端壁造型的叶尖泄漏涡破碎流动控制研究,主要结论有如下。

(1)轴对称端壁造型技术有抑制泄漏涡破碎的潜力。在多工况优化得到的最优解集中,产生控制效果较明显的方案主要有下凸式和上凹式 2 类端壁型线。其中,下凸式端壁型线虽然可以有效抑制高负荷工况下的叶尖泄漏涡破碎,但会削弱设计工况下的叶栅扩压能力;上凹式型线虽然可以提升设计工况下的叶栅静压升系数,但同时也会在高负荷工况下加重泄漏涡破碎。

(2)在高负荷工况下,轴对称端壁造型方案对叶栅流动损失和扩压能力的影响主要取决于其对泄漏涡破碎的调控效果。轴对称端壁造型主要通过其在叶尖区引入的附加压力梯度对泄漏涡破碎现象施加影响。下凸式端壁型线在叶栅通道前部引入附加顺压梯度可以使泄漏涡外部的逆压梯度降低、涡核线逆压区的起始流速增大,从而强化泄漏涡的稳定性、阻止涡破碎现象的发生。下凸程度较大的造型方案产生的附加顺压梯度较大,其在前缘上游引起的加速作用还会显著降低叶尖处来流攻角,使得叶尖载荷显著后移、前缘附近的载荷降低,削弱泄漏涡的旋涡强度、增强泄漏涡的稳定性。上凹式端壁型线在叶栅通道前部引入的附加逆压梯度会导致泄漏涡外部的逆压梯度增大、涡核线逆压区的起始流速较小,从而削弱泄漏涡的稳定性、加剧涡破碎现象。

（3）在设计工况下,轴对称端壁造型对叶栅扩压能力和流动损失的影响机制存在差异。造型方案对设计工况下叶栅扩压能力的影响主要取决于其对叶片通道内气流流速的调控作用。下凸式端壁型线在通道前部引入的附加顺压梯度会增大叶片通道内的气流速度,削弱设计工况的叶栅扩压能力;上凹式端壁型线在叶栅通道前部引入的附加逆压梯度则会带来相反的调控效果。造型方案对设计工况下叶栅流动损失的影响与对叶尖载荷和叶栅下游流速的调控作用有关。其中,下凸式端壁型线在前缘附近引发的轴向加速效应会降低叶尖来流攻角,导致叶尖载荷后移、叶片通道内的泄漏损失减小,但其在叶片尾缘附近引入的附加逆压梯度则导致尾缘下游的端区气流流速降低,当地掺混损失上升;上凹式端壁型线在前缘附近引起的轴向减速和在尾缘附近引入的附加顺压梯度则会产生相反影响。

（4）下凸式端壁型线能够阻止泄漏涡发生反流涡主导的间歇性涡破碎现象,从而有效削弱高负荷工况下的叶尖流动非定常性。当端壁型线的下凸程度较大时,高负荷工况下的叶栅中没有出现任何非定常旋涡结构,叶尖流动非定常性几乎完全消失。当端壁型线的下凸程度较小时,叶尖载荷的后移程度较小,泄漏涡仍有较强的旋涡强度,其与端壁边界层的作用会导致非定常诱导涡的产生,端区出现了由非定常诱导涡主导的泄漏涡振荡现象。

（5）通过本征正交分解方法从帕累托最优解集中提取了 2 个主要的型线设计模式:单侧凹凸式端壁型线和前凹后凸式型线。其中,单侧下凸型线设计模式在叶栅通道前部引入的附加顺压梯度虽然有助于抑制高负荷工况下的泄漏涡破碎现象,但同时也会削弱设计工况的叶栅扩压能力;单侧上凹型线设计模式在叶栅通道前部引入的附加逆压梯度虽然可以提升设计工况的叶栅扩压能力,但也会加重高负荷工况下的涡破碎现象;前凹后凸型线设计模式则既可以通过在叶栅通道中后部引入附加顺压梯度来抑制高负荷工况下的泄漏涡破碎,又不会对设计工况的叶栅扩压能力产生很大影响。

（6）通过数据挖掘提取出的型线模态 1 和型线模态 2 包含了各最优端壁型线的重要几何特征,可通过将两个型线模态或者与这两个型线模态相似的函数曲线加权叠加来构造最优的端壁变形量,从而使得 2 个型线的模态系数成为轴对称端壁造型时需要考虑的设计变量,实现优化设计问题的降维。

参考文献

[1] LeJambre C R, Zacharias R M, Biederman B P, et al. Development and application of a multistage navier-stokes flow solver: Part Ⅱ — Application to a high pressure compressor design[J]. Journal of Turbomachinery, 1998, 120(2): 215 - 223.

[2] Stringham G D, Cassem B N, Prince T C, et al. Design and development of a nine stage axial flow compressor for industrial gas turbines[C]. Stockholm: ASME 1998 International Gas Turbine and Aeroengine Congress and Exhibition, 1998.

[3]　Hoeger M, Cardamone P, Fottner L. Influence of endwall contouring on the transonic flow in a compressor blade[C]. Amsterdam: ASME Turbo Expo 2002: Power for Land, Sea, and Air, 2002.

[4]　卢家玲. 轴流压气机机匣处理与端壁造型的机理研究[D]. 西安: 西北工业大学, 2009.

[5]　Kröger G, Cornelius C, Nicke E. Rotor casing contouring in high pressure stages of heavy duty gas turbine compressors with large tip clearance heights[C]. Orlando: ASME Turbo Expo 2009: Power for Land, Sea, and Air, 2009.

[6]　Kröger G, Voß C, Nicke E, et al. Theory and application of axisymmetric endwall contouring for compressors [C]. Vancouver: ASME 2011 Turbo Expo: Turbine Technical Conference and Exposition, 2011.

[7]　Teng H, Wu W Y, Zhong J J. Research on the influence of axisymmetric endwall on EAT performance[J]. Energies, 2021, 14(8): 2215.

[8]　Jeong S, Chiba K, Obayashi S. Data mining for aerodynamic design space[J]. Journal of Aerospace Computing, Information, and Communication, 2005, 2(11): 452－469.

[9]　Chiba K, Oyama A, Obayashi S, et al. Multidisciplinary design optimization and data mining for transonic regional-jet wing[J]. Journal of Aircraft, 2007, 44(4): 1100－1112.

[10]　Song L M, Guo Z D, Li J, et al. Research on metamodel-based global design optimization and data mining methods[J]. Journal of Engineering for Gas Turbines and Power, 2016, 138(9): 092604.

[11]　Li X J, Zhao Y J, Liu Z X. A novel global optimization algorithm and data-mining methods for turbomachinery design [J]. Structural and Multidisciplinary Optimization, 2019, 60(2): 581－612.

[12]　Khalid S A, Khalsa A S, Waitz I A, et al. Endwall blockage in axial compressors[J]. Journal of Turbomachinery, 1999, 121(3): 499－509.

第8章
周向单槽调控压气机转子
叶尖流动非定常性

机匣处理是在正对压气机转子叶片排顶部的机匣上开有不同结构形式的槽、缝或孔等,使其成为具有一定柔性的结构。从控制 RI 的角度,Rolfes 等[1,2]对德累斯顿工业大学的 1.5 级低速压气机的周向单槽机匣研究表明,当叶顶间隙较大时,周向槽对 RI 的抑制作用明显。Ye 等[3]在某跨声速压气机转子上开展的周向槽研究表明,周向多槽能有效缓解转子叶顶泄漏流的周期性波动,削弱叶尖流场非定常性。以上研究证明周向槽处理机匣具有调控 RI 的潜力。

相比于缝式处理机匣,周向槽处理机匣的特点是在基本不牺牲效率的情况下获得一定的扩稳效果[4-10]。经历几十年的研究,周向槽机匣处理技术已经发展得比较成熟。然而值得注意的是,针对周向槽处理机匣研究中,关于周向槽的槽深选取问题的认识存在分歧。

早期 NASA 的研究报告[11]对 3 种槽深不同的周向槽处理机匣的实验研究表明,周向槽最深时,机匣的扩稳效果最好;该报告同时指出,周向槽的槽深至少要大于三倍槽宽,周向槽才能有效扩稳;否则压气机稳定裕度难以得到有效提高。

刘志伟和张长生[12]针对亚声速轴流压气机转子开展了不同槽深的周向处理机匣的实验研究。实验结果表明,定转速条件下,压气机的裕度改进量随着槽深的增加而增大,这种趋势在较低转速下更明显。该研究指出了周向槽具有最佳槽深概念。后期卢家玲等[13]根据最佳槽深概念,进一步提出压气机类型以及失速类型决定了周向槽的最佳槽深。黄旭东[14]针对 Rotor 37 开展了 3 种不同槽深的 7 个周向槽机匣处理研究。研究表明槽深为 2 倍转子叶顶间隙的周向槽对压气机稳定裕度的改进效果有限;而槽深为 7 倍转子叶顶间隙时,周向槽的扩稳效果显著;槽深为 14 倍转子叶顶间隙时,周向槽的扩稳效果与 7 倍叶顶间隙时相差不大。

上述研究表明,周向槽处理机匣的槽深必须足够深才能起到对压气机的扩稳。然而另一方面,一些研究也表明较浅的周向槽也可以起到较好的扩稳效果。

Rabe 和 Hah[15]针对跨声速轴流压气机开展了两种不同槽深的周向槽机匣实

验研究,槽深分别为 1.4 倍叶顶间隙和 22.8 倍叶顶间隙。结果表明,相比于实壁机匣,两种处理机匣对叶片前缘进口攻角的改善效果基本相同,周向浅槽和周向深槽的扩稳效果几乎相同。同时研究还表明,浅槽引起的流动掺混更少,因此周向浅槽处理机匣压气机中的流动损失更小。

李相君等[16]以及段真真等[17]的研究完善和丰富了周向浅槽处理机匣的扩稳效果研究,这些研究均表明周向浅槽几乎不会降低压气机的总性能,同时也对周向浅槽的扩稳性能均给予了肯定。

2013 年 Kim 等[18]针对 Rotor 37 采用预测残差平方和平均代理模型对周向槽深度进行了优化研究,槽深范围为 0.6~1.8 倍转子叶顶间隙。研究发现,槽深为 0.371 mm(约为 1 倍转子叶顶间隙)时,周向槽的扩稳效果最好,压气机裕度改进量约为 5.1%。同时非定常数值模拟研究表明:较实壁机匣,带有周向浅槽的压气机中静压信号幅值更小。在频谱上,带有周向浅槽的压气机流场非定常性频率成分总体上得到了削弱。因此他们认为周向浅槽可以对压气机中的流场非定常性起到抑制作用。

考虑到 RI 是一种比失速团及失速先兆弱得多的非定常流动现象,本章基于第 6 章、第 4 章对亚声速和跨声速轴流压气机转子叶尖流动非定常性机理的研究成果,从以最小流动控制代价获得最佳流动控制效果的角度开展有针对性的周向单槽设计,探究其控制叶尖流动非定常性的效果,并揭示其调控机理。

8.1　周向单槽调控亚声速压气机转子叶尖流动非定常性的效果及机理

本节以第 6 章的亚声速轴流压气机转子为例,针对压气机 RI 起始工况的叶尖主加载区中心位置设置周向浅槽,通过对 RI 起始工况叶尖主加载区载荷的改变来控制 RI 的出现,同时探究带有周向浅槽的压气机内部 RI 流动机制。图 8-1 展示了带有周向浅槽的五通道转子叶片网格拓扑,实壁机匣情况下 RANS 数值模拟检验见文献[19]~[21]。

8.1.1　周向浅槽宽度对旋转不稳定性的影响

本节选取亚声速转子在 0.5 mm 叶顶间隙、10 765 r/min 转速条件下 RI 起始工况叶尖主加载区中心,30%C_{ax}(30%轴向弦长),作为周向浅槽的轴向中心位置。本文参考周向浅槽相关研究[1,2],浅槽深度为 1 倍叶顶间隙。在确定了周向浅槽的槽深及中心轴向位置后,进一步设计 4 种槽宽不同的单周向浅槽处理机匣,槽宽分别为 0.1 倍、0.2 倍、0.4 倍及 0.6 倍 C_{ax}。实壁机匣压气机记作 SW,上述 4 种周向浅槽处理机匣构型分别记作 CSG$_1$~CSG$_4$。

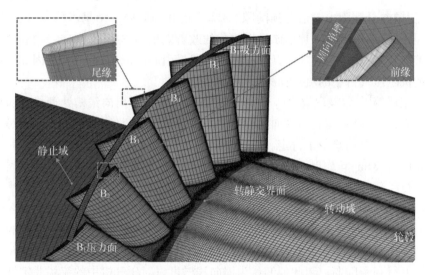

图8-1　亚声速转子带周向浅槽的五通道数值模拟网格拓扑结构

1. 周向浅槽槽宽对压气机性能的影响

图8-2给出了带有实壁机匣和4种不同槽宽的周向浅槽处理机匣的压气机定常和非定常数值模拟总性能曲线。考虑RI是一种典型的非定常流动现象,关于周向浅槽的分析将结合定常和非定常数值模拟结果进行说明。

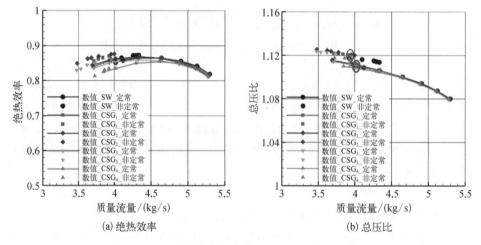

(a) 绝热效率　　　　　　　　　(b) 总压比

图8-2　不同槽宽周向浅槽处理机匣压气机总性能

表8-1给出了实壁机匣压气机及周向浅槽处理机匣压气机的相关参数及性能。流量裕度改进量SMI,定义如式(8-1):

$$\mathrm{SMI} = (m_{\mathrm{NS,\ SW}} - m_{\mathrm{NS,\ CSG}})/m_{\mathrm{NS,\ SW}} \tag{8-1}$$

表 8-1　实壁机匣及 4 种周向浅槽处理机匣效果汇总

名称	位置示意图	槽宽 $/C_{ax}$	$\eta_{NS, SW}$ 非定常	$\pi_{NS, SW}$ 非定常	SMI/% 非定常	$\eta_{NS, SW}$ 定常	$\pi_{NS, SW}$ 定常	η_{PE} 定常	π_{PE} 定常
SW	叶片	0	0.8556	1.118	0	0.8509	1.110	0.8639	1.104
CSG$_1$	叶片	0.1	0.8695	1.120	5.61	0.8581	1.111	0.8677	1.106
CSG$_2$	叶片	0.2	0.8742	1.121	11.48	0.8616	1.112	0.8680	1.106
CSG$_3$	叶片	0.4	0.8592	1.119	11.64	0.8523	1.111	0.8591	1.106
CSG$_4$	叶片	0.6	0.8335	1.117	5.36	0.8335	1.109	0.8537	1.100

相近流量点的非定常数值模拟表明[各工况点已在图 8-2(b)中用黑色线圈出],压气机的绝热效率和总压比随周向浅槽槽宽的增大呈现先增大后减小。其中 CSG$_1$、CSG$_2$ 和 CSG$_3$ 的绝热效率和总压比均要高于 SW。此外,在 SW 近失速工况流量,槽宽较小的 CSG$_1$ 和 CSG$_2$ 的绝热效率相比 SW 均提高超过 1%。

与 SW 相比,各周向浅槽处理机匣均能对压气机进行一定程度上的扩稳,扩稳效果随槽宽的变化同样呈现先增大后减小的趋势。CSG$_2$ 和 CSG$_3$ 方案的流量裕度改进量均大于 10%;CSG$_3$ 的扩稳效果要略好于 CSG$_2$,但其峰值效率却比 SW 降低约 0.5%,且全工况的绝热效率均要低于 CSG$_2$。CSG$_2$ 方案取得较好扩稳效果的同时,还较 SW 略微提高绝热效率和总压比。

第 7、8 列所示相似流量工况[各工况点在图 8-2(b)中已用红色线圈出]的绝热效率和总压比随周向浅槽槽宽的变化趋势与前述非定常数值模拟一致。通过公式(8-1)可得定常数值模拟所预测的周向浅槽处理机匣压气机流量裕度改进量分别为 7.89%、8.19%、7.59% 和 4.30%。结合图 8-2 和表 8-1 可知,峰值效率工况,槽宽较小的 CSG$_1$ 和 CSG$_2$ 并未降低压气机的绝热效率和总压比;槽宽较大的 CSG$_3$ 和 CSG$_4$ 使压气机的绝热效率降低近 1%,压比也有所降低。

综上,在 SW 压气机 RI 起始工况的叶尖主加载区设置周向浅槽可以改进压气机的失速裕度。由于 RI 与压气机失稳密切相关,周向浅槽处理机匣、RI 和压气机扩稳三者之间存在一定的联系。

2. 周向浅槽槽宽对叶尖载荷分布的影响

首先从定常数值模拟入手,分析周向浅槽对压气机叶顶载荷分布的影响。图 8-3 给出了 SW 近失速工况及相同流量工况下不同槽宽的周向浅槽处理机匣压气机叶尖压差及泄漏流速度的弦长分布,图8-2(b)中已用红色线圈出各个工况点。以周向浅槽中心位置30%C_{ax}为基准,对不同周向浅槽处理机匣压气机的叶尖静压差系数和泄漏流速度叶顶空间分布进行分析。

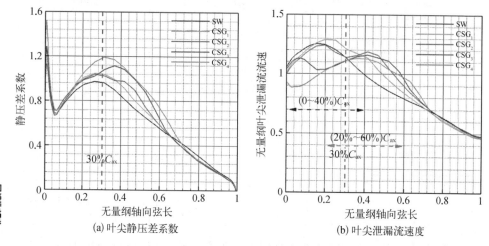

(a) 叶尖静差系数　　　　　　　(b) 叶尖泄漏流速度

图8-3　相近流量工况叶尖静压差系数和泄漏流速沿轴向弦长的分布

定常数值模拟,SW 及不同槽宽周向浅槽处理机匣压气机

　　周向浅槽处理机匣压气机叶尖主加载区的载荷均有所增大,其区域中心的轴向位置均向叶片尾缘移动。从图8-3(b)可知,较 SW,CSG$_1$ 在 30%C_{ax}~60%C_{ax} 处叶尖泄漏流速增大。随着槽宽的增大,位于 30%C_{ax}~60%C_{ax} 的叶尖泄漏流速进一步增大,最终 CSG$_2$ 和 CSG$_3$ 压气机叶尖主泄漏流以周向浅槽中心为分界被分成了两股。此外,槽宽的增大也降低了 0~30%C_{ax} 的叶尖泄漏流速。在 CSG$_4$ 压气机中,叶尖泄漏流重新变为一股。以叶尖泄漏流无量纲速度大于 1 区域为主泄漏流区,CSG$_4$ 主泄漏流的轴向位置较 SW,从 0~40%C_{ax} 迁移至 20%C_{ax}~60%C_{ax}。

　　3. 周向浅槽槽宽对旋转不稳定性的影响

　　考虑到 RI 是一种典型的非定常流动现象,图8-4、图8-5、图8-6、图8-7 和图8-8分别展示了相同流量工况 SW 和不同周向浅槽处理机匣压气机的叶尖载荷、叶尖泄漏流速时空变化。图8-2(b)中已用黑色线圈出了相应工况点,各工况点分别记作 SW$_{NS}$、CGS$_{1,SW_{NS}}$、CGS$_{2,SW_{NS}}$、CGS$_{3,SW_{NS}}$ 和 CGS$_{4,SW_{NS}}$。

　　近失速工况,SW 叶尖静压差系数和叶尖泄漏流速度沿轴向弦长分布均出现非定常时空变化;其流场波动周期约为 61 个物理时间步,叶尖主加载区位于 5%C_{ax}~45%C_{ax}。由图8-5、图8-6、图8-7 和图8-8可知,在相近流量下,4 种槽宽的周向浅槽处理机匣压气机均未出现流动非定常性;压气机中 RI 得到有效的抑制或推迟。周向浅槽处理机匣压气机的叶尖主加载区相比于 SW 均要更靠近叶片尾缘，这与图 8-3 中的定常结果一致。CSG_1、CSG_2、CSG_3 和 CSG_4 的叶尖主加载区分别约为 $5\%C_{ax} \sim 45\%C_{ax}$、$10\%C_{ax} \sim 50\%C_{ax}$、$10\%C_{ax} \sim 55\%C_{ax}$ 和 $10\%C_{ax} \sim 60\%C_{ax}$。周向浅槽对叶尖载荷分布起到了控制效果，它阻碍了叶尖主加载区随质量流量减小而朝叶片前缘移动的趋势，从而实现压气机扩稳。此外，在扩稳效果比较好的 CSG_2 和 CSG_3，周向浅槽将主泄漏流分成两股，这也与定常结果分析一致。上述分析表明，周向浅槽改变了压气机叶顶静压差和泄漏流，从而影响了 RI 的形成。

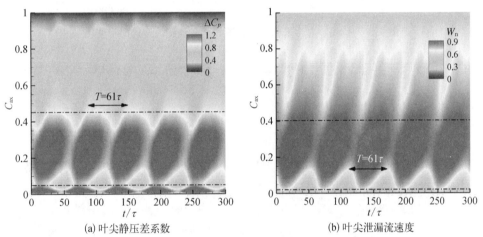

(a) 叶尖静压差系数　　　　　　　(b) 叶尖泄漏流速度

图 8-4　SW_{NS} 工况叶尖载荷和叶尖泄漏流速的时空变化

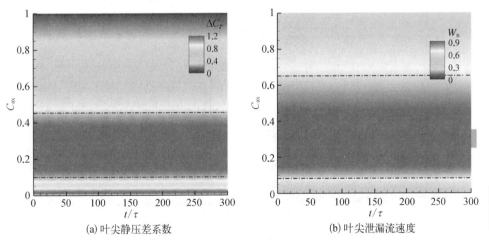

(a) 叶尖静压差系数　　　　　　　(b) 叶尖泄漏流速度

图 8-5　$CSG_{1,SW_{NS}}$ 工况叶尖载荷和叶尖泄漏流速的时空变化

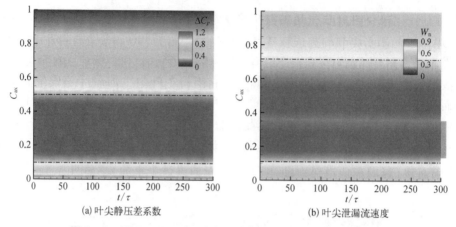

(a) 叶尖静压差系数   (b) 叶尖泄漏流速度

图 8-6　CSG$_{2, SW_{NS}}$ 工况叶尖载荷和叶尖泄漏流速的时空变化

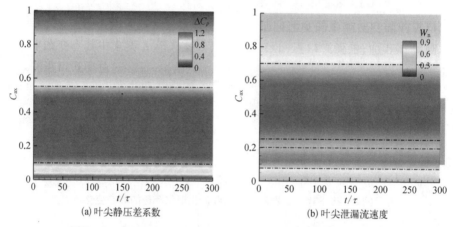

(a) 叶尖静压差系数   (b) 叶尖泄漏流速度

图 8-7　CSG$_{3, SW_{NS}}$ 工况叶尖载荷和叶尖泄漏流速的时空变化

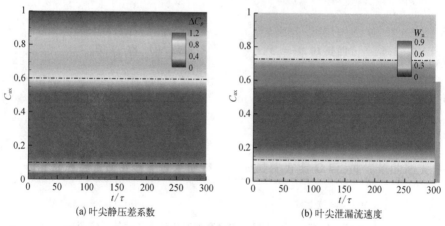

(a) 叶尖静压差系数   (b) 叶尖泄漏流速度

图 8-8　CSG$_{4, SW_{NS}}$ 工况叶尖载荷和叶尖泄漏流速的时空变化

　　为分析近失速工况周向浅槽对 RI 的控制效果,图 8-9、图 8-10、图 8-11 和图 8-12 分别展示了 4 种周向浅槽处理机匣压气机近失速工况叶尖载荷和叶尖泄漏流速的时空变化情况。近失速工况分别记作 $CGS_{1,NS}$、$CGS_{2,NS}$、$CGS_{3,NS}$ 和 $CGS_{4,NS}$。

　　由图可知,4 种周向浅槽处理机匣压气机近失速工况的叶尖主加载区位置相比 SW 近失速流量工况更加靠近叶顶前缘。其中 CSG_1 的叶尖主加载区约为 $5\%C_{ax} \sim 45\%C_{ax}$,此时压气机存在流场非定常性,且其波动周期约为 63 个物理时间步。CSG_1 近失速工况叶尖载荷时空分布与 SW 近失速工况相似,此时压气机中出现 RI。而 CSG_2、CSG_3 和 CSG_4 周向浅槽处理机匣压气机中均未出现流场非定常性;对应叶尖主加载区分别为约 $0 \sim 40\%C_{ax}$、$0 \sim 45\%C_{ax}$、$0 \sim 50\%C_{ax}$。

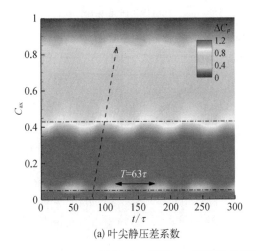
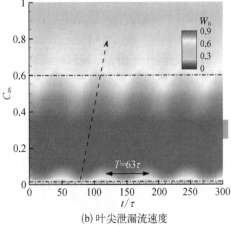

(a) 叶尖静压差系数　　　　　　　　　(b) 叶尖泄漏流速度

图 8-9　$CSG_{1,NS}$ 工况叶尖载荷和叶尖泄漏流速的时空变化

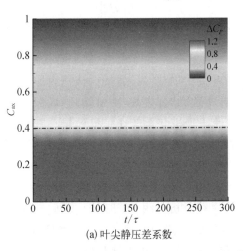
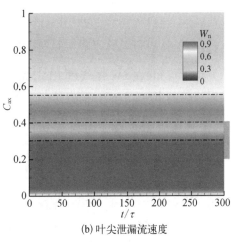

(a) 叶尖静压差系数　　　　　　　　　(b) 叶尖泄漏流速度

图 8-10　$CSG_{2,NS}$ 工况叶尖载荷和叶尖泄漏流速的时空变化

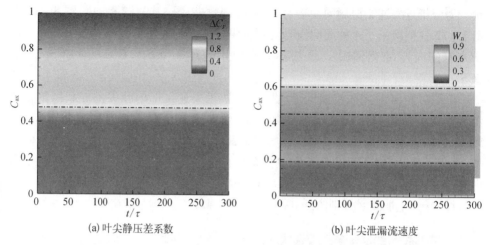

(a) 叶尖静压差系数　　　　　　　　(b) 叶尖泄漏流速度

图 8-11　CSG$_{3,\,NS}$ 工况叶尖载荷和叶尖泄漏流速的时空变化

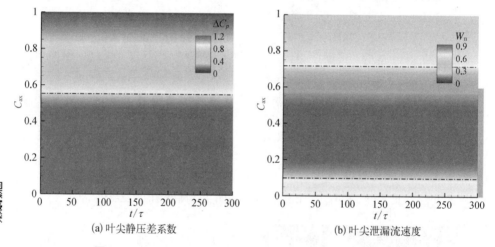

(a) 叶尖静压差系数　　　　　　　　(b) 叶尖泄漏流速度

图 8-12　CSG$_{4,\,NS}$ 工况叶尖载荷和叶尖泄漏流速的时空变化

　　综上可知,在 SW 压气机 RI 起始工况的叶尖主加载区设置周向浅槽可以有效推迟或抑制 RI 的形成。槽宽是一个关键设计参数,结合表 8-1 可知,当周向浅槽的槽宽偏小时,CSG$_1$ 仅推迟了 RI 的形成,并使压气机获得较小扩稳效果。随着槽宽的增大,CSG$_{2,\,NS}$、CSG$_{3,\,NS}$ 和 CSG$_{4,\,NS}$ 工况均未检测到 RI,即压气机中周向浅槽有效抑制了 RI 的形成。

　　为进一步探究周向浅槽处理机匣压气机中 RI 的相关特性,对 CSG$_1$ 压气机 RI 起始工况(CSG$_{1,\,RIS}$)和近失速工况(CSG$_{1,\,NS}$)进行分析。图 8-13 给出轴向截面的静压系数标准差分布,图 8-14 展示 98.2%叶高 S1 流面的静压系数标准差分布,图 8-15 给出通道 3 和通道 4 相同位置的互功率谱密度、相干性及相位关系。

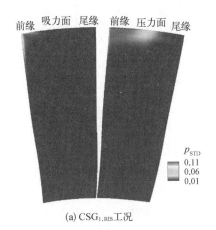
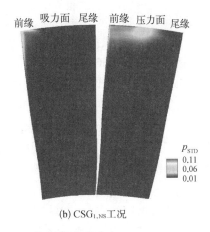

(a) CSG$_{1,\text{RIS}}$工况　　　　　(b) CSG$_{1,\text{NS}}$工况

图 8-13　典型工况轴向截面静压系数标准差分布

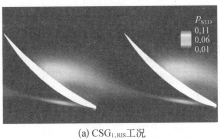

(a) CSG$_{1,\text{RIS}}$工况　　　　　(b) CSG$_{1,\text{NS}}$工况

图 8-14　典型工况 98.2% 叶高 S1 流面静压系数标准差分布

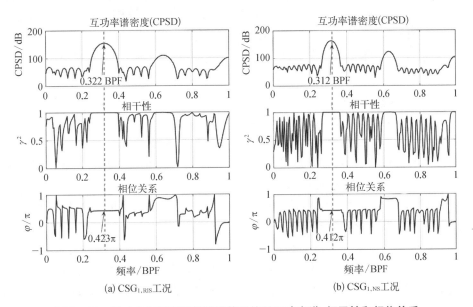

(a) CSG$_{1,\text{RIS}}$工况　　　　　(b) CSG$_{1,\text{NS}}$工况

图 8-15　相对坐标系下相邻通道静压信号互功率谱、相干性和相位关系

　　由图 8-13 和图 8-14 可知,CSG_1 压气机中流场非定性主要来源于叶尖泄漏流波动,其非定常性最强区域位于叶尖压力面侧,这与 SW 压气机的 RI 起始工况的现象相似。由于 $CSG_{1,RIS}$ 和 $CSG_{1,NS}$ 是两个非常接近的工况点,其流量相差约 0.06 kg/s,因此,两个工况的压气机轴向截面及 98.2% 叶高 S1 流面的静压系数标准差在数值大小上存在细微差别,而在空间分布并无明显差异。

　　图 8-15 给出的相邻通道静压信号互功率谱密度、相干性和关系相位情况进一步说明了 CSG_1 压气机中存在周向传播的 RI。两工况中 RI 的模态数均为 4,相对传播速度分别为 0.40 倍和 0.39 倍转子转速。周向浅槽处理机匣压气机中 RI 的流动机制与 SW 相似。

　　由上述分析可知,亚声速轴流压气机转子叶尖主加载区形成的叶尖主泄漏流沿周向影响相邻叶尖载荷,最终形成周向传播的 RI。周向浅槽有改变压气机叶顶局部载荷的能力;在压气机叶尖主加载区设置周向浅槽能降低该处载荷,减小该处泄漏流强度,进而推迟或者抑制了 RI 的形成。周向浅槽处理机匣控制 RI 形成的能力与其槽宽大小密切相关。周向浅槽的槽宽越接近 SW 压气机叶尖主加载区的轴向范围时,周向浅槽处理机匣的扩稳性能及抑制 RI 的能力更好。CSG_2、CSG_3 机匣的槽宽与 SW 压气机叶尖主加载区的轴向范围最为相近,其具有较好扩稳效果。基于叶尖主加载区设置周向浅槽推迟或抑制 RI 形成的控制策略是可行的。

8.1.2　周向浅槽中心轴向位置对旋转不稳定性的影响

　　为形成较为系统的周向浅槽对 RI 的控制策略,进一步研究周向浅槽中心的轴向位置对 RI 的影响。以 CSG_2 为基准,进一步设计具有相同槽宽、不同中心位置的 4 种单周向浅槽处理机匣;单槽中心的轴向位置为 $10\% C_{ax}$、$50\% C_{ax}$、$70\% C_{ax}$、$90\% C_{ax}$。为了便于后续分析,将上述 4 种周向浅槽处理机匣构型分别记作 $CSG_5 \sim CSG_8$。

　　1. 周向浅槽轴向位置对压气机性能的影响

　　图 8-16 对比了周向浅槽中心轴向位置对压气机性能曲线影响的定常和非定常数值模拟结果。虽然非定常数值模拟所预测的绝热效率和总压比在数值上要大于定常数值模拟结果,且非定常数值模拟能预测更小的近失速边界流量,两者所预测的压气机总性能曲线趋势一致。

　　表 8-2 给出了不同轴向位置周向浅槽处理机匣压气机的相关参数及性能。非定常数值模拟和定常数值模拟的绝热效率均随周向浅槽中心的轴向位置从叶片前缘到尾缘呈现先增大后减小的趋势。除 CSG_5,其余周向浅槽处理机匣压气机绝热效率和总压比均要高于 SW。近失速工况,CSG_2、CSG_6 和 CSG_7 绝热效率均要比 SW 高出近 2%。与 SW 相比,不同轴向位置的周向浅槽处理机匣均能在一定程度上对压气机扩稳。扩稳效果随周向浅槽中心轴向位置从叶片前缘到尾缘呈先增大

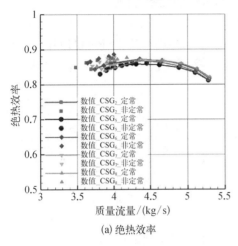
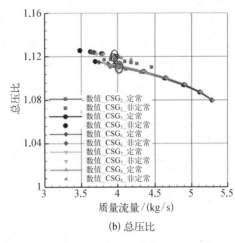

(a) 绝热效率　　　　　　　　　　　(b) 总压比

图 8-16　不同中心轴向位置周向浅槽处理机匣压气机总性能

表 8-2　不同轴向位置周向浅槽处理机匣汇总

编号	中心位置示意图/C_{ax}		$\eta_{NS, SW}$ 非定常	$\pi_{NS, SW}$ 非定常	SMI/% 非定常	$\eta_{NS, SW}$ 定常	$\pi_{NS, SW}$ 定常	η_{PE} 定常	π_{PE} 定常
CSG$_2$	叶片	30%	87.42	1.121	11.48	86.16	1.112	86.80	1.106
CSG$_5$	叶片	10%	84.9	1.119	3.05	84.79	1.110	85.81	1.106
CSG$_6$	叶片	50%	87.97	1.121	7.37	86.21	1.107	87.20	1.106
CSG$_7$	叶片	70%	87.49	1.121	5.69	85.70	1.107	87.08	1.106
CSG$_8$	叶片	90%	86.64	1.120	4.12	84.75	1.108	86.69	1.106

后减小的趋势,其中 CSG$_2$ 方案的流量裕度改进量最大。这初步验证了在 SW 压气机 RI 起始工况的叶顶主加载区设置周向浅槽进行流动控制的可行性。

　　定常数值模拟所预测的 CSG$_5$、CSG$_6$、CSG$_7$ 和 CSG$_8$ 压气机流量裕度改进量分别为 2.98%、8.19%、6.94% 和 3.49%,其绝热效率、扩稳效果随周向浅槽轴向位置的变化趋势与非定常数值模拟结果基本一致。因此,定常数值模拟能定性反映周向浅槽处理机匣的相关性能。为减少计算量,在此以定常数值模拟结果来分析不同轴向位置周向浅槽处理机匣对总性能的影响。在峰值效率点,周向浅槽处理机匣压气机的效率随槽中心的轴向位置的后移先增大后减小。相比 SW 压气机,中心轴向位置最靠近叶片前缘的 CSG$_5$ 降低了压气机的效率峰值,而中心轴向位置较

为靠后的 CSG_2、CSG_6、CSG_7 和 CSG_8 提高了压气机的效率峰值。

2. 周向浅槽轴向位置对叶尖载荷分布的影响

图 8-17 给出了 SW 近失速工况及相同流量下各周向浅槽处理机匣压气机叶尖压差、泄漏流速度沿弦长方向的分布;图 8-16(b)中已用红线圈出各个工况点。

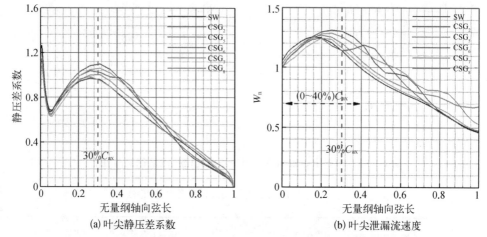

图 8-17 相近流量,各压气机叶顶静压差系数、泄漏流速沿轴向弦长分布

由图可知,不同轴向位置的周向浅槽处理机匣不同程度地影响压气机叶尖压差系数分布。其中位于叶片前缘处的 CSG_5 和叶片尾缘处的 CSG_8 对压气机叶尖载荷的影响微乎其微;随着周向浅槽的中心轴向位置向 SW 压气机 RI 起始工况的叶尖主加载区靠近,处理机匣对压气机叶尖静压差分布的影响则越来越大。对比各处理机匣压气机和 SW 压气机的叶尖泄漏流速度沿轴向分布,周向浅槽增大了槽后的泄漏流速度,叶尖主泄漏流的位置和强度均受到影响。

3. 周向浅槽轴向位置对旋转不稳定性的影响

进一步对周向浅槽影响叶尖载荷和泄漏流轴向分布的非定常影响机制进行探究。图 8-18、图 8-19、图 8-20 和图 8-21 分别给出了与 SW 近失速工况相近流量下各处理机匣压气机叶尖静压差系数、泄漏流速度沿轴向弦长分布的时空变化,CSG_2 的结果可见图 8-6。图 8-16(b)中已用黑色线圈出了各个工况点,除 $CSG_{2,SW_{NS}}$ 工况外,其余各工况点分别记作 $CGS_{5,SW_{NS}}$、$CGS_{6,SW_{NS}}$、$CGS_{7,SW_{NS}}$ 和 $CGS_{8,SW_{NS}}$。

在近失速工况下,CSG_2、CSG_6 和 CSG_7 压气机叶顶区域流动非定常性均得到控制,此时压气机中 RI 的形成被推迟或抑制。CSG_5 和 CSG_8 压气机叶顶区域存在周期分别为 80 和 52 个物理时间步的非定常流动,这与 SW 压气机的叶尖静压差系数、叶尖泄漏流沿轴向弦长分布相似。

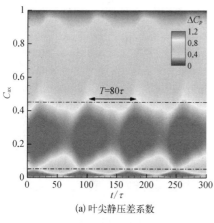
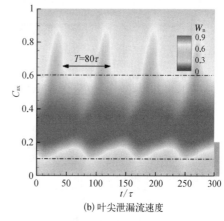

(a) 叶尖静压差系数　　　　　　　(b) 叶尖泄漏流速度

图 8 – 18　$CSG_{5,\,SW_{NS}}$ 工况叶尖载荷和叶尖泄漏流速的时空变化

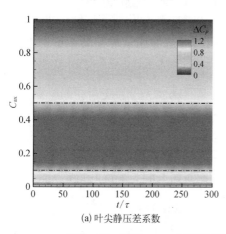
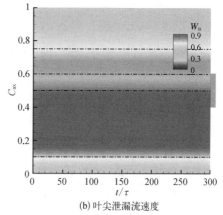

(a) 叶尖静压差系数　　　　　　　(b) 叶尖泄漏流速度

图 8 – 19　$CSG_{6,\,SW_{NS}}$ 工况叶尖载荷和叶尖泄漏流速的时空变化

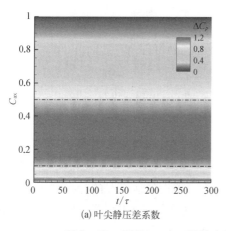
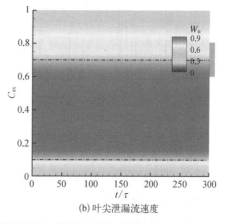

(a) 叶尖静压差系数　　　　　　　(b) 叶尖泄漏流速度

图 8 – 20　$CSG_{7,\,SW_{NS}}$ 工况叶尖载荷和叶尖泄漏流速的时空变化

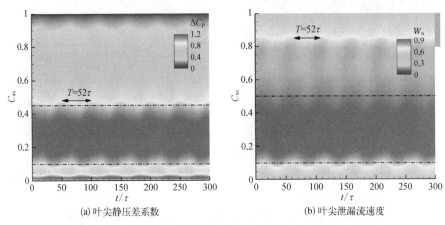

图 8 – 21 $CSG_{8,SW_{NS}}$ 工况叶尖载荷和叶尖泄漏流速的时空变化

图 8 – 22 给出 $CGS_{5,SW_{NS}}$ 和 $CGS_{8,SW_{NS}}$ 相邻通道静压信号互功率谱密度、相干性以及相位情况,进一步证实了 RI 的存在。

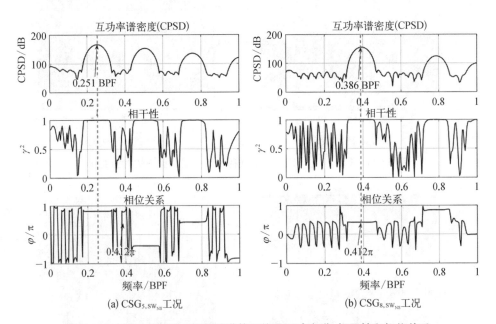

图 8 – 22   相对坐标系下相邻通道静压信号互功率谱、相干性和相位关系

图 8 – 23、图 8 – 24、图 8 – 25 和图 8 – 26 给出近失速工况的叶尖静压差系数、叶尖泄漏流速度沿轴向弦长分布,CSG_2 的结果可见图 8 – 10。除 $CSG_{2,NS}$ 工况外,其余各工况点分别记作 $CGS_{5,NS}$、$CGS_{6,NS}$、$CGS_{7,NS}$ 和 $CGS_{8,NS}$。

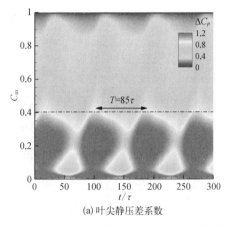
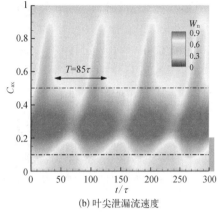

(a) 叶尖静压差系数　　　　　　　　　(b) 叶尖泄漏流速度

图 8 - 23　CSG$_{5,\text{NS}}$ 工况叶尖载荷和叶尖泄漏流速度的时空变化

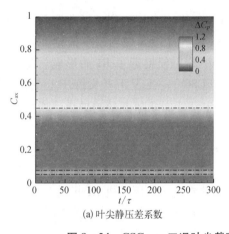
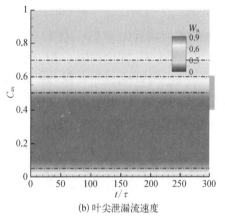

(a) 叶尖静压差系数　　　　　　　　　(b) 叶尖泄漏流速度

图 8 - 24　CSG$_{6,\text{NS}}$ 工况叶尖载荷和叶尖泄漏流速度的时空变化

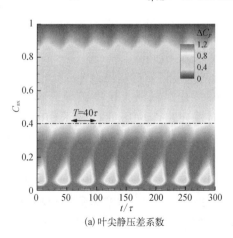
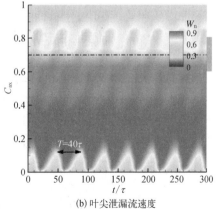

(a) 叶尖静压差系数　　　　　　　　　(b) 叶尖泄漏流速度

图 8 - 25　CSG$_{7,\text{NS}}$ 工况叶尖载荷和叶尖泄漏流速度的时空变化

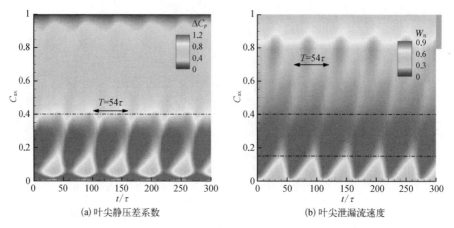

(a) 叶尖静压差系数　　　　　　　　　　(b) 叶尖泄漏流速度

图 8 - 26　$CSG_{8,\,NS}$ 工况叶尖载荷和叶尖泄漏流速度的时空变化

$CSG_{2,\,SW_{NS}}$、$CSG_{6,\,SW_{NS}}$ 和 $CSG_{7,\,SW_{NS}}$ 工况压气机均未检测到流场非定常性;在这 3 个处理机匣的近失速工况,仅有 CSG_7 压气机的叶顶区域出现了流动非定常性。即:CSG_2 和 CSG_6 完全抑制了 RI 的产生,而 CSG_7 仅推迟了 RI 的形成。此外,对比 $CSG_{5,\,SW_{NS}}$ 和 $CSG_{8,\,SW_{NS}}$ 工况与 $CSG_{5,\,NS}$ 和 $CSG_{8,\,NS}$ 工况下叶尖静压差系数和泄漏流速度的波动周期可知,压气机的流动非定常性周期随流量的减小而增大,这与 SW 压气机的结果一致。

CSG_7 压气机 RI 起始工况的流量显然比 SW 压气机的 RI 起始工况流量更小(实际比 SW 压气机近失速工况流量还小)。进一步探究 CSG_5 和 CSG_8 压气机的 RI 起始工况也发现,这 2 种周向浅槽压气机均在比 SW 压气机 RI 起始工况更小流量的工况才出现 RI。综上所述,周向浅槽越靠近 SW 压气机 RI 起始工况的叶尖主加载区位置,其对 RI 的控制效果越好,所获的裕度改进量越大。

8.2　周向单槽调控跨声速压气机转子叶尖流动非定常性的效果及机理

第 4 章表明:跨声速压气机流动非定常性是泄漏涡大尺度破碎影响压力面静压分布所致。Sakuma 等[22]针对 NASA 同系列跨声速压气机转子(Rotor 37)的研究显示,位于叶尖泄漏涡破碎区上方的深度为 16.4 倍叶顶间隙的周向单槽能显著抑制叶尖泄漏涡破碎,使得压气机稳定裕度较原型转子相对提升 40% 以上。

基于文献[22]的研究并结合第 4 章的机理分析结果,本节将周向单槽置于破碎区正中,设计三种不同槽深(15 倍、20 倍和 25 倍叶顶间隙)的处理机匣方案,探究调控叶尖流动非定常性的最佳槽深;三种方案分别命名为 H_{15}、H_{20} 和 H_{25}。根据不同工况下破碎区尺寸,周向单槽中心均位于28%叶顶轴向弦长,槽轴向覆盖度为20%叶顶轴向弦长。

图8-27展示了所设计周向单槽位置及单通道计算网格结构,原型压气机数值模拟检验见文献[23]、[24]。

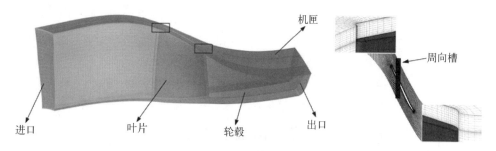

图8-27 周向单槽位置及网格结构

8.2.1 不同深度周向槽处理机匣对压气机性能的影响

表8-3汇总了不同深度周向槽机匣对压气机性能参数的影响,所列举的三个物理量分别为稳定裕度,总压比以及效率的提升量。与原型相比,三种机匣处理方案均能一定程度地扩稳、增压。H_{20}方案最高,分别提供了为5.9%的裕度改进和0.024 9的总压比提升;H_{15}方案的效率略有降低,其余两种方案均有提升。

表8-3 不同深度周向槽机匣性能参数

	$\Delta m/\%$	$\Delta \pi_{\text{NS, Baseline}}/\%$	$\Delta \eta_{\text{NS, Baseline}}/\%$
原型	0	0	0
H_{15}	3.3	1.1	0
H_{20}	5.9	1.3	0.3
H_{25}	2.9	1.1	1.4

综合来看,H_{20}为最佳的槽深方案,其应用对压气机的三项主要性能参数均有所改善。因此在之后的研究中,将围绕H_{20}方案开展。

8.2.2 周向槽处理机匣对流动非定常性及涡破碎的控制效果

本小节选取原型机匣中流动非定常性的起始工况与周向槽方案中近似流量工况对比,分析周向槽对压气机流场非定常性以及泄漏涡破碎的抑制作用。

图 8‐28 给出了周向槽处理前后出口流量的 FFT 结果。应用周向槽后,流场中的非定常波动得到有效控制,出口流量波动幅值降低 47.7%。伴随着幅值的降低,流场特征频率由 0.96 BPF 变为 0.83 BPF,即导致流场波动的扰动源发生变化。

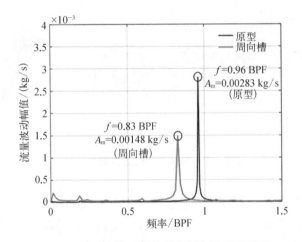

图 8‐28　周向槽处理前后出口流量 FFT 结果

图 8‐29 和图 8‐30 分别给出了周向槽处理前后叶片表面静压标准差分布,图中槽道高度仅做示意,并不代表真实槽高。应用周向槽后,叶尖压力面的全局静压脉动大幅减弱,且原型中受破碎区影响的叶尖前缘高静压脉动区消失,仅残留极微弱的脉动值。此时,叶尖高静压脉动区主要集中于周向槽下游(红色虚线圆圈标注);在叶片中后段还存在一个呈带状分布的小幅静压脉动(红色虚线框标注)。较吸力面侧,周向槽下方额外引入了小幅静压脉动(红色虚线椭圆标注)。

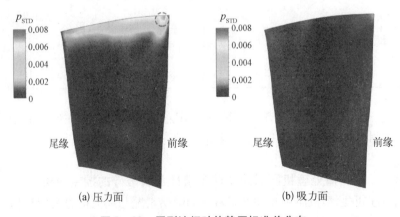

图 8‐29　原型流场叶片静压标准差分布

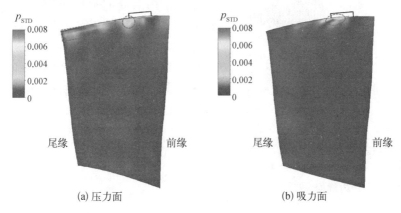

(a) 压力面　　　　　　　　　(b) 吸力面

图 8 - 30　机匣处理流场叶片静压标准差分布

　　为了探究周向槽对泄漏涡破碎的控制作用。图 8 - 31 给出了周向槽处理前后流场中泄漏涡涡核处涡量沿流向的发展。如图所示,激波上游,在平面 4 位置,泄漏涡旋涡强度衰减;周向槽覆盖的(20%～40%轴向弦长)泄漏流被吸入槽中而不卷入泄漏涡中。经过激波(平面 7)后,涡核膨胀,但并未形成反流区;此时,泄漏涡未发生破碎。同时,激波后膨胀的泄漏涡更远离叶尖压力面前缘,难以影响该处静压脉动。在槽道下游,随着泄漏涡轴向速度的降低,涡核进一步膨胀,并触碰到叶尖压力面,从而引起图 8 - 30 中叶片后段呈带状的小幅静压脉动。

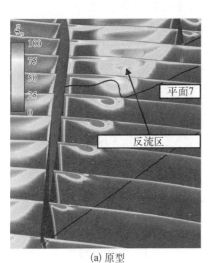
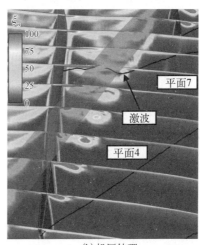

(a) 原型　　　　　　　　　(b) 机匣处理

图 8 - 31　周向槽处理前后流场中垂直于泄漏涡涡轴截面无量纲涡量分布

　　此外,在泄漏涡近吸力面一侧高于泄漏涡的位置还存在另一个高涡量区,由图 8 - 32 给出的槽内截面速度矢量分布可知,该高涡量区为容腔作用[7]影响下,泄漏

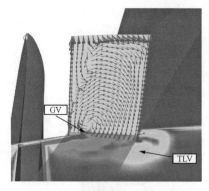

图 8‐32　周向槽内截面速度矢量分布

流被吸入槽内后卷起形成的旋涡,即槽道涡(groove vortex, GV)。该旋涡位于槽道靠近下游一侧的固壁面附近,与图 8‐30(a)中高脉动区位置重合,即槽道涡诱发流场非定常波动。该旋涡一方面会对高速间隙流动产生阻碍,影响泄漏涡强度,削弱泄漏涡与激波的相互作用;另一方面,激波后形成的低速区中,槽内流动与低速区内低能流体产生动量交换,削弱低速区的影响范围。

由以上分析可知,周向槽的应用从三个不同层面上对泄漏涡破碎进行了控制:① 卷吸槽道覆盖范围内的部分泄漏流,阻止其汇入泄漏涡,削弱泄漏涡强度;② 诱发槽道涡,抑制泄漏流;③ 借助槽道涡,使槽内流动与激波后的低能流体产生动量交换,消除反流区。以上流动行为有效地抑止了泄漏涡破碎,使流场中由泄漏涡破碎导致的非定常波动消失。虽然受容腔效应影响,周向槽必然会引入新的扰动源,即槽道涡冲击叶尖压/吸力面。但综合来讲,周向槽的应用大幅降低了流场非定常波动幅值,对于流动非定常性起到了可观的抑制作用。

8.2.3　周向槽处理机匣调控叶尖流动非定常性的机理

本小节采用近失速工况的原型压气机和带有周向槽的压气机进行对比分析,意在揭示周向槽处理机匣的流动调控机理。

图 8‐33 给出了周向槽处理前后出口流量 FFT 结果(标注幅值)。在原型机匣的近失速工况,应用机匣处理后非定常流量波动幅值降低 81.6%,其降低程度远高

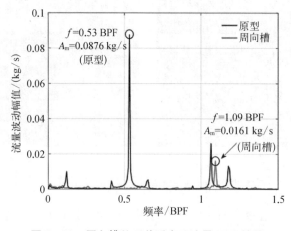

图 8‐33　周向槽处理前后出口流量 FFT 结果

于非定常起始工况。这说明随着节流的进行,流场堵塞越来越明显,机匣处理效果愈加显著。应用机匣处理后,原型机匣中由旋涡混合式破碎导致的特征频率消失,这意味着旋涡破碎现象得到了抑制。

图 8-34 和图 8-35 分别给出了周向槽处理前后叶片压/吸力面静压标准差分布。应用机匣处理后,叶片静压波动下降一个量级以上。静压波动最强区域位于槽道下游,该工况下槽道涡对叶片的冲击作用仍是叶片静压波动的主要来源。

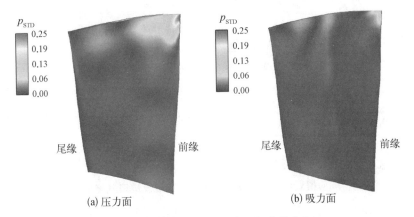

(a) 压力面　　　　(b) 吸力面

图 8-34　原型流场叶片静压标准差分布

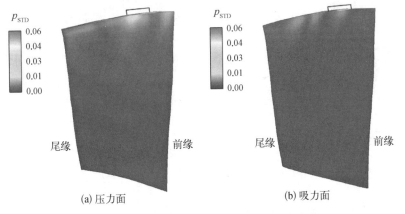

(a) 压力面　　　　(b) 吸力面

图 8-35　机匣处理流场叶片静压标准差分布

下面将结合流场细节分析机匣处理对于原型压气机近失速工况流场的改善机理。图 8-36(a)给出了周向槽处理前后出口无量纲轴向密流沿叶高分布。采用机匣处理后,80%叶高以上区域的轴向密流显著增加,叶顶通流能力增强。相应的由于流量守恒,80%叶高以下区域的轴向密流减小,且减小程度较为均匀。这说明,周向槽的应用使得流场流量沿径向重新分配,增加了叶顶的流体输运能力;而叶顶作为主要做功区,其流量的提高意味着压气机总做功能力增强。由图

8-36(b)可以看到,应用机匣处理后,94%叶高以上区域进气角显著增加,意味着来流攻角减小,压气机的稳定工作范围得以拓宽。

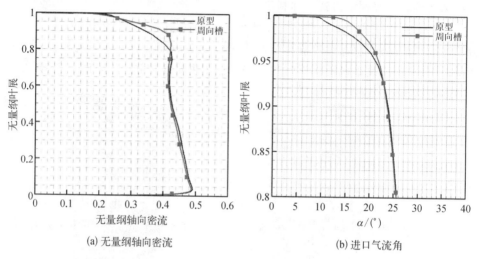

(a) 无量纲轴向密流　　　　　　　　(b) 进口气流角

图8-36　周向槽处理前后出口无量纲轴向密流及进口气流角沿叶高分布

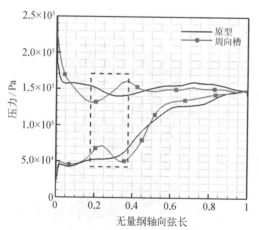

图8-37　周向槽处理前后叶片载荷分布

图8-37给出了周向槽处理前后的叶片载荷分布。如图所示,采用机匣处理后,泄漏涡的主要诱发源(0~15%轴向弦长)的压差显著下降,泄漏流减少,泄漏涡强度减弱。图8-38给出了周向槽处理前后流场中泄漏涡涡核处涡量沿流向的发展变化。应用机匣处理后,从平面3开始,泄漏涡强度明显降低;激波后,反流区也不存在;该工况下泄漏涡未发生破碎。原型压气机流场中,近前缘泄漏涡剧烈膨胀,几乎充满整个通道,并诱导压力面前缘产生强烈压力脉动。机匣处理后,流场中泄漏涡的膨胀程度显著减小并远离压力面侧,其对压力面静压影响较小。

图8-39给出了周向槽处理前后相对径向速度沿流向变化,图中红色虚线代表泄漏涡轨迹。如图所示,应用周向槽后,泄漏涡轨迹与周向夹角增大,泄漏涡向吸力面侧偏移。如黄色方框所示,自平面4开始,槽内靠近上游一侧的流体下潜进入叶尖通道中,其范围一直延伸至激波下游平面8位置。槽内下潜流动的作用主

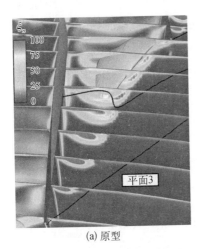
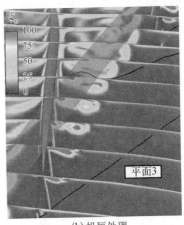

(a) 原型　　　　　　　　　　　　　　(b) 机匣处理

图 8-38　周向槽处理前后流场中垂直于泄漏涡涡轴截面无量纲涡量分布

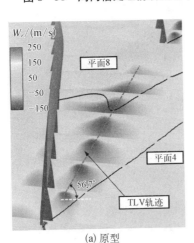
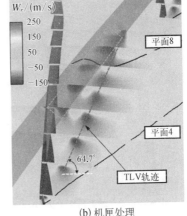

(a) 原型　　　　　　　　　　　　　　(b) 机匣处理

图 8-39　周向槽处理前后相对径向速度沿流向变化

要体现在两个方面。一方面,在激波前,下潜流对泄漏流造成堵塞,导致泄漏流强度减弱,进而泄漏流与主流的对抗能力减弱,泄漏涡在主流的冲击下整体向吸力面侧偏移;另一方面,在激波后,下潜流与低能流体产生动量交换,有效地改善了激波后流动堵塞的同时抑止了涡破碎的发生。

图 8-40 对比了周向槽处理前后相对流向速度分布。应用机匣处理后,激波前,泄漏涡尺度减小,涡核处及泄漏涡附近区域的流向速度增强;激波后,反流区消失,流动均匀性有了大幅提高,流场堵塞得到了有效的控制,叶顶通流能力增强。从图 8-41 的熵分布来看,激波前,泄漏流熵值明显降低,高熵区范围减小,泄漏涡的强度和尺度均有减小;激波后,由于涡破碎现象被抑止,原型压气机中由涡破碎导致的大范围高熵区显著减小,且难以对压力面产生影响。

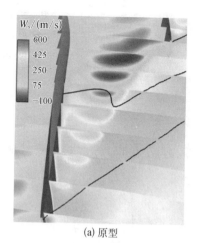
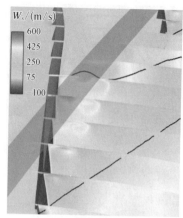

(a) 原型   (b) 机匣处理

图 8-40　周向槽处理前后相对流向速度沿流向变化

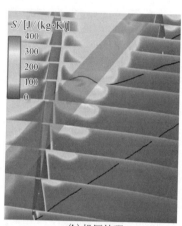

(a) 原型   (b) 机匣处理

图 8-41　周向槽处理前后熵沿流向变化

　　综上,周向槽对流场的改善主要体现在叶尖区域。其应用有效地抑止了泄漏涡破碎,导致流场中由破碎区主导的特征频率消失,流场全局非定常波动大幅降低。特别的,周向槽对原型压气机近失速工况流场的改善能力要远强于非定常性起始工况。究其原因,在非定常起始工况,泄漏涡破碎尺度较小,其诱发的流动非定常性较弱;此时虽然周向槽能够有效地抑止涡破碎,消除由涡破碎所引起的非定常波动,但其自身引入对叶片的非定常激励仍是流场中不可忽略的扰动源。而在近失速工况,泄漏涡发生大尺度破碎,破碎区几乎完全堵塞了叶顶通道,诱发了强烈的流动非定常性;此时周向槽的应用一方面抑止了泄漏涡破碎,另一方面削弱了泄漏涡的强度使其轨迹向吸力面偏移,大幅缓解了相邻通道叶片前缘的堵塞,增强了通流能力。

8.3　本章小结

基于前面章节对 RI 形成及起始流动机制的研究,本章利用周向单槽对亚声速与跨声速轴流压气机转子叶尖流动非定常性进行控制研究。

在亚声速轴流压气机中,为了改变压气机叶尖载荷分布及泄漏流,本章提出了在原型压气机 RI 起始工况的叶尖主加载区设置单个周向浅槽的 RI 控制策略。为此主要开展了两个方面的研究,一是周向浅槽槽宽对 RI 的影响,二是周向浅槽轴向位置对 RI 的影响。主要结论如下。

(1) 多种单周向浅槽处理机匣均能影响 RI 的起始,周向浅槽对 RI 形成的推迟或抑制能力与槽宽密切相关;周向浅槽能改变压气机叶尖载荷及泄漏流,进而调控 RI。槽宽较小时,RI 的形成仅被推迟。当浅槽宽大于或等于原型压气机 RI 起始工况的叶尖主加载区范围时,RI 的形成受到了抑制。

(2) 周向浅槽在影响 RI 形成的同时均能对压气机进行不同程度的扩稳,压气机稳定裕度改进量随槽宽的增大呈现先增大后减小的趋势。槽宽接近 RI 起始工况叶尖主加载区的轴向范围时,压气机裕度改进量均大于 10%。周向浅槽对压气机绝热效率的影响随槽宽的增大也呈先升后降趋势;槽宽为 20%轴向弦长时,压气机绝热效率最高,峰值效率能提升近 1%。

(3) 不同轴向位置的周向浅槽研究表明,近失速工况时,叶尖主加载区附近的周向浅槽对 RI 的控制及扩稳效果最好。叶片前缘、尾缘处的周向浅槽均只是轻微推迟了 RI 的形成,压气机裕度改进量较小。当周向浅槽靠近 RI 起始工况的叶尖主加载区时,RI 受到较大程度的推迟;30%和 50%轴向弦长处的周向浅槽均抑制了 RI 的形成。压气机稳定裕度的改进量随周向浅槽从前缘到尾缘呈先增大后减小的趋势,30%轴向弦长处的周向浅槽使得压气机裕度提高 11.48%。

跨声速轴流压气机中,周向单槽控制策略意在通过控制流场非定常性诱发的关键因素——泄漏涡破碎,抑制流场非定常波动,提高压气机性能。主要结论如下。

(1) 出于涡破碎控制目的,将周向槽置于破碎区正中,并沿轴向覆盖整个破碎区的设计思路可以有效地提高压气机性能。其中槽深为 20 倍叶顶间隙的方案使压气机稳定裕度提高 5.9%,压比和效率均有小幅提升。

(2) 在流动非定常性起始工况,周向槽对流动非定常性的影响主要体现在两方面:首先,其抑止了泄漏涡的破碎,使涡破碎导致的流场特征频率消失;其次,受容腔效应影响,周向槽内形成槽道涡,其对叶片的冲击成为流动非定常性的新激励源。综合来看,周向槽使得压气机出口流量的波动幅值降低 47.7%。

(3) 近失速工况,周向槽抑止了泄漏涡破碎,大幅缓解了叶尖通道堵塞。较非定常起始工况,周向槽对流场的改善作用更为明显,出口流量的波动幅值降低81.6%。这是因为近失速工况的泄漏涡破碎尺度更大,涡破碎导致的流动堵塞更严重;通过周向槽对涡破碎的抑止,可以更有效地降低堵塞,增强叶尖通流能力。

(4)周向槽对泄漏涡破碎的抑止作用主要体现在三个方面:① 周向槽卷吸泄漏流进入槽道,削弱泄漏流强度;② 激波前,槽道内下潜射流阻碍泄漏流,削弱泄漏涡强度,降低波/涡相互作用强度;③ 激波后,槽道内下潜射流与低能流体产生动量交换,消除反流区,减小低能流体范围,破坏了涡破碎的产生环境。

参考文献

[1] Rolfes M, Lange M, Vogeler K. Experimental investigation of circumferential groove casing treatments for large tip clearances in a low speed axial research compressor[C]. Montreal: ASME Turbo Expo 2015: Turbine Technical Conference and Exposition, 2015.

[2] Rolfes M, Lange M, Mailach R. Investigation of performance and rotor tip flow field in a low speed research compressor with circumferential groove casing treatment at varying tip clearance [J]. International Journal of Rotating Machinery, 2017: 4631751.

[3] Ye S B, Zhao Q J, Zhou X Y, et al. The impact of circumferential casing grooves on rotating instability in a transonic axial compressor[J]. Proceedings of the Institution of Mechanical Engineers, Part G: Journal of Aerospace Engineering, 2019, 233(8): 2868 - 2893.

[4] 楚武利,刘志伟,朱俊强.折线斜缝式机匣处理的实验研究及机理分析[J].航空动力学报,1999,14(3): 270 - 274.

[5] Emmrich R, HoNen H, Niehuis R. Time resolved investigations of an axial compressor with casing treatment Part 1: Experiment[C]. Montreal: ASME Turbo Expo 2007: Power for Land, Sea, and Air, 2007.

[6] Emmrich R, Kunte R, HoNen H, et al. Time resolved investigations of an axial compressor with casing treatment Part 2: Simulation[C]. Montreal: ASME Turbo Expo 2007: Power for Land, Sea, and Air, 2007.

[7] Mileshin V, Brailko I, Startsev A. Application of casing circumferential grooves to counteract the influence of tip clearance[C]. Berlin: ASME Turbo Expo 2008: Power for Land, Sea, and Air, 2008.

[8] Shabbir A, Adamczyk J J. Flow mechanism for stall margin improvement due to circumferential casing grooves on axial compressors[C]. Vienna: ASME Turbo Expo 2004: Power for Land, Sea, and Air, 2004.

[9] Beheshti B H, Teixeira J A, Ivey P C, et al. Parametric study of tip clearance-casing treatment on performance and stability of a transonic axial compressor[C]. Vienna: ASME Turbo Expo 2004: Power for Land, Sea, and Air, 2004.

[10] 张皓光,安康,吴艳辉,等.周向槽轴向位置影响机匣处理扩稳能力的机理[J].推进技术,2016,37(12): 2296 - 2302.

[11] Moore R D, Kovich G, Blade R J. Effect of casing treatment on overall and blade element performance of a compressor rotor [R]. NASA-TND-6538, 1971.

[12]　刘志伟,张长生.周向槽机匣处理增加失速裕度的改进机理[J].西北工业大学学报,1986,4(4):405-416.

[13]　卢家玲,楚武利,张皓光.轴流压气机周向槽扩稳机理的有效利用[J].西北工业大学学报,2007,25(5):620-624.

[14]　黄旭东.跨音速压气机失速机理及机匣处理的数值研究[D].北京,清华大学,2010.

[15]　Rabe D C, Hah C. Application of casing circumferential grooves for improved stall margin in a transonic axial compressor[C]. Amsterdam: ASME Turbo Expo 2002: Power for Land, Sea, and Air, 2002.

[16]　李相君,楚武利,张皓光.高负荷跨声速轴流压气机周向浅槽处理机匣扩稳机理[J].推进技术,2013,34(5):629-637.

[17]　段真真,柳阳威,陆利蓬.周向槽机匣处理对某跨音转子性能的影响[J].航空学报,2014,35(8):2163-2173.

[18]　Kim J H, Choi K J, Kim K Y. Aerodynamic analysis and optimization of a transonic axial compressor with casing grooves to improve operating stability[J]. Aerospace Science and Technology, 2013, 29(1):81-91.

[19]　Wu Y, Li Q, Chu W, et al. Numerical investigation of the unsteady behaviour of tip clearance flow and its possible link to stall inception[J]. Proceedings of the Institution of Mechanical Engineers, Part A: Journal of Power and Energy, 2010, 224(1):85-96.

[20]　Wu Y, Li Q, Zhang H, et al. Numerical investigation into the mechanism of spike-type stall inception in an axial compressor rotor[J]. Proceedings of the Institution of Mechanical Engineers, Part A: Journal of Power and Energy, 2012, 226(2):192-207.

[21]　Wu Y, Wu J, Zhang H, et al. Experimental and numerical investigation of flow characteristics near casing in an axial flow compressor rotor at stable and stall inception conditions[J]. Journal of Fluids Engineering, 2014, 136(11):111106.

[22]　Sakuma Y, Watanabe T, Himeno T. Numerical analysis of flow in a transonic compressor with a single circumferential casing groove: Application to two different compressor rotors[C]. Düsseldorf: ASME Turbo Expo 2014: Turbine Technical Conference and Exposition, 2014.

[23]　An G Y, Wu Y H, Lang J H, et al. Analysis of characteristics and mechanism of flow unsteadiness in a transonic compressor[J]. Journal of the Brazilian Society of Mechanical Sciences and Engineering, 2021, 43(2):98.

[24]　An G Y, Wu Y H, Spence S, et al. Numerical investigation into the mechanism regarding the inception and evolution of flow unsteadiness induced by the tip leakage flow in a transonic compressor[J]. Proceedings of the Institution of Mechanical Engineers, Part A: Journal of Power and Energy, 2021, 235(1):44-58.